Körperregionen eines Insekts (Schmetterling)

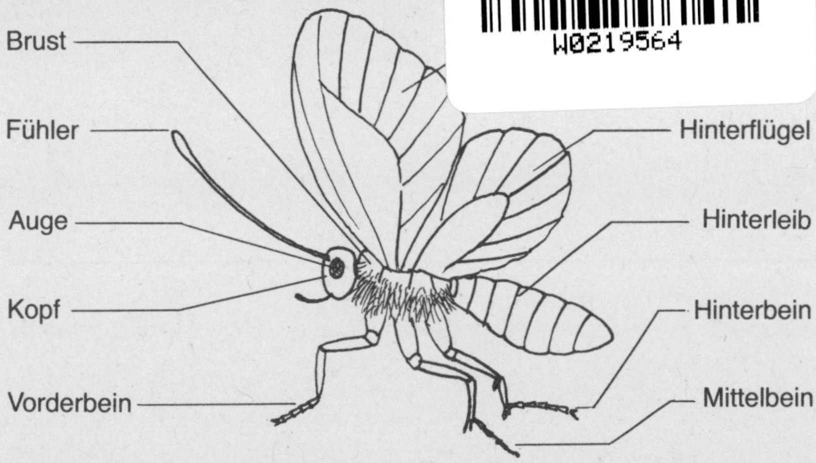

Körperregionen eines Fisches

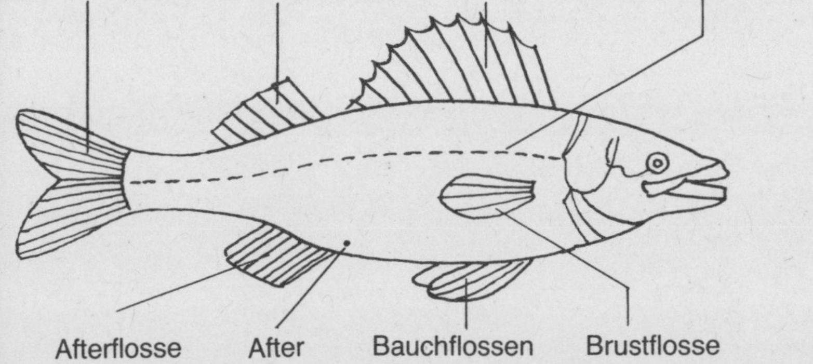

Körperregionen eines Vogels

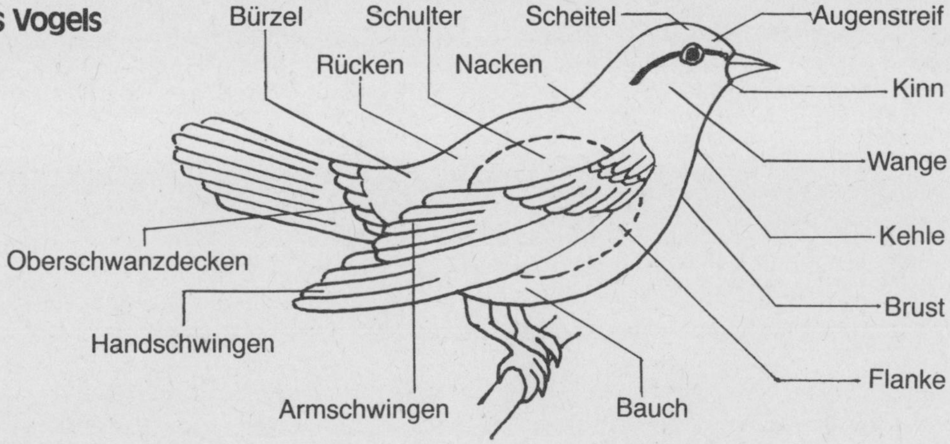

Anordnung von Bildern und Texten:

Die Reihenfolge der Bilder läuft bei mehr als 3 Fotos pro Seite von links oben nach rechts unten. Bei mehreren Abbildungen pro Art erfolgen spezielle Bildhinweise.

Im Text verwendete Abkürzungen:

♂ = Männchen, männlich
♀ = Weibchen, weiblich
II – V = Februar bis Mai
(z.B. Blütezeit, Paarungszeit)

Der große

BLV Naturführer

Wälder · Wiesen und Felder
Feuchtgebiete
Strand und Küste · Alpen

470 heimische Tier- und Pflanzenarten –
über 520 Farbfotos

zusammengestellt
und bearbeitet von
Wilhelm Eisenreich und Dorothee Bacher

unter Mitarbeit von
Dr. Wolfgang Dierl, Dr. Theodor Haltenorth,
Kurt Harz, Andreas Neuner, Dr. Eckart Pott,
Dr. Frieder Sauer, Dr. Dankwart Seidel,
Dr. Fritz Terofal, Dr. Walther Thiede,
Dr. Elfrune Wendelberger

BLV Verlagsgesellschaft
München Wien Zürich

CIP-Kurztitelaufnahme der Deutschen Bibliothek

Der große BLV Naturführer: Wälder, Wiesen u. Felder, Feuchtgebiete, Strand u. Küste, Alpen; 470 heim. Tier- u. Pflanzenarten / zsgest. u. bearb. von Wilhelm Eisenreich u. Dorothee Bacher. Unter Mitarb. von Wolfgang Dierl u. a. – Sonderausg. – München; Wien; Zürich: BLV Verlagsgesellschaft, 1982.
ISBN 3-405-12400-X

NE: Eisenreich, Wilhelm [Hrsg.]; Dierl, Wolfgang [Mitverf.]

Diese Sonderausgabe entstand als Sammelband unter Verwendung von Texten und Fotos folgender Bände der Reihe BLV Naturführer:

Dr. Wolfgang Dierl: Insekten; Schmetterlinge
Dr. Theodor Haltenorth: Säugetiere sowie Lurche und Kriechtiere
Kurt Harz: Bäume und Sträucher
Andreas Neuner: Pilze
Dr. Eckart Pott: Bach-Fluß-See; Wald und Forst
Dr. Frieder Sauer: Strand und Küste
Dr. Dankwart Seidel: Heimische Pflanzen 1 und 2
Dr. Fritz Terofal: Fische
Dr. Walther Thiede: Vögel; Wasservögel – Strandvögel
Dr. Elfrune Wendelberger: Alpenblumen; Heilpflanzen

Einbandfotos: Wilhelm Eisenreich
Zeichnungen: Hellmut Hoffmann

Satz und Druck: Georg Appl, Wemding
Buchbinder: R. Oldenbourg, München

Printed in Germany · ISBN 3-405-12400-X

Einführung

Dieses Buch soll ein Führer durch die heimische Natur und gleichzeitig Nachschlagewerk sein. Mit der Vorstellung von 470 Tier- und Pflanzenarten – den am häufigsten und leichtesten zu findenden bzw. zu beobachtenden und denjenigen, die zumindest dem Namen nach jedem bekannt sind – vermittelt es eine »Grundausstattung« an Wissen und erleichtert vor allem dem Anfänger den Einstieg.

Nicht um einem »modernen ökologischen Trend« zu folgen, sondern im Sinne einer besseren Benutzbarkeit des Buches, erfolgte eine Untergliederung in fünf große Lebensräume, die auch der Laie relativ leicht als solche erkennen kann. Freilich ist die Einteilung nach Lebensräumen nicht unproblematisch: die Übergänge sind fließend, Pflanzen besiedeln zum Teil unterschiedliche Standorte, und Tiere sind aufgrund ihrer Beweglichkeit und je nach Jahreszeit in verschiedenen Gebieten anzutreffen. Auch hier zeigt sich, daß die Natur nicht in ein starres Schema zu pressen ist. Wer dies erkannt hat, wird bereit sein, angrenzende Lebensräume ebenso zu studieren. Die im Inhaltsverzeichnis verdeutlichte weitere Auffächerung in leicht erkennbare Großgruppen von Pflanzen und Tieren ist dabei eine zusätzliche Orientierungshilfe.

Die Texte sind nach im wesentlichen immer gleichen Stichworten gegliedert. Bei Vögeln wird besonders vermerkt, wenn es sich um Zugvögel oder Teilzieher handelt; alle anderen können mehr oder weniger das ganze Jahr bei uns beobachtet werden. Als allgemeine Anleitung zum Gebrauch des Buches dienen im übrigen die Zeichnungen und Erläuterungen auf den Vorsatzseiten.

Geschützte Arten wurden nicht speziell gekennzeichnet.

Es gibt hier regionale Unterschiede, und wir sollten endlich davon loskommen, nur das in Ruhe zu lassen, was das Gesetz unter Schutz stellt.

So will denn dieses Buch nicht nur zum Bestimmen und Nachschlagen da sein. Es soll einen Beitrag liefern zur Erhaltung der Natur, auch wenn es keine entsprechenden Begriffe in seinem Titel trägt. Denn sicher kann man nur schützen, was man kennt, und die Artenkenntnis ist eine Voraussetzung für das Begreifen der Zusammenhänge. Wenn jeder nur etwa 500 Tier- und Pflanzenarten und deren Lebensgewohnheiten kennen würde, wäre der Natur schon viel geholfen. Daß wir davon noch weit entfernt sind, zeigt die aktuelle Situation. Es genügt jedoch nicht, auf Besserung zu hoffen – jeder sollte selbst aktiv werden.

Wälder

In Abhängigkeit von Bodenbeschaffenheit, Höhenlage und Klima entstanden bei uns verschiedenste Waldgesellschaften, deren Charakter mit einer Einteilung in Laub-, Misch- und Nadelwald nicht annähernd wiedergegeben wird. Die Nutzung durch den Menschen veränderte unsere Wälder; raschwüchsige, aber dafür anfällige und eintönige Fichtenkulturen breiteten sich aus. Heute steht der naturnahe Mischwald – in seiner Zusammensetzung ein kleines Abbild einstiger Urwälder – wieder mehr im Blickpunkt des Interesses. Seine Artenvielfalt ist es letztlich, die unsere Sinne anspricht, unsere Gefühle weckt und zum Naturerlebnis führt. Auch oder gerade diese Funktion macht den Erholungswert des Waldes aus, wenngleich man dabei heute oft die eher »technischen« Komponenten – Sauerstoffproduktion, Luftreinigung, Wasserspeicherung – in den Vordergrund stellt.

Weißtanne, Edeltanne

Abies alba. **Merkmale:** Immergrüner Baum, bis 60 m hoch und damit größtes heimisches Nadelgehölz. Krone gerade und kegelförmig (Abb. o. r.). Rinde glatt, weißlichgrau, wird aber im höheren Alter dunkler. Die Nadeln stehen zweizeilig »gescheitelt« (Abb. o. l.); sie sind flach, oberseits glänzend dunkelgrün mit einer Längsfurche, unterseits mit 2 weißlichen Längsstreifen versehen, am freien Ende rund bis leicht eingekerbt. Sie fallen nach 7–11 Jahren ab. Zweihäusig, Blüte V–VI, ♂ klein, kugelig, stehen zu vielen gemeinsam entlang der Unterseite von Vorjahrestrieben; ♀ zuerst rötlich-violett, dann grün, aufrecht zu mehreren nahe der Baumspitze. Zapfen etwa 10–15 cm lang und 4 cm breit, gleichfalls aufrecht. Nach dem Ausstreuen der Samen fallen die Schuppen ab, die Zapfenspindel bleibt stehen. **Vorkommen:** Im Bereich der Buchenwälder.

Fichte, Rottanne

Picea abies. **Merkmale:** Immergrüner Baum, bis 30–50 m hoch. Krone kegelförmig (Abb. M. r.). Stamm gerade, säulenförmig, Rinde rötlichbraun, im Gebirge mehr grau, in feinen Schuppen abblätternd. Nadeln vierkantig bis abgeflacht, stechendspitz, um den Zweig herum verteilt, nur an dessen Unterseite ist ein »Scheitel« erkennbar. Einhäusig, Blüte V(–VI) im Abstand von 3–4, im Gebirge etwa 7 Jahren. Die ♂ Blüten sind kugelig, 1 cm groß, erst karminrot, dann gelb und befinden sich an den Spitzen vorjähriger Zweige alter Bäume, die ♀ stehen bei jüngeren Bäumen gedrängt an den oberen Quirlen, bei alten Bäumen sind sie über die ganze Krone verteilt; sie gleichen kleinen roten Zapfen (Abb. M. l.), hängen bald nach unten, sind erst grün und saftig, nach 1 Jahr reif und braun. Sie sind dann 10–15 cm lang und 3–4 cm breit und fallen bald ab. **Vorkommen:** Liebt frischen Lehmboden oder lehmigen Sand, außerdem niederschlagreiche Gebiete, ist besonders in den Alpen (geht bis 2000 m) und Mittelgebirgen zuhause.

Lärche

Larix decidua. **Merkmale:** Sommergrüner Baum mit schlanker, oft kegelförmiger Krone; bis etwa 40 m hoch. Rinde grünlich-graubraun, glatt, aber leicht längsrissig und dann grau und abblätternd, alt braun und tiefrissig. Nadeln weich, oben flach, unterseits gekielt, anfangs lichtgrün (Abb. u. l.), im Herbst goldgelb und dann abfallend. Einhäusig, Blüte IV–VI, alle 3–5 Jahre; ♂ eiförmig bis kugelig, auf der Unterseite der Triebe; ♀ an den Enden von Kurztrieben, walzenförmig, purpurn. Dann ein grüner Zapfen und nach der Reife im gleichen Jahr braun, schmal eiförmig, stumpf verrundet, 2–3 cm lang und 2–3 cm breit (Abb. u. r.). Fällt ganz, aber erst nach 1–10 Jahren ab, wenn die Samen ausgestreut sind. **Vorkommen:** Ursprünglich in Höhen von 1000–3000 m; heute weit verbreitet. Liebt tiefgründige, lockere Kalk- und Tonböden.

Waldkiefer, Föhre

Pinus silvestris. **Merkmale:** Immergrüner Baum, 10–30(–40) m hoch, mit geradem, hoch hinauf astreinem Stamm oder niedrig, mit knorrigem, gedrehtem Stamm und breiter Krone. Rinde jüngerer Bäume fast fuchsrot, bei älteren hell rötlichbraun, mit tiefen Furchen und dicken Platten. Nadeln steif, zu je 2 in Blattscheiden, zugespitzt. Einhäusig, Blüte V–VI, fast jedes Jahr; ♂ Blüten gelb, in ährenartigen Ständen an jungen Trieben; ♀ rosa, dann grün und bei Reifung braun, hängend. Die Zapfen sind 2,5–7 cm lang und 2–3 cm breit, bleiben auch nach der im 3. Jahr erfolgenden Samenausschüttung am Baum hängen. **Vorkommen:** Wegen ihrer Anspruchslosigkeit gegenüber dem Boden gedeiht sie ebenso gut auf Sand wie auf Felsboden, auf letzterem aber langsamer wachsend; Licht braucht sie auf jedem Standort. In den Alpen bis 1800 m, zuweilen bis 2200 m.

Rotbuche

Fagus silvatica. **Merkmale:** Bis 30(–45) m hoher Baum; große Bäume haben 15 bis 20 m über dem Boden keine Äste. Krone anfangs meist kegelförmig, später kuppelförmig, dicht verzweigt. Stamm glatt, mit silber- bis aschgrauer Rinde. Blätter (Abb. M. l.) zweizeilig, ei-elliptisch, am Grund abgerundet, am Rand wellig oder in Abständen leicht gezähnelt, oberseits dunkelgrün (beim Austrieb lichtgrün), glänzend, unterseits anfangs seidig, Rand seidig gewimpert. Knospen lang, spindelförmig. Einhäusig, Blüte IV–V; ♂ Kätzchen in fast kugeligen, langstieligen Büscheln, ♀ dreinarbig, aufrecht, in den obersten Blattachseln; Frucht die bekannte Buchecker, meist zu 2 in einem weichstacheligen Becher (Abb. M. r.). **Vorkommen:** Der verbreitetste bestandbildende Laubbaum Mitteleuropas, bildet in Deutschland die Hälfte aller Laubwälder. Verträgt von allen heimischen Laubgehölzen am meisten Schatten, aber kein trockenes Klima. Braucht mineral- und humusreichen, lockeren und stets mäßig durchfeuchteten Boden. Das rötliche Holz (Name) wird für Möbel verwendet und ist auch für Eisenbahnschwellen geeignet. Aus der Frucht wird ein Speiseöl hergestellt. Viele Formen der Buche werden angepflanzt, so die Blutbuche mit dunkelrotem Laub, Bäume mit säulenförmigem Wuchs und Trauerbuchen.

Stieleiche, Wintereiche

Quercus robur. **Merkmale:** Bis etwa 45 m hohe, oft urige Bäume mit tiefrissiger Borke, Stamm meist nicht durchgehend; zumal im Freistand löst er sich bei der Kronenbildung in dicke, knorrige Äste auf. Blatt unregelmäßig gelappt. Einhäusige Windblütler, Blüte IV–V, ♂ Blüten in hängenden Kätzchen, ♀ einzeln oder zu mehreren an 3–12 cm langem Stiel (Name!, Abb. u.). Frucht (Eichel) eine Nuß in verholzendem Becher. **Vorkommen:** Liebt frischen, tiefgründigen Boden, auch in Auen und Flußniederungen.

Hasel, Haselnuß

Corylus avellana. **Merkmale:** Meist buschiger Strauch, selten ein bis etwa 5 m hohes Bäumchen. Rinde glänzend braun bis graubraun, schuppt sich leicht ab, später auch leicht rissig. Dicht belaubt, Blatt besonders unterseits dicht weichhaarig, ei-rundlich bis verkehrt eiförmig, zugespitzt, am Grund meist deutlich herzförmig (Abb. o. r.), Stiel drüsig behaart. Einhäusiger Windblütler, Blüte II–IV, vor den Blättern; die ♂ Blüten in würstchenförmigen Kätzchen sind schon im Herbst gut zu sehen, stäubend, 3–6 cm lang (Abb. o. l.); ♀ in eiförmigen Knospen, aus denen die roten Griffel hervorragen. Die Frucht ist eine wohlschmeckende, nahrhafte Nuß (Abb. M. l.), die auch von Eichhörnchen, Eichelhähern, Spechten, Mäusen und Bilchen »geliebt« wird; die hellgrüne, an der Spitze lappenförmig zerschlitzte Fruchthülle ist kürzer bis wenig länger als die zuerst bleichgrüne, dann licht rosabraune Nuß, die einen Durchmesser von 1,5–2 cm hat und zu 4 und mehr beisammenstehen kann. **Vorkommen:** Liebt tiefgründige Kalkböden bei reichlichem Niederschlag, meidet aber eigentlich nur ganz magere Sand- und Sumpfböden. Ausgesprochenes Lichtholz.

Bildete in der jüngeren Steinzeit den Hauptbestandteil des Eichenmischwaldes und wohl auch selbst ausgedehnte Hasel-Haine; man spricht geradezu von der »Haselzeit«. In vielen Formen (z. B. Bluthasel, Korkenzieherhasel) und Fruchtsorten angebaut. Wünschelrutengänger schwören noch heute auf eine Zweiggabel von diesem Strauch.

Hainbuche, Weißbuche

Carpinus betulus. **Merkmale:** Bis etwa 25 m hoher Baum, wegen des dichten Wuchses bei gutem Ausschlagvermögen und der bis teilweise zum Frühling haltenden dürren Blätter oft auch als Heckenstrauch gepflanzt. Krone breit und rund, aber auch unregelmäßig eiförmig oder kegelförmig. Stamm oft drehwüchsig, »spannrückig«, d. h. mit rippigen, oft spiralig verlaufenden Wülsten; Rinde grau bis silbergrau, reißt erst im höheren Alter auf, ohne eigentliche Borke zu bilden. Blatt zweizeilig, eiförmig bis länglich-eiförmig (Abb. u. r.), am Grund abgerundet bis herzförmig, doppelt gezähnt. Herbstfärbung goldgelb, im Winter mehr bräunlich. Einhäusig, Blüte IV–V; ♂ Blüten an vorjährigen, ♀ in Ähren an diesjährigen Zweigen (Abb. M. r.); Frucht ein Nüßchen mit einem dreilappigen, 3–4 cm langem Hochblatt zum Fliegen (Abb. u. l.). **Vorkommen:** Braucht für guten Wuchs frische, tiefgründige Böden, gedeiht aber auch auf anderen. Ein Baum der Ebene und des Hügellandes, in den Alpen bis fast 900 m.

Diese »Buche« hat nichts mit der Rotbuche zu tun, weil diese mit Eichen u. a. in der Familie der Buchengewächse steht, wogegen die Hainbuche mit Birken, Erlen und Hasel Angehörige der Haselnußgewächse ist. Der eine Verwandtschaft vermuten lassende deutsche Name betont nur die Ähnlichkeit der beiden Arten, soweit sie das feste Holz und den hellen Stamm betrifft.

Spitzahorn

Acer platanoides. **Merkmale:** Bis 30 m hoch. Krone dicht, im Freistand rundlich-eiförmig. Rinde glatt, graurötlich, Borke schwärzlich, längsrissig, nicht abschuppend. Blatt (Abb. o. l.) fünflappig, Lappen und deren Zähne lang ausgezogen, Buchten stumpf; Stiel mit Milchsaft (nicht mehr im Herbst), oft rötlich. Im Herbst leuchtend sattgelb. Blüten V, vor den Blättern, gelb in auffälligen Doldentrauben. Früchte mit fast waagerecht ausgespreizten Flügeln. **Vorkommen:** Meist im Mischwald, im Unterholz auch als Strauch; anpassungsfähig.

Der **Bergahorn,** *Acer pseudoplatanus* (ohne Abb.), ist ein bis 40 m hoher Baum mit breit gewölbter Krone. Rinde glatt, matt graugelb; Borke braun, rissig, in kleinen Schuppen abblätternd. Blatt meist fünflappig, Buchten spitz, ungleich gekerbt-gesägt; oberseits dunkel-, unterseits graugrün. Blüten V/VI, gelbgrün, in hängenden Trauben, nach dem Blattaustrieb. Fruchtflügel meist stumpfwinklig abgespreizt. Der Bergahorn liebt tiefgründige und gute Böden und hat nur ein mäßiges Licht- und Wärmebedürfnis.

Feldahorn

Acer campestre. **Merkmale:** Bis 12 (selten 20) m hoch, meist kleiner oder strauchig. Krone rundlich, dicht. Zweige zimtbraun, gegen die Spitze flaumig behaart, besonders an Sträuchern oft mit Korkleisten, später mit hell braungrauer, korkreicher, netzrissiger Borke. Blatt drei- bis fünflappig (Abb. o. r.), Lappen kerbig-gelappt, unterseits weichhaarig, Stiel mit Milchsaft (nicht mehr im Herbst, Färbung dann orangegelb). Blüten V, flaumig, in aufrechten, manchmal überhängenden Doldentrauben. Frucht mit waagrecht abstehenden Flügeln (Abb. M.). **Vorkommen:** Liebt sandiglehmige Kalkböden; auf ganz armen Böden nur strauchig.

Der trägwüchsigste unserer Ahorne kann über 200 Jahre alt werden. Das Holz wird von Drechslern und Holzschnitzern sehr geschätzt. Erwähnt sei noch der Dreilappige Ahorn *(A. monspessulanum),* dessen Blätter dreilappig sind und dessen Verbreitung nordwärts bis ins Rhein-, Mosel- und Nahetal reicht.

Hartriegel

Cornus sanguinea. **Merkmale:** Bis 5 m hoher Strauch, meist kleiner. Zweige braungrün, im Spätherbst und Winter rot, besonders auf der Südseite. Blätter gegenständig und breit elliptisch-eiförmig, zugespitzt, lebhaft grün, unterseits etwas heller, locker bis zerstreut behaart, Herbstfärbung rot. Blüten V–VI in weißlichen, behaarten Trugdolden (Abb. u. l.). Die Frucht ist schwarz (Abb. u. r.), eine beerenartige Steinfrucht. **Vorkommen:** Auf kalkreichen wie kalkarmen Böden, auch in Mooren und auf Trockenhängen, in Auen und an Ufern und Waldrändern.

Pfaffenhütchen, Spindelbaum

Euonymus europaeus. **Merkmale:** Bis 3(–7) m hoher, sperriger Strauch. Junge Zweige grün, warzig (einjährige nur am Grund), meist durch schmale Korkleisten vierkantig, seltener rundlich. Blätter gegenständig, elliptisch-lanzettlich, fein kerbig gesägt. Im Herbst prächtig rot. Blüten V–VI, in den Blattachseln, unscheinbar, gelbgrün, vierzählig; Scheinfrucht eine vierklappige, rosa bis leuchtend rot gefärbte Kapsel mit 4 weißen Samen, die von einem orangefarbigen Samenmantel umgeben sind. **Vorkommen:** Auf frischen, fruchtbaren, zumal kalkreichen Böden. Gern an Wegen, Waldrändern und auf steinigen Hängen, oft mit anderen Laubgehölzen Hecken bildend; in Feldgehölzen und lichten Wäldern auch als Unterholz auftretend. Im Gebirge bis etwa 2000 m.

Der Samen – ebenso Blätter und Rinde – enthalten ein bitteres, giftiges Öl, das stark brecherregend wirkt; Vögel verzehren sie jedoch, ohne Schaden zu nehmen. Der eine deutsche Name kommt von der kardinalroten, kappenartigen Scheinfrucht, der andere von »Spindeln«, welche früher oft aus diesem Holz angefertigt wurden.

Faulbaum, Pulverholz

Rhamnus frangulae. **Merkmale:** Meist strauchförmig und bis 2 m hoch, selten ein kleines bis 5 m hohes Bäumchen. Zweige grau bis violettbraun, anfangs behaart. Rinde glatt, graubraun mit weißen Korkzellen. Blätter spiralig angeordnet, breit elliptisch, meist zugespitzt, ganzrandig, Blüten V–VIII, grünlich-weiß, zwittrig, zu 10–20 in Büscheln. Frucht eine erbsengroße, erst rote, dann schwarze Beere (oft in beiden Ausbildungen und noch Blüten dazu gleichzeitig vorhanden) mit 3 Samen. **Vorkommen:** Liebt mäßig feuchte Böden, gedeiht aber auch auf nassem und trockenem Boden. In Hecken und als Unterholz im Gebüsch.

Der Name kommt vom ahd. »fulboum« nach dem unangenehmen Geruch der Rinde. Pulverholz heißt der Strauch auch, weil früher daraus gute Kohle für Schießpulver gewonnen wurde. Aus der Rinde wurde früher ein abführender Tee hergestellt; frische Rinde wirkt brecherregend.

Rote Heckenkirsche

Lonicera xylosteum. **Merkmale:** Bis 3 m hoher Strauch. Zweige weichhaarig mit abblätternder Rinde, Blätter gegenständig, rundlich-elliptisch, 3–6 cm lang, besonders unterseits weichhaarig. Blüten V–VI, immer zu 2 auf einem gemeinsamen, zottig behaarten Stiel (Abb. u. r.), der etwa so lang wie die Blüten ist, erst weißlich, dann gelb, etwa 1 cm lang. Früchte sind glänzend scharlachrote, nur am Grund miteinander verwachsene Beeren (Abb. u. l.), auch frei, aber immer eng beisammenstehend; Beeren ungenießbar, brecherregend. **Vorkommen:** Besonders auf kalkhaltigen Böden. In Wäldern als Unterholz, oft an deren Rändern und Waldwegen. Bevorzugt trockenere Böden.

Mistel

Viscum album. **Merkmale:** Immergrüner, auf Bäumen wachsender, bis etwa 1 m hoher, oft fast kugelförmiger Strauch (Abb. o.). Zweige und Blätter grünlich, letztere gegenständig, ledrig, an den Enden der Gabelzweige, lanzettlich, zum Grunde verschmälert, undeutlich gestielt. Zweihäusig, Blüte III–IV, meist vierzählig geknäuelt sitzende gelbliche Blüten. Frucht eine weiße oder gelbliche, etwa erbsengroße Beere (Abb. M.) mit einem Samen in klebrigem Fleisch; reift erst während des Winters. Ein Halbschmarotzer, d.h. er verarbeitet die vom Wirtsbaum aufgenommenen Stoffe selbst in seinen Blättern. Das Sträuchlein sitzt mittels sogenannter Senker auf den Ästen, die sie durchsetzen bzw. umwachsen. **Vorkommen:** Es werden 3 äußerlich wenig verschiedene Rassen unterschieden, die ganz unterschiedliche Wirtsansprüche haben. Die häufigste Rasse wächst auf verschiedenen Laubgehölzen, wie Pappel, Apfelbaum, Birke, Hasel, Birne, Kirsche u.a., die zweite ist auf Nadelhölzern der Gattung *Pinus* (Kiefer) zuhause und geht selten auf *Picea* (Fichte) über, die letzte hat sich auf die Gattung *Abies* (Tanne) spezialisiert. Die Laubholzmistel kommt am seltensten auf Eiche vor. In ganz Europa verbreitet.

Der Name ist eine altgerm. Pflanzenbezeichnung, hier kommt die Verbindung »Mist« durch den Vogelmist zustande, weil die Vögel die aufgenommen Samen mit dem »Mist« auf Bäumen wieder ausscheiden und so zur Verbreitung der Art beitragen. Wegen ihrer seltsamen Lebensweise schon bei den Kelten und Germanen von großer mythologischer Bedeutung, bei den Griechen des Altertums war sie der magische Zweig, der die Tür zum Hades, also der Unterwelt, öffnete. Von den christlichen Kirchen als »heiliges Kreuzholz« als Weihnachtssymbol übernommen und als solches zumal in englisch sprechenden Ländern noch heute beliebt. Aus den Beeren wurde und wird (leider!) noch Vogelleim, d.h. ein zäher Leim hergestellt, mit dem dann Ruten bestrichen und zum Vogelfang verwendet werden.

Gewöhnlicher Schneeball

Viburnum opulus. **Merkmale:** Strauch, bis 4 m hoch. Rinde dünn, hellgrau, im Alter abschuppend, Triebe kahl. Blätter gegenständig, drei- bis fünflappig, grob gezähnt, unterseits flaumig behaart, Blattstiel 1–2 cm lang, oberseits tiefrinnig, mit großen Drüsen, am Grund mit fädigen Drüsen. Im Herbst schön weinrot. Blüten (Abb. u. l.) V–VI, weiß, in 8–10 cm breiten flachen Trugdolden, Randblüten stark vergrößert, steril (»Schauapparat« für Insekten), sonst zwittrig. Steinfrucht glasig, glänzend rot (Abb. u. r.), etwa 1 cm lang. **Vorkommen:** Nicht an Kalk gebunden; gern in Auwäldern, Gebüsch, zumal wenn dieses auf feuchtem Untergrund. Im Gebirge bis 1400 m.

Frucht ungenießbar, wird auch von heimischen Vögeln wenig beachtet. Früher wurden aus Stock- und Stammschößlingen Pfeifenrohre und Spazierstöcke gemacht.

Wolliger Schneeball

Viburnum lantana. **Merkmale**: Bis etwa 5 m hoher Strauch. Zweige sternfilzig, Haare aber oft so verfilzt, daß dies nicht mehr erkennbar ist. Blätter gegenständig, elliptisch bis länglich-eiförmig, kurz zugespitzt oder Spitze abgestumpft, gesägt-gezähnt, oberseits etwas runzelig, dunkelgrün, unterseits sternhaarig-filzig weißgrau. Knospen nackt, weiß bis graufilzig, Blatt- und Blütenanlagen bereits erkennbar. Blüten V/VI, zwitterig, in bis 10 cm breiten, sternhaarigen Trugdolden, weiß (Abb. o. r.). Frucht eine Steinfrucht, eilänglich, erst rot, dann tiefschwarz (Abb. o. l.), etwa 8 mm lang. **Vorkommen**: Waldränder, Gebüsch. Liebt Kalk, besonders an – auch felsigen – Hängen.
Die Früchte schmecken süßlich-schleimig, gelten aber als ungenießbar. Sie können Entzündungen des Magen-Darmtrakts sowie Schwindel und Erbrechen hervorrufen.

Esche

Fraxinus excelsior. **Merkmale**: Bis 40 m hoher Baum, der bis etwa 300 Jahre alt werden kann und dann einen Umfang von 3 m und mehr haben kann. Krone rundlich, oft bis hoch hinauf ohne Äste, diese stehen spitzwinklig vom Stamm ab. Rinde grau bis gelblichgrau, glatt, Borke dunkler, längsrissig. Zweige hellgrau. Treibt erst im Juni aus. Blätter gegenständig, unpaar gefiedert, mit 7–13, meist 11 länglich-lanzettlichen, zugespitzten, gesägten Blättchen (Abb. M.), die am Mittelnerv unterseits behaart sind. Knospen schwarz bis schwarzbraun. Blüten IV–V vor dem Blattaustrieb, zwitterig, ♂ oder ♀, auch Zweihäusigkeit kommt vor, in Rispen (Abb. u. r.). Frucht ein zusammengedrücktes Nüßchen mit gedrehtem Flügel (Abb. u. l.), mit diesem 3–4 cm lang, verbleibt den Winter über am Baum. **Vorkommen**: Anspruchsvoll; braucht zu gutem Gedeihen tiefgründigen, nährstoffreichen und lockeren, feuchten bis nassen, auch anmoorigen Boden und überdies feuchte Luft und viel Licht. In Wäldern, Auen, an Wegen usw., auch in Ansiedlungen gern gepflanzt. Kommt in der Ebene und im Gebirge bis 1600 m vor, wächst in hohen Lagen aber nur noch strauchförmig.
Das Holz des Baumes ist sehr elastisch und wird für Skier, Turngeräte u. a. verwendet. Die Esche bildet eine Reihe von Formen, z. B. mit hängenden Zweigen als »Traueresche«. Die Flügel der Früchte sind ein Mittel, mit dem eine Pflanze für eine wirkungsvolle Verbreitung ihrer Samen sorgen kann. Würde ein Same direkt nach unten fallen, bestünde kaum eine Chance, daß daraus einmal ein großer Baum wird. Die Konkurrenz um Licht, Wurzelraum und Nährstoffe wäre zu groß. Aber auch wenn ein solcher Mechanismus vorhanden ist, muß immer noch eine Vielzahl von Samen ausgebildet werden, damit daraus nach Jahren einmal ein neuer Baum bis zu voller Größe heranwachsen kann. Eine verwandte Art ist die Mannaesche *(Fraxinus ornus)*, ein kleiner Baum von 4–8 m Höhe mit stark verzweigter Krone.

Netzstieliger Hexenröhrling

Boletus luridus. **Merkmale**: Hut zuerst halbkugelig, wird dann allmählich flach, erreicht einen Durchmesser von durchschnittlich 12 cm, aber auch mehr. Seine Färbung wechselt zwischen hellen und dunkleren Brauntönen. Röhren ungefähr 2 cm lang; ihre Mündungsfläche zeigt ein kräftiges Rot, das beim Altern des Pilzes allmählich verblaßt. Wenn man die Mündungsfläche drückt, dann verfärbt sie sich blau. Stiel zuerst kräftig, bauchig, später etwas schlanker. Ein auffallendes Merkmal ist eine klare, netzartige Zeichnung auf dem Stiel. Seine Grundfarbe ist ein blasses Gelb, auf dem das rotbräunliche Maschenwerk des Netzes zu sehen ist. **Vorkommen**: Ein häufiger Pilz, gerne in kalkhaltigen Buchenwäldern, im Sommer und im Herbst. **Verwendung**: Ausreichend gekocht, zählt er zu den guten Speisepilzen. Empfindliche Personen reagieren mit Darmerkrankungen.

Steinpilz

Boletus edulis. **Merkmale**: Hut kugelig und polsterförmig, anfangs sehr hell und später braun und runzelig. Röhren beim Jungpilz fast weiß, werden mit dem Altern gelblich und bekommen schließlich einen olivgrünlichen Ton. Stiel derb, keulig, von graubräunlicher Farbe. Bei genauem Betrachten erkennt man ein sehr zartes, hellbräunliches Netz. **Vorkommen**: Wächst sowohl in Laub- als auch in Nadelwäldern, besonders gerne an den Rändern. Von VII bis in den Spätherbst zu finden. **Verwendung**: Der Steinpilz ist ein hochgeschätzter, vielgesuchter Speisepilz.

Maronenröhrling

Xerocomus badius. **Merkmale**: Hut gewöhnlich 5–12 cm im Durchmesser, größere Ausmaße kommen vor, sind aber selten. Kappe zuerst halbkugelig, später flacher, gelegentlich in der Hutmitte sogar etwas vertieft. Hutfarbe braun, erinnert deutlich an die Samenschale der Marone, der eßbaren Kastanie, daher der Name des Pilzes. Die Röhren erreichen eine Länge von über 1 cm, verfärben allmählich von Gelb auf Grün. Rund um den Stiel sind sie deutlich vertieft. Wenn man mit dem Finger gegen die Röhrenschicht drückt, verfärbt sie sich an dieser Stelle blau. Bei sehr trockenem Wetter verläuft diese Farbreaktion nur schwach. Stiel ungefähr 8 cm lang und 2 cm breit, am Stielende oft ausspitzend, weißlich bis schwach bräunlich gefärbt, aber niemals mit einer Netzzeichnung. **Vorkommen**: Der Maronenröhrling ist ein sehr häufiger Pilz. Er gedeiht in Nadel-, Laub- und auch Mischwäldern. Eine besondere Vorliebe scheint er für 60–70jährige Fichtenbestände zu haben, wo er am Grunde der Stämme, oft zwischen den Wurzelanläufen wächst. **Verwendung**: Der Maronenröhrling ist ein begehrter Speisepilz, der in Gegenden, in denen der Steinpilz selten geworden ist, für diesen einen Ersatz bietet.

Rotkappe

Leccinum testaceo-scabrum. **Merkmale:** *Hut* 5–20 cm breit, Huthaut orangefarbig, steht am Rand des Hutes als ein häutiger Saum über. Röhren grau in verschiedenen Abstufungen, um den Hut herum immer niedergedrückt, ungefähr 25 mm lang werdend. Stiel weißgrundig, dicht, mit schwarzen Schuppen bedeckt, und häufig nach oben etwas dünner werdend. **Vorkommen:** Die Rotkappe ist ein häufiger Pilz. Sie ist an die Birke gebunden, mit der sie eine Lebensgemeinschaft bildet. Sie steigt vom Tiefland bis in die Voralpen. Haupterscheinungszeit VI–X. **Verwendung:** Die Rotkappe ist ein sehr beliebter Speisepilz, der auch auf den Pilzmärkten gehandelt wird. Im Gegensatz zu vielen anderen Röhrlingen wird die Rotkappe von den Maden der Pilzmücken wenig befallen. Als nachteilig empfinden es manche Hausfrauen, daß sich das Fleisch der Rotkappen beim Kochen schwarz färbt, während es beim Steinpilz weiß bleibt. Diese Verfärbung ist aber kein Anzeichen, daß der Pilz verdorben oder gar giftig ist.

Rotkappe und Birkenpilz gehören innerhalb der Röhrlinge einer besonderen Gruppe an, nämlich den Rauhfüßen. Die Vertreter dieser Gattung haben trockene Hüte, eine meistens graue, um den Stiel herum deutlich niedergedrückte Röhrenschicht, ihr Stiel ist auffallend geschuppt. Sie bewohnen weite Gebiete der nördlichen Hemisphäre, sind als Mykorrhizapilze für die Forstwirtschaft von Bedeutung. Als Exportware sind sie für die osteuropäischen Länder wichtig.

Kuhmaul

Gomphidius glutinosus. **Merkmale:** Der Hut fühlt sich tatsächlich kühl und feucht wie ein Kuhmaul an, wird bis zu 10 cm breit und ist mit einer Schleimschicht überzogen, die bei jungen Exemplaren zum Stiel hinunterreicht und leicht abziehbar ist. Ältere Hüte sind oft schwarzfleckig. Lamellen anfangs weiß, verfärben sich durch die ausfallenden Sporen allmählich schwarz, laufen am Stiel weit herab und gabeln sich gegen den Hutrand. Stiel bis 10 cm lang, sich nach oben verdickend, schleimig, mit den Resten eines Ringes, besonders auffallend durch das gelbe Stielende. **Vorkommen:** Das Kuhmaul ist ein häufiger Pilz. Man findet es überall, wo Fichtenwälder anzutreffen sind, gleich ob es sich um natürliche Bestände oder gepflanzte Kulturen handelt. Der Pilz bildet nämlich mit Fichten eine Lebensgemeinschaft (Symbiose). Er gedeiht vom Sommer bis in den Herbst. **Verwendung:** Der gute Speisepilz erfreut sich leider nicht überall der ihm zukommenden Wertschätzung. Das mag daher kommen, weil er im Korb gerne mit anderen Pilzen verklebt. Es ist deshalb zweckmäßig, die schleimige Huthaut schon am Standort abzuziehen. Überhaupt ist es empfehlenswert, den Pilz gesondert vom anderen Sammelgut zu transportieren und aufzubewahren; ältere Exemplare sondern reichlich schwarze Sporen ab, die die anderen Pilze verschmutzen.

Nebelgrauer Trichterling

Clitocybe nebularis. **Merkmale:** Hut zuerst halbkugelig, später ausgebreitet, aber im Gegensatz zur typischen Trichterlingsform nie trichterförmig genabelt, am Rand eingerollt, erreicht bis 15 cm Durchmesser, grau in verschiedenen Abstufungen und häufig von einem Reif bedeckt, in dem Streuteile eingewachsen sind. Lamellen weißlich, später mehr ockerlich gefärbt, laufen am Stiel etwas herab und sind, als besonders auffälliges Kennzeichen zu werten, sehr leicht vom Hutfleisch zu lösen. Stiel kräftig, längsfaserig, bis 12 cm lang und 3 cm dick, weiß bis grau. **Vorkommen:** Der Nebelgraue Trichterling ist ein sehr häufiger Pilz, der in langen Reihen oder auch in Kreisen, sogenannten Hexenringen, wächst. Man findet ihn erst während der Herbstmonate, dann allerdings in Massen auftretend. Er ist ein Bewohner des Nadelwaldes, kommt aber auch in der Laubstreu der Buchenwälder vor. **Verwendung:** Der Nebelgraue Trichterling ist ein Speisepilz. Es hat sich aber herausgestellt, daß er nicht von jedermann vertragen wird. Das hat dazu geführt, daß sein Wert recht unterschiedlich beurteilt wird.

Kahler Krempling

Paxillus involutus. **Merkmale:** Hut bis 15 cm breit, am Rand lange eingerollt, etwas gefurcht, ockerbraun und feinfilzig, Hutmitte etwas vertieft. Lamellen lassen sich vom Hutfleisch leicht ablösen, holzgelblich, am Stiel herablaufend. Beim Druck auf die Lamellen werden diese sogleich bräunlich. Wegen dieser Reaktion trägt der Pilz auch den Namen Empfindlicher Krempling. Stiel bis 5 cm lang, bräunlich, vollfleischig. **Vorkommen:** Ein häufiger Pilz an verschiedendsten Standorten. **Verwendung:** Letzte Forschungen haben ergeben, daß eine gelegentliche Kremplingsmahlzeit unschädlich ist, daß aber der über Jahre hinaus fortgesetzte Genuß des Pilzes zu sehr ernsten Erkrankungen, ja sogar zum Tod führen kann.

Fliegenpilz

Amanita muscaria. **Merkmale:** Hut in der Jugend von einer weißen Hülle umschlossen, die erst beim Aufschirmen zerreißt und dann die rote Huthaut erkennen läßt. Sie ist leuchtend rot, manchmal etwas gelblich, bedeckt mit weißen Tupfen. Erreicht einen Durchmesser bis zu 20 cm. Der Rand ist schwach gerieft. Lamellen weißlich, frei, d. h. sie halten Abstand vom Stiel. Stiel bis 20 cm hoch und bis 2 cm dick, am oberen Teil eine weiße Manschette. **Vorkommen:** Der Fliegenpilz ist vom Sommer bis in den Herbst häufig zu finden, gerne in Nadelwäldern, besonders oft trifft man ihn unter Birken; vom Flachland bis ins Gebirge.
Fliegenpilze sind stark giftig. Die Vergiftungen führen zu Tobsuchtsanfällen, zu Seh- und Sprachstörungen, allerdings nur selten zum Tod. Milch, die durch Fliegenpilze vergiftet war, wurde früher zum Töten von Fliegen benützt (Name).

Weißer Knollenblätterpilz

Amanita verna. **Merkmale:** Hut oft spitzkegelig, bis 10 cm breit, klebrig, trocken glänzend, höchstens in der Hutmitte schwach elfenbeinfarbig. Lamellen rein weiß mit flockiger Schneide. Stiel bis 15 cm lang, aus einer häutigen Scheide entspringend, mit einer weißen, hochsitzenden Manschette am Stiel, die im Alter verschwinden kann. **Vorkommen:** Schon im VII auftretend und in Laub- und Nadelwäldern bis in den Herbst zu finden.
Die tödlichen Vergiftungen entstehen dadurch, daß Sammler den Weißen Knollenblätterpilz mit Champignons verwechseln. Vergiftungserscheinungen treten erst nach 11–12 Stunden auf und bringen den Erkrankten in ernste Lebensgefahr.

Stockschwämmchen

Kuehneromyces mutabilis. **Merkmale:** Hut bis 6 cm Durchmesser, deutlich gebuckelt, feucht zimtfarbig, trocken wesentlich blasser. Lamellen zuerst blaß, dann ebenfalls zimtfarbig, ziemlich dicht stehend und am Stiel etwas herablaufend. Stiel mit deutlichem, ziemlich dauerhaftem Ring. Unterhalb desselben ist der Stiel sparrig-schuppig, bis 7 cm lang, kaum 1 cm dick. **Vorkommen:** Wächst nur auf Holz, mit besonderer Vorliebe auf Strünken von Laubbäumen, nur ganz selten auf Nadelholz. Kaum einzelnstehend, sondern immer gesellig in vielen Exemplaren, die dann den ganzen Strunk bedecken. Vom Frühling bis in den Winter hinein häufig. **Verwendung:** Das Stockschwämmchen ist ein beliebter Speisepilz. Durch sein büscheliges, geselliges Wachstum kann es mühelos, und zwar fast das ganze Jahr hindurch, gesammelt werden. Besonders als Suppenpilz geeignet. Das Stockschwämmchen gehört zu den wenigen Pilzarten, die sich auf geeigneter Unterlage züchten lassen und für das der entsprechende Impfstoff im Handel zu erwerben ist.

Speisetäubling

Ressula vesca. **Merkmale:** Hut bis 10 cm breit, flachgewölbt, schließlich niedergedrückt, fleischrot. Die Huthaut erreicht die Hutkante nicht, so daß die weißen Lamellenenden wie eine schmale Bordüre am Hutrand erscheinen. Lamellen weiß, oft rostfleckig, Sporenstaub rein weiß. Stiel bis 7 cm hoch, weiß, gegen das untere Ende zugespitzt. **Vorkommen:** Ein häufiger Täubling, hauptsächlich in Buchenwäldern von Sommeranfang bis Herbst. **Verwendung:** Einer der beliebtesten Speisepilze. Täublinge werden beim Kochen nie so weich wie Röhrlinge, was, je nach Geschmacksrichtung, auch als Vorteil betrachtet wird.
Der Name Speisetäubling könnte den Eindruck erwecken, daß dieser Pilz der einzig eßbare aus der Gattung *Russula* wäre. Das stimmt natürlich nicht, mag aber bedeuten, daß er besonders gern gesammelt wird. Es wäre auch denkbar, daß ihn sein Name gegen den ebenfalls rothütigen, aber giftigen Speitäubling lobend hervorheben sollte.

Fichtenreizker

Lactarius semisanguifluus. **Merkmale:** Hut bis 12 cm Durchmesser, zuerst niedergedrückt, später trichterförmig, anfangs orangerot, aber bald grünend, alte Stücke manchmal völlig grün. Lamellen herablaufend, erst hell orangefarben, dann grünfleckig. Stiel bis 7 cm lang und bis 2 cm dick, innen hohl. **Vorkommen:** Massenhaft bei jungen Fichten. **Verwendung:** Obwohl der minderwertigste unter den Reizkern, wird der Fichtenreizker doch viel verwendet, trotz seines etwas herben Geschmacks. Nach einer Reizkermahlzeit färbt sich der Urin rot, was aber kein Anzeichen für eine Erkrankung bedeutet.

Die Milchlinge mit rotem Milchsaft nennt man Reizker. Dieser Name ist aus der tschechischen Sprache entlehnt, in der »ryzek« der »Rötliche« bedeutet, und auf die Farbe des Hutes oder der Milch hinweist. Es gibt noch andere, rotmilchende Reizker. Eine Verwechslung damit wäre positiv zu werten, denn sie übertreffen den Fichtenreizker an Wohlgeschmack.

Pfifferling

Cantharellus cibarius. **Merkmale:** Hut meist kaum über 5 cm breit, doch manchmal auch Riesenexemplare, erst gewölbt, später trichterförmig, normal dottergelb, doch manchmal weißlich oder lila. Keine Blätterpilz-Lamellen, sondern leistenförmige Vorsprünge an der Hutunterseite, weit am Stiel herablaufend. Stiel wie der ganze Pilz dottergelb, nach unten sich verjüngend, nach oben allmählich in den Hut übergehend. **Vorkommen:** Sehr häufig, aber in Gegenden, wo viel gesammelt wird, schon recht selten. **Verwendung:** Der Pfifferling, auch Eierschwamm oder Reherl genannt, ist wohl der beliebteste und bekannteste Speisepilz. Das dürfte darauf zurückzuführen sein, daß er selten madig, kaum zu verwechseln, verhältnismäßig haltbar und daher transportfähig ist. Er enthält jedoch viel unverdauliche Substanz und ist nicht zum Trocknen geeignet.

Dreifarbige Koralle

Ramaria formosa. **Merkmale:** Aus einem bauchigen, bis 4 cm dicken Strunk, der weiß gefärbt ist, erheben sich kräftige fleischfarbige Äste, die sich dann nochmals verzweigen. Die Zweigenden sind an den Spitzen zitronengelb. Das Weiß des Strunks, die Fleischfarbe der Äste und das Gelb der Zweigspitzen werden aber im Alter undeutlich. **Vorkommen:** In Laubwäldern, besonders bei Buchen.

Die unbekömmliche Dreifarbige Koralle und die ihr ähnlichen Arten werden auch als Ziegenbärte bezeichnet. Es gibt unter ihnen einige eßbare, aber auch minderwertige, ja sogar giftige Arten, wie der Name der Bauchwehkoralle, *Clavaria pallida,* deutlich macht. Im Alter sehen sich eßbare und unbekömmliche Arten sehr ähnlich und sind dann schwer auseinanderzuhalten.

Stinkmorchel

Phallus impudicus. **Merkmale:** Im Jugendstadium lebt die Stinkmorchel unterirdisch, als eine Knolle von Hühnerei- bis Faustgröße und wird in diesem Zustand als Hexen- oder Teufelsei angesprochen. Nachdem der Scheitel des Hexeneis den Waldboden durchbrochen hat, platzt dieses auf, und nun wächst überraschend schnell der Stiel mit dem Hut heraus. Er ist bis 20 cm hoch, weiß, von löcherig-zelliger Struktur, innen hohl. An seinem oberen Ende trägt er eine fingerhutförmige Kappe. Diese ist mit einem olivfarbenem Schleim bedeckt, der einen widerlichen, aasartigen Geruch verbreitet. Dieser Geruch lockt Insekten, hauptsächlich Fliegen, oft auch Mistkäfer an, welche die in der grünlichen Substanz enthaltenen Sporen verbreiten. Ist diese ganz abgetropft, so bleibt ein löcherig-grubiger Kegel zurück, der Stiel wird schlaff und sinkt in sich zusammen. **Vorkommen:** Die Stinkmorchel ist ein sehr häufiger Pilz, der hauptsächlich in Nadelwäldern, doch auch in Laubwäldern vorkommt. Sie wächst von VI bis in den Herbst, gerne gesellig in kleinen Gruppen. **Verwendung:** Reife Stinkmorcheln sind wegen ihres Geruchs ungenießbar. Es finden sich aber Liebhaber, die die Hexeneier wie Röstkartoffeln zubereiten und dieses Gericht als Delikatesse preisen.

Kartoffelbovist

Scleroderma aurantium. **Merkmale:** Wer erstmals einen Kartoffelbovist in die Hände bekommt, ist versucht, ihn wirklich für eine Kartoffel zu halten, denn Aussehen und Gewicht stimmen überein. Auch für eine Trüffel wird dieser Hartbovist angesehen, doch auch mit diesen teuer bezahlten Gewürzpilzen für die Tafel des Feinschmeckers besteht nur eine äußere Ähnlichkeit. Der Kartoffelbovist gehört nämlich zu den Bauchpilzen, echte Trüffeln aber sind Schlauchpilze. Er bildet, wie alle Bauchpilze, einen geschlossenen Fruchtkörper, der die Sporen in seinem Inneren erzeugt, die erst bei seinem Zerfall frei werden. Gleicht einer Kartoffel von mittlerer Größe, ziemlich hart und verhältnismäßig schwer. Wenn man die Knolle durchschneidet, so stellt man eine etwa 3 mm starke Schale fest. Das Innere des Bovists ist anfangs ziemlich hell, nie aber rein weiß. Wenn die Sporen reifen, verfärbt sich das Innere zuerst grau und wird schließlich fast schwarz, von vielen weißen Fasern durchzogen. Bei der Sporenreife reißt die Schale auf, die Sporen werden, oft eine kleine Staubwolke bildend, vom Wind weggetragen. Der aufgeschnittene Pilz hat einen stechenden, widerwärtigen Geruch. **Vorkommen:** Nicht überall zu finden, da er Kalkböden meidet. Nur wo diese tiefgründig entkalkt sind oder gerne auch auf Torfböden ist der Pilz anzutreffen, der übrigens weltweit verbreitet ist.

Der Kartoffelbovist ist giftig. Es gibt noch eine andere Art, den Dünnschaligen Kartoffelbovist, *S. verrucosum,* der sich durch eine dünnhäutige Schale unterscheidet und wertlos ist.

Weißmoos

Leucobryum glaucum. **Merkmale:** Das Weißmoos ist an seiner blaugrünen Färbung und dem dichten Polsterwuchs leicht zu erkennen. Bei Trockenheit Färbung in Weiß übergehend. Durchmesser der Polster bis zu 50 cm; Höhe bis zu 15 cm. **Vorkommen:** Saure, feuchte Nadel-, Buchen- und Eichenwälder.

Moose stellen systematisch eine eigene Einheit dar. Sie besitzen keine Wurzeln, sondern nur wurzelähnliche sog. Rhizoide. Die Wasseraufnahme erfolgt zum größten Teil über die Blätter. Diese vermögen Wasser in größeren Mengen aufzunehmen, um es langsam wieder an die Umgebung abzugeben und so zu dem ausgeglichenen Klima in einem Wald beizutragen.

Frauenhaarmoos

Polytrichum-Art. **Merkmale:** Dieses Moos wird bis zu 40 cm hoch und ist damit eines der größten mitteleuropäischen Moose. Die einzelnen Moospflänzchen stehen im dichten Rasen zusammen. Wenn genügend Feuchtigkeit vorhanden ist, stehen die Blättchen waagerecht, bei Trockenheit legen sie sich fast an den Stengel an. **Vorkommen:** Frauenhaarmoos ist in unseren heimischen Wäldern weit verbreitet.

Gabelzahnmoos

Dicranum rugosum. **Merkmale:** Dieses zu den Laubmoosen gehörende Moos wird bis über 10 cm hoch und bildet lockere Polster, die einen Durchmesser von bis zu 1 m erreichen. Polster gelbgrün, Stengel weiß- oder graufilzig. Die Blätter stehen nicht – wie sonst typisch in der Gattung *Dicranum* – einseitswendig, sondern nach allen Seiten des Stengels ab. Sie sind lanzettlich, nicht röhrig, mit scharf gesägter, langer Spitze und deutlich querwellig. Sporenkapseln selten. **Vorkommen:** Trockene und feuchte Wälder; bevorzugt werden schattige Nadelwälder und Heide. Auf Sandboden und Humus. Im Gebirge bis 1500 m.

Schlangenbärlapp

Lycopodium annotinum. **Merkmale:** Immergrüne und mehrjährige Pflanze mit typisch schmalen, nadelartigen Blättchen, die unregelmäßig verteilt am Stengel sitzen. Die Stengel kriechen über weite Strecken am Boden entlang, die Äste jedoch, die die Sporangien tragen, stehen aufrecht. Die Sporenähren werden etwa 4 cm lang und etwa 3 mm dick. **Vorkommen:** Fichten-, Kiefern- und Birkenwälder; von ebenen Lagen bis ca. 1900 m. Auf nährstoffarmen und sauren Böden.

Der Schlangenbärlapp ist unter den recht seltenen Bärlappgewächsen, deren Fundorte zerstreut liegen, auch heute noch eine relativ häufige Art, wird aber vielfach übersehen oder für ein Moos gehalten.

Waldschachtelhalm

Equisetum silvaticum. **Merkmale:** Von einem überdauernden, unterirdischen Wurzelstock wachsen im Frühjahr unverzweigte, bleichbraunliche Stengel hoch, die am Ende jeweils eine Sporenähre tragen. Nach dem Reifen der Sporen und ihrer Verbreitung ergrünen die vorher bleichen Stengel und bilden verzweigte, in Quirlen stehende, feine Seitenäste aus. Alle oberirdischen Teile sind aus ineinandergeschachtelten Abschnitten aufgebaut, daher der Name Schachtelhalm. **Vorkommen:** Ziemlich häufig auf nassen, kalkarmen Böden in verschiedenen Waldgesellschaften, so in moosigen Fichtenwäldern, in Eichen-Hainbuchen-Wäldern und in Auwäldern. Bevorzugt werden halbschattige oder schattige Standorte vom Tiefland bis in Höhen von über 1500 m.

Gemeiner Wurmfarn

Dryopteris filix-mas. **Merkmale:** Umfangreicher, ausdauernder Wurzelstock, aus dem jedes Jahr die neuen Farnwedel emporwachsen. Die jungen Wedel sind zunächst spiralig eingerollt und von braunen Schuppen bedeckt. Ausgewachsene Farnwedel bis zu 1,40 m lang (Abb. M. r.). Blätter auf der Oberseite dunkler grün gefärbt als auf der Unterseite. Insgesamt Wedel doppelt gefiedert, d. h. jede einzelne Fieder ist selbst noch einmal gefiedert (Abb. M. l.). **Vorkommen:** Laub-, Misch- und Nadelwälder mit einer gut ausgebildeten Krautschicht. Der Wurmfarn ist ein Anzeiger für frischen, nährstoffreichen Lehmboden mit guter Humusbildung.
Bei Farnpflanzen ist ein typischer Generationswechsel ausgebildet. Auf der Wedelunterseite werden – eingehüllt von einem häutigen Schleier – die Sporangien angelegt. Werden die Sporen reif, platzen die Sporenbehälter auf. Aus den vom Wind weit verbreiteten Sporen wachsen pfenniggroße Vorkeime (Prothallien), auf denen die geschlechtliche Fortpflanzung abläuft. Aus einer befruchteten Eizelle wächst dann wieder eine sporentragende Farnpflanze heran.

Gemeiner Tüpfelfarn, Engelsüß

Polypodium vulgare. **Merkmale:** Langes, zartes, kriechendes Rhizom, aus dem längliche oder lanzettförmige Wedel wachsen, die bis 50 cm lang werden. Wedel mit länglichen, regelmäßig geformten, zur Spitze hin kleiner werdenden Blättchen. Diese oberseits grün, unterseits etwas heller. Die Sporangienhaufen längs der Randnerven sehen aus wie rostbraune Pusteln. **Vorkommen:** Typisch für lichte, artenarme Eichenwälder, wächst aber nicht nur auf dem mäßig trockenen, kalkarmen Waldboden, sondern auch auf Felsen und als sog. Epiphyt am Fuß alter, bemooster Bäume, manchmal auch höher über dem Erdboden an einem bemoosten Stamm.
Den Namen »Engelsüß« verdankt dieser Farn der Tatsache, daß sein Rhizom Zucker enthält.

Gemeine Akelei

Aquilegia vulgaris. **Merkmale:** 30–80 cm; Blütezeit V–VII. Weithin bekannte Pflanze mit charakteristischen blauvioletten, manchmal rötlichen oder selten weißen Blüten. Im Rahmen der großen Variabilität, die bei der Ausbildung der verschiedenen Blütenteile bei den Hahnenfußgewächsen zu beobachten ist, treten hier blumenblattartig entwickelte Nektarblätter auf, deren 5 Sporne bogig verlaufen und an der Spitze hakenförmig gekrümmt sind (Sporn 15–22 mm). Die Staubblätter ragen bei dieser Art nur wenig aus der Blüte heraus. Während die obersten Blätter dreilappig und sitzend sind, haben die unteren, doppelt dreiteilig gefiederten Blätter lange Stiele. **Vorkommen:** Lichte Laubwälder, Waldränder, Gebüsche, steinige Hänge; auch Wiesen. Bevorzugt Kalkböden. Noch in Höhen von 2000 m anzutreffen.
Nah verwandt ist die Dunkle Akelei, *A. atrata,* mit kleineren, meist braunpurpurnen Blüten. Diese Art bevorzugt höhergelegene Standorte der (Mittel-)Gebirge.

Buschwindröschen

Anemone nemorosa. **Merkmale:** 15–20 cm; Blütezeit III–IV. Mehrjährige, meist einblütige Pflanze, weißblühend; häufig sind die 6–8 Kronblätter rötlich überlaufen. Zahlreiche gelbe Staubblätter. Fruchtstände herabhängend, Fruchtblätter behaart. Bei den 3 Stengelblättern handelt es sich um handförmig geteilte Hochblätter; auch die Grundblätter sind ungleich gesägt bis geteilt. **Vorkommen:** Laub- und Nadelwälder, Gebüsche, Bergwiesen; bis 1900 m.
Das Buschwindröschen gehört zu den ersten Frühblühern. Es nützt die relativ günstige Lichtperiode vor dem Laubaustrieb; später sind die Lichtverhältnisse z. B. in Buchenwäldern zu ungünstig. Der gesamte Lebenszyklus findet im (Vor-)Frühling statt. Die Blüten werden von Insekten bestäubt. Die kleinen Nußfrüchte tragen ein Anhängsel (Elaiosom), das charakteristische Lock- und Nährstoffe enthält und den Ameisen als Nahrung dient.

Leberblümchen

Hepatica nobilis. **Merkmale:** 8–15 cm; Blütezeit III–IV. Blauviolette, selten rosa oder weiße Blüten, langgestielt, 15–30 mm im Durchmesser, 6–9 Kronblätter. Kelchartige Hülle aus 3 eiförmigen, grünen Hochblättern. Blätter langgestielt, dreilappig, nach der Blüte erscheinend; unterseits oft purpurn. Stengel behaart. **Vorkommen:** Lichte Wälder (Buchen, Eichen), Gebüsch; insbesondere auf Kalk. Bis in Höhen von 1500 m.
Das Leberblümchen gehört zu den ersten Frühblühern. Für die Bestäubung sorgen Insekten; die Samen werden wegen ihres nährstoffreichen Anhängsels (Elaiosom) von Ameisen aufgesucht und so verbreitet. Diese Form der Fruchtverbreitung bezeichnet man als Myrmekochorie.

Scharbockskraut

Ficaria verna. **Merkmale:** 5–20 cm; Blütezeit III–V. 8–12 blumenblattartige, glänzend gelbe Honigblätter (15–40 mm), meist 3 äußere Blütenhüllblätter. Blätter ungeteilt, nierenförmig bis rundlich-herzförmig, glänzend; Stengel niederliegend. Pflanze rasenbildend, mehrjährig. **Vorkommen:** Auwälder, Laubmischwälder, Gärten und Parkanlagen an feuchten Stellen; Gräben. Bis in Höhenlagen von 1100 m.
Neben der geschlechtlichen Fortpflanzung findet sich eine interessante ungeschlechtliche Vermehrung: In den Achseln der Laubblätter befinden sich kugelige Gebilde, sogenannte Bulbillen – Brutknospen, die mit Reservestoffen angereichert sind. Sie fallen nach einiger Zeit ab, bewurzeln sich und wachsen zu neuen Pflänzchen aus.

Waldrebe

Clematis vitalba. **Merkmale:** Eine bis 7 m und mehr hoch schlingende Liane, deren Ranken bis 12 m und länger werden können, wobei aber die Stämmchen, von denen die längsstreifige Rinde abblättert, kaum dicker als 3–5 cm werden. Junge Triebe sind sechskantig bzw. -rillig. Blatt unpaarig gefiedert mit meist 5 eiförmigen bis herzförmigen, ganzrandigen bis grob eingeschnitten gekerbt-gesägten Blättchen. Geklettert wird mit den windenden Blatt- und Blättchenstielen. Ganze Bäume werden so übersponnen. Zwittrige Insektenblüten VI–IX in achsel- oder endständigen Trugdolden oder Rispen. 4–5 innen weiße, außen gelblich-grüne, filzig behaarte Kelchblätter übernehmen hier die Funktion der Blütenblätter und umgeben eine Menge gelber Staubblätter und Fruchtknoten. Nach dem Verblühen verlängern sich die Griffel und bilden schließlich eine silberig behaarte Flugvorrichtung für die Nüßchen, die aber oft bis zum Frühling sitzenbleiben (Abb. M.). **Vorkommen:** Bodenansprüche bescheiden, doch wird Kalkboden bevorzugt und auch sehr viel Licht benötigt.
Diese Liane wird auch zur Laubenbekleidung oder als Schmuck an Hauswänden verwendet und überspinnt auch gern Mauern.

Hohler Lerchensporn

Corydalis cava. **Merkmale:** Etwa bis 25 cm hohe Pflanze, deren enständige Blütentraube von den doppelt-dreizähligen Blättern überragt wird. Die Traube kann 10–20 Einzelblüten vereinigen, deren Farbe von lila über rötlich bis weiß variieren kann. Der Lerchensporn gehört zu den sog. Frühblühern; Blütezeit III. Die zum Aufbau der Blätter und Blüten notwendige Substanz beziehen die Pflanzen aus den überwinternden, hohlen Knollen (Name!). **Vorkommen:** Meist in größeren Beständen in lichten Laubwäldern, vor allem Buchenwäldern, mit einer gut ausgebildeten Krautschicht. Der Lerchensporn ist eine Mullbodenpflanze und zeigt nährstoffreichen Lehmboden an.

Hopfen

Humulus lupulus. **Merkmale:** Ausdauerndes, 3–6 m hohes, krautartiges Schlinggewächs mit rauhem, windendem Stengel. Blätter langgestielt rundlich, drei- bis fünfspaltig, oberseits rauh. Die Pflanze ist zweihäusig. ♂ Blüten in hängender Rispe, ♀ Blüten in einem Kätzchen, aus dem sich der gelblichgrüne Fruchtzapfen entwickelt. **Vorkommen:** In Auwäldern, an Flußufern.

Der im Hopfen enthaltene Bitterstoff Lupulin spielt in der Medizin eine wichtige Rolle. Hopfentee wirkt beruhigend, aber auch magen- und darmkräftigend und krampflindernd. Weitaus bekannter ist aber sicherlich die Verwendung des Hopfens bei der Bierherstellung. Man gibt ihn zur Würze, wodurch das Bier einen leicht bitteren Geschmack erhält und besser gelagert werden kann.

Himbeere

Rubus idaeus. **Merkmale:** Sommergrüne, 2–3 m hohe Staude mit bereiften Schößlingen. Blattstengel reichlich mit kegelförmigen, schwarzroten Stacheln besetzt. Laubblätter drei- bis fünfzählig gefiedert, oberseits kahl, unterseits weißfilzig. Blütezeit V–VIII; die weißen Blüten stehen in traubig-rispigen Blütenständen. Sammelfrüchte tiefrot, wohlschmeckend, aromatisch duftend. Fruchtreife VII–VIII. **Vorkommen:** Verbreitet auf Schlägen, an sonnigen Waldrändern.

Im Sommer werden die reifen Beeren gesammelt, die Vitamin C, Pektin, sowie organische Säure enthalten. Sie werden zumeist als Saft (oder Sirup) verwendet. Auch zur Gelee- oder Marmeladenzubereitung eignen sie sich hervorragend.

Wald-Erdbeere

Fragaria vesca. **Merkmale:** 5–25 cm; Blütezeit IV–VI. Mehrjährige Pflanze mit oberirdischen, an den Knoten wurzelnden, langen Ausläufern, die der vegetativen Vermehrung dienen, am Ende der Ausläufer häufig Jungpflanzen. Blüten weiß, 15 mm, an blattlosen, angedrückt behaarten Stielen. Blätter dreizählig, nur unterseits seidenhaarig, oberseits zerstreut behaart. Als Frucht liegt eine Sammelfrucht vor, die sich aus zahlreichen Nüßchen zusammensetzt, die an der fleischig gewordenen Blütenachse stehen. Fruchtkelch abstehend oder zurückgeschlagen. **Vorkommen:** Waldlichtungen, Kahlschläge, Waldwege, Gebüsche, Hecken; meist in Waldgesellschaften, in denen das ökologische Gleichgewicht mehr oder weniger gestört ist. In den Alpen bis 2200 m.

Als Besonderheit unter den Erdbeeren gilt die Zwitterblütigkeit der Wald-Erdbeere. Denn alle anderen Erdbeeren besitzen getrennte ♂ und ♀ Blüten. Die Licht- bis Halbschattenpflanze wird von Insekten bestäubt, die wohlschmeckenden, saftigen »Beeren« werden von Tieren (und vom Menschen) verbreitet. Die Früchte, die sehr reich an Vitamin C sind, rufen bei dafür anfälligen Menschen Allergien hervor.

Frühlings-Platterbse

Lathyrus vernus. **Merkmale:** 20–40 cm; Blütezeit IV–V. Mehrjährige, kahle Pflanze mit drei- bis achtblütigen Trauben. Blüten anfangs rotviolett, später blau bis grünblau, 15–20 mm. Blätter mit 4–6 breiteiförmigen Fiederblättchen; diese sind lang zugespitzt, weich und unterseits glänzend. Stengel kantig, ungeflügelt. Als Frucht tritt eine 4–6 cm lange, braunschwarze Hülse auf. **Vorkommen:** Wälder und Gebüsche. Insbesondere Buchen-, Eichen- oder Nadelmischwälder; bis in Höhen von 1000 m.

Die kalkliebende Schatten- bis Halbschattenpflanze wird von Hummeln bestäubt. Sie gehört zur »zweiten Generation« der Frühblüher. Nachfolgend sollen noch einige Arten der Gattung *Lathyrus* angesprochen werden. Die Schwarzwerdende Platterbse, *L. niger,* ist der oben beschriebenen Art relativ ähnlich, doch tragen ihre Blätter 8–12 Fiederblättchen, die kürzer und schmaler sind und beim Trocknen schwarz werden (Name). Die Berg-Platterbse, *L. montanus,* ist durch schmal geflügelte Stengel, bläulichgrüne Fiederblätter und hellpurpurne Blüten gekennzeichnet, die beim Verblühen hellblau werden. Die Wald-Platterbse, *L. silvestris,* weist breitgeflügelte Stengel auf; alle Blätter tragen nur ein Fiederpaar. Während die bisher aufgeführten hauptsächlich in Wäldern vorkommen, bevorzugt die Wiesen-Platterbse, *L. pratensis,* insbesondere feuchte Wiesenstandorte. Sie ist die häufigste gelbblühende Art in unserer heimischen Flora. Neben den mit Ranken versehenen Blättern, die nur noch ein Paar laubiger Fiedern tragen, fallen besonders die relativ großen, pfeil- bis spießförmigen Nebenblätter auf.

Wald-Sauerklee

Oxalis acetosella. **Merkmale:** 5–15 cm; Blütezeit IV–V. Charakteristische Waldpflanze mit einzeln stehenden weißen oder blaßrosa Blüten (Abb. u. r.); die Blütenkronblätter weisen eine deutliche violette Aderung auf. Langgestielte, grundständige Blätter mit verkehrt-herzförmigen, hellgrünen Fiederblättchen (Abb. u. l.). Die Pflanze besitzt ein kriechendes Rhizom (Erdsproß), das von fleischigen Niederblättern und verdickten Narben abgefallener Blätter besetzt ist. **Vorkommen:** Feucht-humöse Nadelmischwälder, jedoch auch Buchen- und Eichenmischwälder. In den Alpen bis etwa 2000 m vorkommend.

Die ausgesprochene Schattenpflanze weist zahlreiche Besonderheiten auf. Neben Insektenbestäubung kommt Selbstbestäubung sogar schon bei noch geschlossenen Blüten vor (Kleistogamie); ein Schleudermechanismus begünstigt die Verbreitung der Samen. Als Heil- und Nutzpflanze erlangte der Sauerklee vor allem früher größere Bedeutung; neben der medizinischen Verwendung wurden die Blätter als Salatzusatz gegessen. Die ganze Pflanze ist reich an Oxalsäure bzw. Oxalaten (»Kleesalz«), die in größeren Mengen jedoch giftig wirken.

Wald-Storchschnabel

Geranium silvaticum. **Merkmale:** 20–70 cm; Blütezeit VI–VIII. Blütenstiele zweiblütig, nach dem Verblühen aufrecht bleibend (im Gegensatz zum Wiesen-Storchschnabel, *Geranium pratense*). Blütenkronblätter rotviolett, 12–18 mm lang, am Grunde bärtig. Blätter siebenlappig, bis über die Hälfte eingeschnitten und bis etwa zur Mitte grob unregelmäßig gezähnt. Pflanze behaart. **Vorkommen:** Wälder, Buschsäume, Wiesen; Hochstaudenfluren. Vorzugsweise im Gebirge, bis in Höhenlagen von 2200 m.

Beim Wald-Storchschnabel handelt es sich um eine Licht- bis Halbschattenpflanze, die von Insekten bestäubt wird. Die eigenartige Verbreitung der Früchte wird als Schleuderverbreitung oder Katapultmechanismus bezeichnet: Die inneren Teile der Fruchtblätter bleiben als Säule im Zentrum stehen, die Außenwände des Fruchtknotens, die an ihrer Basis jeweils einen Samen umschließen, lösen sich dagegen ab und katapultieren die Samen aus dem Fruchtstand. Diese Art der Fruchtverbreitung ist für die Gattung *Geranium* ganz typisch. Nachfolgend sollen kurz weitere großblütige Arten angesprochen werden. Dazu gehören neben dem Wald- und dem Wiesen-Storchschnabel noch der Blutrote Storchschnabel, *G. sanguineum,* und der Berg-Storchschnabel, *G. Pyrenaicum* (Blüten 15–40 mm im Durchmesser). Der Blutrote Storchschnabel ist leicht an den blutroten, einzeln stehenden Blüten zu erkennen. Charakteristischstes Merkmal des Berg-Storchschnabels sind die tief eingeschnittenen, violetten Blütenkronblätter; der Wiesen-Storchschnabel fällt durch die blauvioletten, dunkel geaderten Kronblätter und die nach der Blüte herabgeschlagenen Blütenstiele auf. Von den kleinblütigen Arten sind neben dem Stinkenden Storchschnabel, *G. robertianum* (s.u.) folgende Arten von Bedeutung: Rundblättriger Storchschnabel, *G. rotundifolium,* weich drüsig behaart und Glänzender Storchschnabel, *G. lucidum,* fast kahl – beide mit abgerundeten Kronblättern; der zottig behaarte Weiche Storchschnabel, *G. molle,* besitzt ausgerandete Kronblätter.

Stinkender Storchschnabel

Geranium robertianum. **Merkmale:** 15–45 cm; Blütezeit V–IX. Blüten rosa, 3–10 mm lang, Blütenkronblätter nicht ausgerandet. Kelch nur halb so lang, drüsenhaarig, oben einwärts gekrümmt. Blätter drei- bis fünfzählig gefiedert mit doppeltfiederspaltigen, gestielten Fiederblättchen. Stengel (und Blätter) oft rötlich, drüsig behaart. Ganze Pflanze mit widerlichem Geruch (Name!). **Vorkommen:** Wälder, Schluchten, schattige Mauern, Felsen; Hecken, Waldsäume. Bis 1700 m.

Aus den Standortsangaben geht hervor, daß es sich hier um eine Schattenpflanze handelt. Die Bestäubung der Blüten wird durch Insekten oder auf dem Wege der Selbstbestäubung erreicht; Fruchtverbreitung wie bei den anderen *Geranium*-Arten.

Efeu

Hedera helix. **Merkmale:** Immergrün. Der einzige »Wurzelkletterer« in der heimischen Flora. Mit seinen Luft- bzw. Haftwurzeln befestigt er sich auf der jeweiligen Unterlage. Die Erdwurzeln verhalten sich hingegen vollkommen normal. Der Stamm klimmt bis 20 m und mehr hoch. Die Blätter stehen spiralig und sind von recht unterschiedlicher Form. An nichtblühenden Zweigen, also in der Regel an den unteren, sind sie derbledrig, oberseits glänzend dunkelgrün mit weißlichem Adernetz und aus herzförmigem Grund drei- bis fünfeckig (Abb. o. r.), an blühenden Sprossen jedoch ei-rautenförmig bis lanzettlich, lang zugespitzt, zarter und matter, ganzrandig. Blüten meist IX–X, zwittrig (mit Neigung zur Eingeschlechtlichkeit), unauffällig, in einfachen halbkugeligen Dolden (Abb. o. l.), die in traubiger Anordnung stehen. Beeren kugelig, etwa erbsengroß, mit 3–5 Samen, reifen erst im folgenden Frühling. Unreif sind sie rötlich-violett, dann dunkelbraun und zuletzt blauschwarz (sehr selten gelb); für Menschen giftig. **Vorkommen:** Verträgt viel Schatten, wächst auf allen Böden, besonders gut aber auf kalkhaltigen. Häufig in steinigen Wäldern, an Felsen, auf Bäumen und Gebäuden, besonders Ruinen. Von der Ebene bis (vereinzelt) 1800 m.

Gemeiner Seidelbast

Daphne mezereum. **Merkmale:** 40–125 cm; Blütezeit II–V. Der Seidelbast gehört zu den ersten Frühblühern des Jahres. Lange Zeit vor den Blättern erscheinen an den Sträuchern die stark duftenden, purpurroten Blüten (Abb. M. l.). Bei genauerer Betrachtung zeigt sich, daß die vermeintlichen Blüten allein von den gefärbten zylindrischen Achsenbechern bzw. Kelchröhren gebildet werden; der vierzipflige Kelch ist also blumenblattartig entwickelt und übernimmt die Anlockungsfunktion. Nachdem die länglich-lanzettlichen, am Grunde keilförmig verschmälerten Blätter ausgebildet sind, reifen im Sommer die erbsengroßen, scharlachroten (selten gelblichweißen) Beeren heran (Abb. M. r.). **Vorkommen:** Mischwälder, nährstoffreiche, kalkhaltige Böden; bis in Höhen von 2000 m.
Die leuchtend roten Früchte werden von Vögeln verbreitet. Sie sind – wie Blätter und Rinde – für den Menschen giftig und wirken brecherregend.

Heidelbeere, Blaubeere

Vaccinium myrtillus. **Merkmale:** Bis 50 cm hohes Sträuchlein, aufrecht, Triebe grün, kantig, kahl; unterirdische Triebe durchziehen netzartig den Boden und entsenden zahlreiche Sprosse nach oben. Blatt eiförmig bis ei-elliptisch, fein gesägt, Nerven unterseits etwas drüsig behaart. Blüte V–VI, kugelig-krugförmig, einzeln in Blattachsen, grünlich, oft rot überlaufen. Frucht blauschwarz, weißlichblau bereift, schmeckt gut, ihr Saft färbt. **Vorkommen:** In lichten Wäldern und Heiden.

Waldveilchen

Viola reichenbachiana. **Merkmale:** 10–30 cm; Blütezeit IV–VI. Blüten kleiner als 2 cm, rötlich-violett, Kronblätter sich nicht deckend; Blütensporn violett, schlank, meist abwärts gebogen, 4–6 mm lang. Grundblätter in den Achseln beblätterter Stengel. Herz-eiförmige, nur zerstreut behaarte Blätter sowie lineal-lanzettliche, kammartig gefranste Nebenblätter. **Vorkommen:** Laub- (Buchen-) und Nadelwälder, Gebüsche; bis 1600 m. Falls die Bestäubung durch Insekten nicht gewährleistet ist, kann Selbstbestäubung erfolgen. Die Samen werden durch Ameisen verbreitet.

Hohe Schlüsselblume

Primula elatior. **Merkmale:** 10–30 cm; Blütezeit III–V. Blütenkronsaum flach ausgebreitet, schwefelgelb; am Schlund ringförmige, dunkle gelbe Zone. Blüten höchstens schwach duftend. Kelch eng anliegend. Blätter 10–20 cm, runzelig, zerstreut kurzhaarig. **Vorkommen:** Laubwälder, vor allem Au- und Schluchtwälder, Gebüsch, Wiesen; bis in Höhenlagen von 2400 m.

Die Hohe Schlüsselblume bildet den Frühlingsaspekt der Wiesen. Eine besondere Erscheinung, die Heterostylie, garantiert die Fremdbestäubung der Blüten durch Bienen und Hummeln: Bei den Pflanzen kommen etwa gleich viele lang- und kurzgriffelige Individuen vor. Entsprechend tief bzw. hoch sind die Ansatzstellen der Staubblätter. Bereits Darwin zeigte, daß der Pollen der hochsitzenden Staubblätter stets auf die Narben der langgriffeligen Blüten übertragen wird, der Pollen der tieferen Staubblätter dagegen auf die Narben der kurzgriffeligen Blüten; nur bei dieser Kreuzbestäubung ergibt sich ein optimaler Fruchtansatz. Auch die Größe der Pollenkörner und entsprechend die der Narbenpapillen ist bei den beiden Formen unterschiedlich.

Große Sternmiere

Stellaria holostea. **Merkmale:** 10–45 cm; Blütezeit IV–VI. Die weißen Blütenkronblätter (10–15 mm lang) sind etwa doppelt so lang wie der nervenlose Kelch und bis zur Mitte gespalten. 3 Griffel. Die Frucht ist eine kugelige Kapsel, die sich mit 6 Klappen öffnet. Tragblätter der Blüten krautig. Sämtliche Blätter sitzend, wintergrün. Stengel vierkantig. **Vorkommen:** Laubwälder, Gebüsche, Hekken; bis in mittlere Gebirgslagen vordringend.

Der Blütenstand der Großen Sternmiere ist für die Nelkengewächse allgemein typisch: Während die Hauptachse frühzeitig das Wachstum einstellt, setzen jeweils zwei gegenüberliegende Seitenzweige das Wachstum fort, und diese werden dann wieder von Seitenzweigen höherer Ordnung »übergipfelt«. Der daraus resultierende regelmäßige Blütenstand wird als Dichasium bezeichnet. Bei einem Monochasium wird nur ein Seitenzweig gefördert, und es entsteht ein »wickeliger« Blütenstand.

Echtes Lungenkraut

Pulmonaria officinalis. **Merkmale:** 15–30 cm; Blütezeit III–V. Mehrjährige Pflanze mit zunächst roten, später blauen Blüten. Spreite der Grundblätter nichtblühender Triebe herzförmig-abgerundet, plötzlich in den Stiel verschmälert; obere Stengelblätter oval, stengelumfassend. Stengel und Blütenstiele mit Borsten- und Drüsenhaaren besetzt. **Vorkommen:** Laubwälder, Gebüsche; im Gebirge bis 1700 m.
Bereits der Name deutet an, daß das Echte Lungenkraut als Heilpflanze Verwendung findet.

Immergrün

Vinca minor. **Merkmale:** Die Pflanze kann zwar 30–60 cm hoch werden, doch kriecht der am Grunde etwas verholzte Stengel mehr oder weniger am Boden entlang. Die kahlen, lanzettlichen Blätter sind ledrig und immergrün. Die fünfzähligen, hellblauen Blüten erscheinen oft schon im III. **Vorkommen:** Meist herdenweise wachsend, in artenreichen Laub- und Mischwäldern auf frischen, nährstoffreichen Böden.

Waldmeister

Galium odoratum. **Merkmale:** 10–30 cm; Blütezeit IV–VI. Pflanze mit unterirdisch kriechenden Ausläufern und relativ dünnen, vierkantigen Stengeln. Blätter zu 6–9 in Quirlen stehend. Die reinweißen Blüten stehen in rispigen Blütenständen; Blütenkrone mit deutlicher Röhre, 6–7 mm lang, 4 stumpfe, ausgebreitete Kronzipfel. Frucht hakig-borstig. **Vorkommen:** Laubwälder, insbesondere Buchenwälder; bis 1400 m.

Tollkirsche

Atropa belladonna. **Merkmale:** 50–150 cm; Blütezeit VI–VIII. Auffallende, krautige Pflanze mit einzelnen, scheinbar blattachselständigen, violettbraunen, innen schmutziggelben Blüten. Glokkenförmige Krone 25–30 mm, mit kurzem fünflappigem Saum. Der Kelch vergrößert sich zur Reife etwas. Als Frucht tritt eine glänzend schwarze, kugelige, saftige Beere auf. Oft sind an einer Pflanze gleichzeitig Blüten, grüne und reife Früchte zu beobachten. Blätter eiförmig, zugespitzt, ganzrandig, in den Blattstiel herablaufend. **Vorkommen:** Kahlschläge, Waldlichtungen, in Laub- und Mischwäldern, an Waldwegen, auf Brandflächen. Bis in Höhenlagen von 1700 m.
Die Beeren enthalten wie die gesamte Pflanze die Alkaloide Atropin, Hyoscyamin und Hyoscin, die beim Menschen Pupillenerweiterung und Lähmungserscheinungen hervorrufen und meist zum Tode führen. Früher setzte man die Pflanze sogar als Schönheitsmittel ein, z. B. bewußt zur Pupillenerweiterung durch die Wirkung des Atropins! Darauf bezieht sich auch der wissenschaftliche Artname (*belladonna* = schöne Frau).

Roter Fingerhut

Digitalis purpurea. **Merkmale:** 50–150 cm; Blütezeit VI–VIII. Die großen, aufrechten Pflanzen gehören zu den bekanntesten und auffälligsten Waldbodenpflanzen. Im ersten Jahr entwickelt sich lediglich die Blattrosette, erst im darauffolgenden kommt der Fingerhut zur Blüte. Die 4–6 cm langen, purpurroten oder auch weißen Blüten sind außen kahl, innen bärtig und durch dunkelrote, weiß umrandete Flecke gekennzeichnet. Kelchzipfel spitz, breit-oval; Deckblätter etwa so lang wie die Blütenstiele. Die Blüten hängen nickend in einer einseitswendigen, stark verlängerten Traube. Die eiförmig-lanzettlichen Blätter weisen auf der grünen Oberseite eine flaumige Behaarung, unterseits einen graufilzigen Belag auf. Während die untersten Blätter lang gestielt sind, verringert sich die Länge des Blattstiels nach oben hin mehr und mehr. **Vorkommen:** Kahlschläge, an Waldwegen und auf Waldlichtungen; vorzugsweise auf kalkarmen Lehmböden.

Der Rote Fingerhut benötigt zur Entwicklung humide, wintermilde Klimate. Die röhrigen Blüten sind typische Hummelblüten. Die Samen werden durch den Wind verbreitet; sie keimen nur im Licht. Schon seit geraumer Zeit ist der Rote Fingerhut als Arzneipflanze bekannt und auch heute noch wird der Art große pharmazeutische Bedeutung zugemessen. Aus den Blättern wird das Digitalin, ein Herz- und Kreislaufmittel, gewonnen. Es handelt sich um ein Glykosid (gehört zur Gruppe der Zuckerverbindungen), dessen Wirkung durch den Einfluß von Enzymen ausgelöst werden kann.

Ährige Teufelskralle

Phyteuma spicatum. **Merkmale:** 20–80 cm; Blütezeit V–VII. Eine unverzweigte, mehrjährige Pflanze mit anfangs eiförmigem, später länglich-ährenförmigem Blütenstand; zur Reife erreicht die Ähre oft eine Länge bis 12 cm. Blüten gelblichweiß, Kronzipfel oben verbunden. Grundblätter langgestielt, herzförmig, doppelt gekerbt-gesägt; die obersten Stengelblätter dagegen ungestielt, lineal-lanzettlich. **Vorkommen:** Vor allem Laubwälder, jedoch auch Nadelmischwälder; Bergwiesen bis in Höhenlagen von 2100 m.

Insektenbestäubung und Windverbreitung bedingen Fortpflanzung und Ausbreitung dieser Art, die in früherer Zeit sogar als Wildgemüsepflanze Verwendung fand. Der Name »Teufelskralle« ist auf die krallenförmig gebogenen Blüten einer verwandten Art, der Kugeligen Teufelskralle zurückzuführen. Die meisten Arten der Gattung *Phyteuma* haben blaue bis schwarzviolette Blüten, die in kugeligen Köpfen oder in eiförmigen bis zylindrischen Ähren stehen. Die überwiegende Zahl der im europäischen Gebiet vorkommenden Arten ist auf das Alpengebiet beschränkt, nur wenige sind in den Mittelgebirgen anzutreffen. Dazu gehören neben der beschriebenen Art die schon erwähnte Kugelige Teufelskralle, *Phyteuma orbiculare* mit endständigen Blütenköpfen (15–25 mm) und blauen Blüten.

Schattenblume

Maianthemum bifolium. **Merkmale:** 5–15 cm; Blütezeit IV–VI. Mehrjährige Pflanze mit traubigen Blütenständen, die kleinen, reinweißen, vierzähligen Blüten mit verwachsenblättriger Blütenhülle stehen in einer endständigen Traube. Im Gegensatz zum Maiglöckchen sind die Blütenstengel beblättert (zwei kurzgestielte herzförmige Blätter) – nichtblühende Pflanzen tragen nur ein Blatt. Charakteristisch sind die langen, kriechenden Rhizome (Erdsprosse). Als Fruchttyp liegen kirschrote, kugelige (6 mm) Beeren vor. **Vorkommen:** Schattige, humusreiche Laub- und Nadelwälder, insbesondere auf sauren Böden.

Bereits im Namen kommt das Verhalten gegenüber dem Lichtfaktor zum Ausdruck; außerdem weisen die Angaben auf einen Versauerungszeiger hin. Die Bestäubung der Blüten erfolgt durch Insekten, die Fruchtverbreitung durch verschiedene Tierarten.

Vielblütige Weißwurz

Polygonatum multiflorum. **Merkmale:** 30–60 cm; Blütezeit IV–VI. Mehrjährige Pflanze mit gebogenem, einseitswendigem Blütenstand. Blüten zu 2–5 in den Achseln eines Tragblattes, Blütenhülle röhrig-glockig, sechszähnig, weiß mit grünem Saum. Staubfäden behaart. Blätter zweizeilig-wechselständig, ausgebreitet, eiförmig. Ein wichtiges Merkmal zur Unterscheidung der Art von nahe verwandten Formen ist der runde Stengel. **Vorkommen:** Schattige Stellen in Laubwäldern und Gebüschen; insbesondere auf Kalkböden. Bis in Höhen von 1800 m vorkommend.

Die Vielblütige Weißwurz, eine typische Schattenpflanze, wird vorwiegend von Hummeln bestäubt, die bläulich-schwarzen Beerenfrüchte werden von Tieren verbreitet. Als Besonderheit sei der kriechende Erdsproß (Rhizom) erwähnt. Jedes Jahr tritt die Endknospe dieses waagrecht kriechenden Sproßsystems als Luftsproß aus dem Boden hervor, während eine endständige Seitenknospe das Rhizom im Boden weiterführt. Die abgestorbenen Triebe der Vorjahre hinterlassen am Rhizom siegelringartige Narben, von denen sich der volkstümliche Name Salomonssiegel ableitet. Die Pflanze ist giftig und wird zum Teil noch heute als Heilpflanze verwendet, speziell die Rhizome bei Entzündungen und Hühneraugen.

Die **Gemeine Weißwurz,** *Polygonatum odoratum* (ohne Abb.), ist auch unter dem Namen Wohlriechende Weißwurz bekannt. Der einseitswendig gebogene Blütenstand trägt etwa 20 mm lange Blüten, die im Gegensatz zur abgebildeten Art meist einzeln, selten auch zu je 2 blattachselständig auftreten. Die Staubfäden sind bei dieser Art kahl. Die ovalen, bis 10 cm langen, halbstengelumfassenden Blätter sind im Regelfall deutlich aufgerichtet und stehen wechselständig am kantigen Stengel. Diese Weißwurz ist an ähnlichen Standorten zu finden wie die Vielblütige, kommt aber auch an steinigen Hängen und sogar auf Felsen vor.

Maiglöckchen

Convallaria majalis. **Merkmale:** 12–20 cm; Blütezeit V–VI. Mehrjährige Pflanze mit einseitswendigen Blütentrauben. Der blattlose Blütenstengel wird von den 2–3 elliptischen, langgestielten Laubblättern scheidig eingehüllt. Blütenhülle verwachsenblättrig, breitglockig, 5–8 mm lang, weiß, mit 6 kurzen, zurückgebogenen Zipfeln. Blüten charakteristisch duftend. Der Fruchtstand trägt rote Beeren. **Vorkommen:** Lichte Laubwälder (Eichen, Buchen) und Gebüsche, vor allem auf Kalk. Bis in Höhenlagen von 1900 m.

Die wärmeliebende Halbschattenpflanze wird im wesentlichen von Insekten bestäubt, in vielen Fällen führt jedoch Selbstbestäubung zum Fruchtansatz. Die Beerenfrüchte werden von Tieren verbreitet. Das Maiglöckchen gehört zu den giftigen Arten der Liliengewächse: Es enthält Glykoside, die zur Behandlung von Herzkrankheiten verwendet werden, ähnlich wie das Digitalin des Roten Fingerhuts, *Digitalis purpurea* (S. 33).

Einbeere

Paris quadrifolia. **Merkmale:** 10–35 cm; Blütezeit V–VI. Die bereits an ihrem charakteristischen Habitus leicht erkennbare Pflanze weicht in einigen Merkmalen von den meisten anderen Liliengewächsen ab. Schon im vegetativen Zustand fallen die 4 (manchmal auch 5) in einem Quirl angeordneten Blätter am Ende des Stengels auf. Sie sind eiförmig und kurz zugespitzt. Als Besonderheit muß die Netznervatur hervorgehoben werden, die eine der wenigen Ausnahmen bei den normalerweise parallelnervigen Einkeimblättrigen darstellt. Im Zentrum dieses Blattquirls steht eine einzige, lang gestielte, grüne Blüte, die den Abschluß des Stengels bildet (Abb. M.). Die 6–12 Blütenhüllblätter sind 20–35 mm lang und untereinander nicht verwachsen; die äußeren zeigen eine grüne, die etwas kürzeren inneren eine gelbliche Färbung. Die Anzahl der Staubblätter schwankt zwischen 6 und 10, die Griffel sind gleichfalls noch nicht verwachsen. Als Frucht wird eine ebenso typische blauschwarze Beere gebildet (Abb. u.), die der Pflanze im deutschen Sprachraum den Namen gegeben hat. **Vorkommen:** Krautreiche Buchen- und Eichenwälder, Auenwälder; auch Nadelmischwälder. Die Art bevorzugt feucht-humöse, nährstoffreiche Lehmböden. Bis in Höhenlagen von 1900 m anzutreffen.

Die Einbeere gilt als charakteristischer Vertreter in feucht-schattigen Wäldern und als Zeigerpflanze für Grund- und Sickerwasser. Als seltene Ausnahme im Pflanzenreich besitzt die vorliegende Art monopodial wachsende Rhizome: Im Gegensatz beispielsweise zu den Verhältnissen bei den Weißwurz-Arten (*Polygonatum*) bewegt sich hier die Hauptachse im Boden kriechend fort, während die Blütentriebe jedes Jahr als Seitenachsen angelegt werden! Ferner dürfte mit großer Wahrscheinlichkeit eine Symbiose mit Pilzen (Mykorrhiza) vorliegen. Die Beeren werden von Vögeln verbreitet (Ornithochorie).

Frauenschuh

Cypripedium calceolus. **Merkmale**: 20–50 cm; Blütezeit V–VI. Der Frauenschuh, eine der bekanntesten heimischen Orchideen, ist vor allem durch seine auffälligen Blüten gekennzeichnet. Die aufrechten, beblätterten Stengel der mehrjährigen Pflanze tragen 1–2 (sehr selten 3) Blüten, die einen Durchmesser von 6–9 cm erreichen können. Charakteristisch ist die meist kräftig gelbe, pantoffelartig aufgeblasene Lippe, die von 4 purpur- bis schokoladebraunen äußeren Blütenblättern umgeben wird. Die 3–5 zugespitzen, breitoval bis elliptischen Laubblätter umfassen den Stengel; ihre kräftige Nervatur tritt besonders deutlich hervor. Die Blattspreite weist eine kurze Behaarung auf. **Vorkommen**: Lichte Laub- und Nadelmischwälder, Gebüsche; im allgemeinen auf kalkhaltigen Lehm- und Tonböden. Bis in Höhen von 1500 m.

Die Bestäubung der Blüten erfolgt durch einen speziellen Mechanismus: Die schuhförmige Lippe stellt eine Gleitfalle dar, in der sich die Insekten (vor allem Erdbienen) verfangen, nachdem sie von den durch einen Ölfilm extrem glatten Rändern ins Innere abgestürzt sind. Über die gleichfalls glatten Innenwände ist ein Entkommen durch die Fallenöffnung ausgeschlossen. Die gefangenen Erdbienen müssen sich, um dem Kessel zu entrinnen, durch eine schmale, seitliche Öffnung in der Nähe des Lippenansatzes zwängen. Dabei wird sichergestellt, daß die Insekten zuerst die von anderen Blüten mitgebrachte Pollenmasse an der schleimigen Narbe abstreifen und anschließend neuen Pollen aufnehmen.

Breitblättrige Sumpfwurz

Epipactis helleborine. **Merkmale**: 30–100 cm; Blütezeit VI–IX. Die bis zu 30 cm lange einseitswendige Traube, setzt sich aus 15–30 nickenden Einzelblüten zusammen, deren Größe bei 1,5 cm liegt. Die oval-lanzettlichen Blütenhüllblätter sind grün und meist etwas trübrot überlaufen. Bei dieser Art ist die Lippe deutlich kürzer als die anderen Blütenhüllbläter. Ihr vorderes Glied, eine breite, etwa herzförmige Platte, variiert in der Farbe zwischen Purpurrot, Rosa oder Grünlichweiß. **Vorkommen**: Eichen-, Buchen- und Nadelmischwälder, Gebüsche; vorzugsweise auf nährstoffreichen, lehmigen Böden. Bis in Höhen von etwa 1400 m.

Weißes Waldvöglein

Cephalanthera damasonium. **Merkmale**: Meist 20–60 cm; Blütezeit V–VI. In einer gestreckten, lockerblütigen Traube befinden sich 3–10 creme- bis gelblich-weiße Blüten in aufrechter Stellung (15–20 mm lang). Die stumpflichen Blütenhüllblätter neigen sich dicht zusammen. **Vorkommen**: In Buchenwäldern; die Art bevorzugt nährstoffreiche, steinige Lehmböden, insbesondere auf Kalk! Bis in Höhenlagen von etwa 1200 m anzutreffen.

Nestwurz

Neottia nidus-avis. **Merkmale**: 15–45 cm; Blütezeit V–VII. Die Nestwurz oder Vogelnest-Orchis zählt zu den interessantesten heimischen Orchideenarten. Die Ausnahmestellung zeigt sich bereits in der gelbbraunen Färbung der gesamten Pflanze sowie im Fehlen grüner Laubblätter; der Stengel trägt nur scheidenartige, braungelbe Schuppenblätter. Sogar die 10–30 locker abstehenden Blüten sind hellbraun gefärbt. Die bis zu 12 mm langen äußeren Blütenhüllblätter neigen sich helmartig zusammen. Deutscher und wissenschaftlicher Name rühren von dem eigenartigen Rhizom her, das durch seine eng verflochtenen, fleischigen Wurzeln einen nestartigen Eindruck erweckt. **Vorkommen**: Hauptsächlich Buchenwälder, jedoch auch Eichenmisch- oder seltener Nadelwälder. Die Art bevorzugt kalkhaltige Lehmböden. Im Gebirge bis in Höhen von 1400 m.
Die Nestwurz ist eine sog. heterotrophe Pflanze, die nicht (mehr) auf dem Weg der Photosynthese organische Verbindungen aufbauen kann.

Aronstab

Arum maculatum. **Merkmale**: 15–50 cm; Blütezeit IV–V. Eine bis zu 20 cm lange, grünliche Spatha (Hochblatt), die tütenförmig eingerollt ist und sich zu einem bauchigen Kessel erweitert, umgibt den endständigen Kolben. An diesem lassen sich bei genauer Betrachtung verschiedene Bereiche erkennen: ganz unten im Kessel befinden sich die eingeschlechtigen, sehr stark reduzierten Blüten, zuunterst ein Kranz von ♀ und etwas höher ein Ring ♂ Blüten. Schließlich ragt das keulenförmige, nackte (keine Blüten!) violett oder dunkelpurpurn gefärbte Kolbenende aus der Spatha-Umhüllung (Abb. u. l.). Insgesamt kann man den gesamten Blütenstand einschließlich der Spatha als große »Scheinblüte« auffassen. Als Früchte werden fleischige, rote Beeren gebildet (Abb. u. r.); sie enthalten Giftstoffe. **Vorkommen**: Nährstoffreiche, humose Laubwälder (besonders Buchen), Schluchtwälder, Auwälder; bis 1000 m hoch.
Der Bestäubungsvorgang der Aronstabblüten ist exakt vorprogrammiert: Beim Aufblühen rollt sich die Spatha auf und der Kolben ragt heraus. Er scheidet unangenehm riechende Substanzen ab. Durch deren Duft werden Schmetterlingsmücken angelockt, die von dem glatten Rand in die Kesselfalle abstürzen, aus der sie wegen der glatten Wände vorerst nicht entkommen können. Inzwischen hat das ♀ Blühstadium begonnen: die Narben scheiden ein Sekret zur Beköstigung der Insekten ab und werden von deren mitgebrachtem Pollen bestäubt. Am folgenden Tag öffnen sich die ♂ Blüten, die Insekten beladen sich erneut mit Pollen; inzwischen sind auch die Gleitflächen wieder begangbar und der Geruch ist verschwunden. Bald schon sind die Insekten wieder frei und werden – von einem anderen Blütenstand angelockt – in gleicher Weise den Pollen übertragen. All diese Vorgänge sichern eine Fremdbestäubung und den Fruchtansatz.

Rote Wegschnecke

Arion rufus. **Merkmale:** Bis 15 cm lang und 2 cm breit. Körper in Längsrichtung kräftig gerunzelt; die Farbe variiert von Rot über Braun bis Tiefschwarz. Kein Gehäuse; im vorderen Körperbereich glatterer Mantelschild, in dem das Atemloch liegt. **Vorkommen:** Wie Weinbergschnecke. **Nahrung:** Verottende Pflanzen, Pilze, Aas. **Lebensweise:** Da sie kein Gehäuse besitzt, hält sie sich vorwiegend an feuchten Stellen auf und ist besonders bei Regenwetter aktiv. Fortpflanzung ähnlich der Weinbergschnecke.

Weinbergschnecke

Helix pomatia. **Merkmale:** Mit einem Gehäusedurchmesser von rund 5 cm ist sie die größte heimische Landschnecke. Gehäuse bräunlich, mit maximal 5 Windungen. Langgestreckter Fuß (der sichtbare Körper), an dessen Kopfende 2 Paar Fühler sitzen; die oberen langen tragen die Augen, die unteren kurzen Geruchsorgane. **Vorkommen:** Lichte, feuchte Laub- und Mischwälder, Waldränder, Gärten und Parks, aber auch in Wiesen und Weinbergen. **Nahrung:** Verschiedenste Pflanzen und deren Teile, die mit der hornigen Zunge wie mit einer Raspel fein zerkleinert werden. **Lebensweise:** Das Gehäuse, in das sich das Tier zurückziehen kann, schützt vor Feinden und bei Trockenheit, verschlossen durch ein erstarrendes Schleimhäutchen, vor Feuchtigkeitsverlust. Zur Winterruhe (X–IV) in der Erde wird das Gehäuse durch einen porösen Kalkdeckel verschlossen. Die Weinbergschnecke bewegt sich wie andere Landschnecken durch wellenartige Muskelbewegungen ihres Fußes auf einem von dessen Sohle ausgeschiedenen Schleimfilm fort. Die Tiere sind Zwitter, müssen sich aber gegenseitig befruchten; Paarungszeit V–VIII. Die 40–60 erbsengroßen Eier werden in eine selbstgegrabene Erdhöhle gelegt; einige Wochen später schlüpfen die Jungschnecken mit Gehäuse. Geschlechtsreife erst mit 3–4 Jahren!

Zitronenfalter

Gonepteryx rhamni. **Merkmale:** Der recht große Falter weist Spitzen an beiden Flügelpaaren auf, die beim ♂ leuchtend zitronengelb (Abb. u. l.), beim ♀ hell gelblichweiß gefärbt sind (Abb. u. r.) und jeweils einen orangefarbenen Mittelpunkt tragen. Spannweite 50–60 mm. **Vorkommen:** Weit verbreitet in Wald und Waldnähe, aber auch im Busch- und Parkland. Die Falter fliegen in 1 Generation. **Nahrung:** Die Falter besuchen Blüten, die Raupen leben an Faulbaum und Kreuzdorn. **Entwicklung, Lebensweise:** Im VII schlüpfen die Falter und fliegen einige Wochen. Dann verfallen sie in Sommerruhe. Nach einer zweiten Flugzeit fallen die Falter in Winterschlaf, wobei sie ganz frei an einem Zweig hängen. Früh im Jahr erscheinen die Tiere in einer dritten Flugperiode, paaren sich und legen die Eier ab.

Mohrenfalter

Erebia ligea. **Merkmale:** Ein mittelgroßer, dunkelbrauner Falter mit rotbraunen Binden, in denen kleine, weißgekernte Augenflecken stehen. Die Fransen der Flügel sind hell-dunkel gescheckt. Die Adern der Vorderflügel sind an der Basis blasig aufgetrieben, Spannweite 40–50 mm. **Vorkommen:** In Waldgebieten an Rändern und Wiesen nicht selten in 1 Generation im Sommer. **Nahrung:** Die Falter besuchen Blüten, die Raupen leben an Gräsern. **Entwicklung, Lebensweise:** Die Raupe überwintert und die Puppe liegt später am Boden.

Waldbrettspiel

Pararge aegeria. **Merkmale:** Ein mittelgroßer Falter mit dunkelbrauner Grundfarbe, die von regelmäßigen gelblichen Flecken schachbrettartig unterbrochen wird. Auf den Hinterflügeln außerdem eine Reihe von Augenflecken. Die Unterseite ist ähnlich, wenn auch heller gefärbt. Spannweite 40–50 mm. **Vorkommen:** In lichten Wäldern weit verbreitet, nach Süden zu häufiger, in 2 oder auch 3 Generationen von IV–IX. **Nahrung:** Die Raupe lebt an Gräsern, die Falter besuchen Blüten, aber auch Exkremente und andere Körperausscheidungen. **Entwicklung, Lebensweise:** Die Entwicklung erfolgt wie bei anderen Augenfaltern nach einer Überwinterung der Raupe. Die Falter sind ausgesprochene Waldtiere, die sich zwar gerne sonnen, aber gleichwohl im tiefen Waldschatten herumfliegen. Ihre gelb-dunkle Färbung imitiert sehr gut das Licht- und Schattenspiel im Wald und verhilft zu einer ausgezeichneten Tarnung.

Kaisermantel

Argynnis paphia. **Merkmale:** Ein großer Falter, ♂ leuchtend rotbraun, ♀ olivbraun gefärbt. Die Zeichnung besteht aus schwarzen Flecken und Strichen. Ein weiterer Unterschied besteht in den Duftschuppenfeldern der ♂, die den ♀ fehlen. Es handelt sich um rauhe, schwarze Streifen, die auf der Mitte des Vorderflügels längs der Adern verlaufen. Sehr auffallend ist die Unterseite der Hinterflügel mit grün und violett glänzenden Streifen, die wie Perlmutt aussehen und allen verwandten Arten den Namen Perlmutterfalter gegeben haben. Bei anderen Arten finden sich silbrig glänzende Flecken. Spannweite 60–80 mm. **Vorkommen:** Die Art ist weit verbreitet und nicht selten in Waldnähe und besonders auf Lichtungen, wo die Falter im Sommer gerne an Distelblüten saugen. 1 Generation im Jahr. **Nahrung:** Die Falter besuchen Blüten. Die Raupe lebt an Veilchen-Arten und ist tagsüber verborgen. **Entwicklung, Lebensweise:** Die Eier werden im Spätsommer im Waldschatten in die Nähe von Veilchenpflanzen an Steine und Baumstämme geklebt. Hier überwintern sie, und im Frühjahr, wenn die Nahrungspflanze austreibt, schlüpft auch die Raupe und sucht nun die Nahrungspflanze auf.

Rostfarbener Dickkopffalter

Ochlodes venatus. **Merkmale:** Ein kleiner Falter mit gelbbrauner Grundfarbe, die zum Flügelrand hin dunkler wird (Abb. o. r.). Das ♂ trägt einen kommaförmigen, schwarzen Duftschuppenfleck am Vorderflügel. Das ♀ mit etwas dunklerer Grundfarbe. Spannweite 28–35 mm. **Vorkommen:** Die Falter fliegen auf grasigen Stellen in 1, in wärmeren Gegenden manchmal in 2 Generationen. **Nahrung:** Die Falter sind eifrige Blütenbesucher, die Raupe ernährt sich von Gräsern. **Entwicklung, Lebensweise:** Die Raupe lebt zwischen zusammengesponnenen Blättern der Nahrungspflanze, wo sie sich auch verpuppt.
Eigenartig ist der schnelle schwirrende Flug, wie er für Dickkopffalter typisch ist. Diese fliegen zwar am Tage, sind aber mit echten Tagfaltern nicht verwandt. Eine weitere Art: Gelbwürfeliger Dickkopffalter, *Ceratocephalus palaemon* (Abb. o. l.)

Nagelfleck

Aglia tau. **Merkmale:** Großer Falter mit gelbbrauner Färbung bei den ♂, fahlgelber Färbung bei den etwas größeren ♀. Vor dem Flügelrand eine dunklere Binde, auf jedem Flügel ein blaues, schwarz geringtes Auge mit einem nagelförmigen, weißen Fleck darin. Spannweite 60–80 mm. **Vorkommen:** Die Art kommt in Buchenwäldern nicht selten vor und fliegt im Frühjahr, wenn das frische Laub austreibt. 1 Generation. **Nahrung:** Die Falter nehmen keine Nahrung zu sich, die Raupen leben an Buchen und auch an Birken. **Entwicklung, Lebensweise:** Die ♂ fliegen am Tage bei Sonnenschein durch die frischen Buchenwälder und suchen nach den ♀. Diese legen nach der Paarung ihre Eier auf die Stämme alter Buchen. Die kleinen Raupen müssen einen weiten Weg bis zu den Blättern der Bäume zurücklegen, um an ihre Nahrung zu gelangen. Zur Verpuppung kriechen sie zum Boden herab, wobei sich die vorher grünen Tiere violett verfärben, eine Schutzfarbe für den Weg auf den grauen Baumstämmen.

Brauner Bär

Arctia caja. **Merkmale:** Der große Falter ist sehr auffallend gefärbt, auf den Vorderflügeln cremeweiße Bänder auf braunem Grund, auf den Hinterflügeln dunkelblaue, schwarzgeringte Augen auf ziegelrotem Grund. Der Hinterleib ist rot und schwarz gefleckt. Die Geschlechter sind gleich, das ♀ etwas größer, mit kürzer gefiederten Fühlern. Spannweite 50–70 mm. **Vorkommen:** Die Art ist weit verbreitet in Wäldern, Parks und Gärten und tritt nicht selten in 1 Generation im Sommer auf. **Nahrung:** Die stark behaarte braune Raupe, die der Art den Namen gebracht hat, frißt niedere Pflanzen. **Entwicklung, Lebensweise:** Die nächtlichen Tiere genießen am Tage einen gewissen Schutz durch ihre bunten Farben, die vor der Ungenießbarkeit der Tiere warnen sollen. Warnfarben gibt es auch bei anderen Arten.

Nonne

Lymantria monacha. **Merkmale:** Ein mittelgroßer Falter mit weißen Vorderflügeln, die von zahlreichen schwarzen Zick-Zack-Linien durchzogen sind. Die Hinterflügel sind einfarbig. Das ♀ ist wesentlich größer. Spannweite ♂ 25, ♀ 55 mm. **Vorkommen:** Die Art ist in Nadelwäldern weit verbreitet und gelegentlich häufig, sie fliegt in 1 Generation im VII/VIII. **Nahrung:** Die Falter leben ohne Nahrung, die Raupen von Fichtennadeln. **Entwicklung, Lebensweise:** Zeitweise war diese Art, die nur nachts fliegt, ein schlimmer Schädling der Nadelhölzer.

Eichenspinner

Lasiocampa quercus. **Merkmale:** Großer Falter mit gerundeten Flügeln. Das ♂ ist braun gefärbt, das größere ♀ gelblich, beide mit einer gelben Binde und einem hellen Mittelpunkt am Vorderflügel. Spannweite 60–80 mm. **Vorkommen:** Weit verbreitet und nicht selten in lichten Wäldern, auf Heiden und Mooren, im Sommer in 1 Generation. **Nahrung:** Die Falter nehmen keine Nahrung zu sich, die Raupe lebt an niedrigen Pflanzen und Zwergsträuchern, auch an Birken. **Entwicklung, Lebensweise:** Die Art weist mehrere Rassen mit unterschiedlicher Entwicklung auf, die als Raupe oder Puppe oder beides überwintern können und 1–2 Jahre brauchen, bis der Falter entsteht.

Kiefernspinner

Dendrolimus pini. **Merkmale:** Großer Falter mit variabler Färbung, hellem Mittelpunkt und welligen Binden. Die Hinterflügel sind einfarbig. Die ♀ sind erheblich größer. Spannweite 50–80 mm. **Vorkommen:** In Kiefernwäldern weit verbreitet und nicht selten, gelegentlich sehr zahlreich als Schädling. Im Hochsommer in 1 Generation. **Nahrung:** Die Falter nehmen keine Nahrung zu sich, die Raupen leben an verschiedenen Kiefern-Arten. **Entwicklung, Lebensweise:** Die halbwüchsige Raupe überwintert in einem Gespinst am Boden. Die erwachsene Raupe verpuppt sich in einem Gespinst in den Zweigspitzen.

Streckfuß, Rotschwanz

Dasychira pudibunda. **Merkmale:** Ein mittelgroßer Falter von grauer Grundfarbe mit unterschiedlichen Querstreifen oder ganz schwarz. Das ♀ ist wesentlich größer. Spannweite ♂ 35, ♀ 60 mm. **Vorkommen:** In Laubwäldern und Parks weit verbreitet und nicht selten, in teilweise 2 Generationen. **Nahrung:** Die Raupen leben hauptsächlich an Buchen, aber auch an anderen Laubbäumen und können gelegentlich schädlich werden. **Entwicklung, Lebensweise:** Die nächtlichen Falter ruhen am Tage mit eingeklappten Flügeln und strecken die Vorderbeine in der abgebildeten Weise nach vorn.

Pappelschwärmer

Laothoe populi. **Merkmale:** Recht großer Falter, dessen Flügel am Außenrand wellig sind. Grundfarbe graubraun mit mehr oder weniger grünlichen oder braunen Querbändern. Spannweite 60–90 mm. **Vorkommen:** Recht häufig in baumbestandenen Gebieten, wo die Nahrungspflanze vorkommt. In 2 Generationen, V–IX. **Nahrung:** Die Falter selbst nehmen keine Nahrung mehr zu sich, ihr Rüssel ist verkleinert und unbrauchbar geworden. Die Raupen leben an Pappeln und Weiden. **Entwicklung, Lebensweise:** Diese Art gehört zu den vielen Nachtfaltern, deren kurzes Leben durch die Speicherstoffe gewährleistet ist, die die Raupe angelagert hat. Bemerkenswert ist die Ruhestellung dieser nächtlichen Tiere; sie spreizen die Hinterflügel seitlich ab, während die Vorderflügel schräg nach hinten gestellt werden.

Rotes Ordensband

Catocala nupta. **Merkmale:** Ein großer Nachtfalter mit rindenartig gezeichneten Vorderflügeln und rot gebänderten Hinterflügeln. Fühler fadenförmig. Spannweite 70–80 mm. **Vorkommen:** Verbreitet und nicht selten in Gebüschen und Wäldern nachts im Spätsommer und Herbst fliegend. 1 Generation. **Nahrung:** Die Falter besuchen Blüten, aber auch gärendes Obst und Baumsäfte. Die Raupe lebt an Pappeln und Weiden-Arten. **Entwicklung, Lebensweise:** Die Eier überwintern. Die große Raupe ist rindenartig gefärbt und wie ein Zweig geformt. Sie ist kaum zu erkennen. Die am Tage an Baumstämmen ruhenden Falter sind durch ihre Vorderflügel gut getarnt, da die bunten Hinterflügel darunter verborgen sind. Wird ein Tier trotzdem erkannt und beunruhigt, so streckt es blitzschnell die Vorderflügel vor, und die bunten Hinterflügel werden sichtbar. Das Erscheinen solch lebhafter Farben erschreckt den Angreifer und das Ordensband findet Zeit, durch schnellen Flug zu flüchten. Man nennt dies eine Schrecktracht.

Marmorierter Baumspanner

Alcis repandata. **Merkmale:** Die Flügel dieses recht großen, braungrauen Tieres sind von dunkleren, welligen Linien durchzogen und geben ihm ein rindenartiges Aussehen. Der Hinterflügel ist etwas heller. Spannweite 40–50 mm. **Vorkommen:** Die Art ist weit verbreitet und häufig in Laubwäldern und erscheint im Sommer in 1 Generation. **Nahrung:** Die Raupe lebt an Birken, Weiden, Brombeeren und Heidelbeeren, aber auch an anderen niedrigen Pflanzen. **Entwicklung, Lebensweise:** Die Falter sind nächtliche Tiere, die tagsüber mit flach ausgebreiteten Flügeln besonders gerne an Baumstämmen und Felsen ruhen. Ihre rinden- und flechtenartige Zeichnung verleiht ihnen eine ausgezeichnete Tarnung und macht sie fast unsichtbar. Es gibt eine Reihe recht ähnlicher Arten bei uns, die schwer zu unterscheiden sind.

Grüne Stinkwanze

Palomena prasina. **Merkmale:** Kleine, abgeflachte, rundliche Tiere mit einem Saugrüssel, der am Bauch eingeklappt ist, mäßig langen Fühlern, normalen Schreitbeinen und über dem Rücken zusammengelegten harten Flügeldecken, die aber an der Spitze häutig sind. Das vordere Bruststück ist sehr groß und dreieckig. Die Art ist grün, wird aber im Herbst braun und überwintert. Im Frühjahr färbt sie sich wieder grün. Körperlänge 14 mm. **Vorkommen:** Häufig an Büschen und Bäumen, besonders an Beerensträuchern; weit verbreitet. **Nahrung:** Sticht gerne Beeren an und gibt ihnen dadurch einen unangenehmen Wanzengeruch. Die Larven ernähren sich von Pflanzensäften. **Entwicklung, Lebensweise:** Die Eier werden auf Pflanzen abgelegt, und die Larven leben immer in dieser Umgebung. Sie benötigen in der Regel 5 Häutungen, um erwachsen zu werden. Sie und die erwachsenen Tiere enthalten symbiontische Bakterien in ihrem Darmtrakt, die zusätzlich Vitamine und dergleichen erzeugen. Zur Abwehr benützen die Tiere ihre Stinkdrüsen.

Pflanzengallen

An den verschiedensten Pflanzen fallen ab und zu eigentümliche Wucherungen auf, die ganz unterschiedliche Form haben können. Diese sogenannten Gallen treten hauptsächlich an Blättern und Stengeln auf. Ihre Bildung wird meist von Insekten ausgelöst, aber es sind auch Mikroorganismen und Pilze bekannt, die solche Veränderungen an der Wirtspflanze bewirken. Die Gallbildung wird also durch artfremde Organismen verursacht und stellt eine Reaktion der Pflanze auf diesen Organismus dar. Reagiert wird mit begrenztem Wachstum; Gallen haben meist eine ganz bestimmte Form. Die Gallenerreger greifen also auf im einzelnen noch nicht genau geklärte Weise in den Stoffwechsel der Wirtspflanze ein, so daß es zu lokalen Wachstumsprozessen kommt.

Unter den verschiedenen Insekten, die eine Gallbildung auslösen können, sind besonders Wespen, Mücken und Läuse hervorzuheben. Die Gallen stellen die »Kinderstube« dieser Insekten dar. Die Eier werden in Blätter oder Stengel abgelegt, und die Larven entwickeln sich dann in den sich ausformenden Gallen bis zum fertigen Tier. Das gewucherte Pflanzengewebe ernährt die Larven.

Buchengallmücke, *Mikiola fagi* (Abb. M. l. und, geöffnet, M. r.): Auf der Oberseite von Buchenblättern, ca. 8 mm hoch. Im Inneren nur 1 Larve.

Rote Fichtengallenlaus, *Adelges laricis* (Abb. u. l.): An den Enden von Fichtenzweigen, ca. 2 cm groß; werden wegen ihrer Form auch Ananasgallen genannt. Im Inneren mehrere Larvenkammern.

Eichengallwespe, *Cynips quercusfolii* (Abb. u. r.): Auf der Unterseite von Eichenblättern, 1–2 cm im Durchmesser; sog. Galläpfel. Im Inneren nur 1 Larve. Bei dieser Art liegt ein Generationswechsel vor; die Gallen der nächsten Generation entstehen an Eichenknospen.

Rote Waldameise

Formica rufa. **Merkmale:** Von typischer Ameisengestalt, die ♂ ganz schwarz, die ♀ schwarz und rot, ähnlich auch die ungeflügelten Arbeiterinnen. Auf dem Kopf sitzen Fühler, die geknickt sind. Ameisen besitzen kauende Mundwerkzeuge. Flügel gibt es nur bei den Geschlechtstieren; sie werden nach dem Paarungsflug abgeworfen. Körperlänge 4–11 mm. **Vorkommen:** Besonders in Nadelwäldern weit verbreitet und häufig. Die Art bewohnt große Bauten, die oberirdisch aus Nadeln und kleinen Zweigstücken bestehen (Abb. M.). **Nahrung:** Eingetragen werden kleine Insekten und andere Tiere, aber auch süße Säfte und die Ausscheidungen von Blattläusen. **Entwicklung, Lebensweise:** Nach Paarung und Abwerfen der Flügel beginnt das ♀ Tier, die Königin, ein neues Volk zu gründen. An geeigneter Stelle im Boden baut sie kleine Kammern, in die die ersten Eier abgelegt werden. Bald gibt es die ersten Arbeiterinnen (verkümmerte ♀), die nun alle Arbeiten ausführen, den Bau erweitern, Baumaterial zusammentragen, Nahrung suchen und die Larven und Puppen betreuen. Im Bau wird für ein möglichst gleichmäßiges Klima gesorgt und je nach Wetter werden vor allem die eiförmigen Puppen an verschiedene Stellen transportiert, um eine schnelle Entwicklung zu ermöglichen. Dabei verständigen sich die Tiere untereinander durch Betasten mit den Fühlern, im Freien auch durch Markierungen mit Duftstoffen. Solche Stoffe, die man Sozialhormone nennt, dienen auch der Verständigung im Bau. Zusammenarbeit erfolgt auch, wenn größere Gegenstände transportiert werden müssen, wobei mehrere Individuen zusammenarbeiten. Zu bestimmten Zeiten entstehen die geflügelten Geschlechtstiere, die den Bau verlassen. Die Zahl der Tiere, die einen großen Bau bewohnen, kann über 100000 betragen. Ameisen sind wehrhafte Tiere, sie können empfindlich beißen und verspritzen auch Ameisensäure (Abb. o.). Da die Bauten mehrere Jahre bestehen, wird für gute Überwinterungsmöglichkeiten gesorgt, indem der Bau bis tief unter die Erde ausgehöhlt wird. Hier verbringen die Tiere die kalte Jahreszeit.

Junikäfer

Anomala dubia. **Merkmale:** Junikäfer sehen wie Maikäfer aus, sind aber deutlich kleiner. Sie sind oberseits schwach behaart und braun gefärbt. Ihre Fühler tragen Blattbüschel am Ende. Körperlänge 15–20 mm. **Vorkommen:** Die Käfer sind im Sommer um Büsche und Bäume in Wäldern und Gärten recht häufig. Da sie später als die Maikäfer erscheinen, haben sie ihren Namen erhalten. **Nahrung:** Die Käfer fressen Blätter; die Larven leben vor allem von Graswurzeln, greifen aber auch die Wurzeln von anderen Pflanzen an. **Entwicklung, Lebensweise:** Die unterirdisch lebenden Larven (Engerlinge) sind recht unbeweglich. Sie brauchen 2 Jahre für ihre Entwicklung und verwandeln sich im Boden zur Puppe. Die Käfer fliegen abends und sitzen tags träge in der Vegetation.

Maikäfer

Melolontha melolontha. **Merkmale:** Ein weitbekannter, ziemlich großer Käfer mit braunen, grob gefurchten Flügeldecken, schwarzem Körper mit seitlichen weißen Dreiecksmarken und schwarzem Bruststück. Beine und Fühler sind braun, letztere mit einem Lamellenbüschel am Ende, das bei den ♂ 7 und beim ♀ 6 Lamellen aufweist. Die kräftigen Beine sind mit Dornen und starken Krallen versehen. Die ♀ sind außerdem durch einen spitzkonischen Legebohrer am Hinterende des Körpers zu erkennen. Körperlänge 20–30 mm. **Vorkommen:** In Laubwäldern und an Waldrändern ist der Maikäfer in manchen Jahren im Frühjahr außerordentlich häufig. Er liebt besonders wärmere Gegenden und kann andernorts ausgesprochen selten sein. Die Tiere fliegen vor allem am Abend und sind tagsüber ziemlich träge. Sie sind in dieser Zeit höchstens mit Fressen beschäftigt. **Nahrung:** Die Käfer leben von Blättern und können bei Massenvermehrung ganze Wälder kahlfressen. Die Larven leben im Boden von Wurzeln verschiedener Pflanzen und sind ebenfalls bei großer Anzahl schädlich. **Entwicklung, Lebensweise:** Die trägen Larven, die als Engerlinge bekannt sind, brauchen 3–4 Jahre, um voll erwachsen zu werden. In diesen Abständen treten dann auch die sog. Maikäferjahre auf.

Gefleckter Schmalbock

Strangalia maculata. **Merkmale:** Ein typischer Bockkäfer mit schmalem Körper und langen Fühlern. Die Flügeldecken sind gelb und tragen schwarze Querbinden. Diese Wespenmimikry mag als Schutz vor Angreifern von Vorteil sein. Körperlänge 17 mm. **Vorkommen:** Im Sommer nicht selten an Waldrändern und auf Lichtungen, gerne auf Doldenblüten. **Nahrung:** Die Käfer ernähren sich von Blütenteilen; die Larve lebt im Innern von holzigen Pflanzenteilen. **Entwicklung, Lebensweise:** Die blütenbesuchenden Bockkäfer sind ausgeprägte Tagtiere, die hauptsächlich im Sonnenschein aktiv sind.

Roter Blumenbock

Leptura rubra. **Merkmale:** Leuchtend rot gefärbte Flügeldecken. Körperlänge 18 mm. **Vorkommen:** Im Sommer recht häufig bei Gehölzen und an Waldrändern, wo die Käfer oft Blüten besuchen, besonders Doldenblüten. **Nahrung:** Die Käfer besuchen Blüten und fressen deren Teile; die Larven leben bohrend im Innern von holzigen Pflanzenteilen. **Entwicklung, Lebensweise:** Aufgrund der nährstoffarmen Nahrung dauert die Entwicklung meist mehrere Jahre, während derer die Larve lange Gänge im Holz nagt.

Die Arten dieser Gattung nennt man Blumenböcke, weil sie sehr gerne Blumen besuchen. Bockkäfer nennt man sie wegen ihrer langen, gebogenen Fühler, die wie ein Gehörn aussehen, und bei einzelnen Arten mehr als Körperlänge erreichen.

Mäusebussard

Buteo buteo. **Merkmale**: Ein großer kräftiger Greifvogel mit kurzem, aber breitem, dicht quergebändertem Schwanz. Oberseits mittel- bis dunkelbraun, das übrige Gefieder bei allen Vögeln verschieden. Es gibt unterseits nahezu weiße bis einfarbig dunkelbraune Mäusebussarde. Charakteristischer Segelflieger; häufigster Greifvogel in Wald und Feld. Ruffreudig, sein »hiää« ist jedem bekannt. **Vorkommen**: In Wäldern; jagt über offenen Landschaften. **Nahrung**: Wühlmäuse, andere Kleinsäuger, Jungvögel, Kaltblüter, Insekten und Aas. **Fortpflanzung**: Baumbrüter. Gelege meist 2–3 Eier. Brutdauer 33–35, Nestlingszeit 42–49 Tage.

Habicht

Accipiter gentilis. **Merkmale**: Greifvogel, von der Größe eines Mäusebussards, dessen gesamte Unterseite eng dunkelbraun quergestreift (»gesperbert«) ist. Längsgerichtete Schaftstriche geben im Idealfall ein Kreuzmuster. Der lange, abgerundete (beim Sperber hingegen glatt abgeschnittene) Schwanz zeigt 4 dunkle Querbinden. Oberseits dunkel graubraun bis schiefergrau; auch an den Backen. Über dem hellroten Auge ein breiter, weißer Augenstreif. ♂ kleiner als ♀. Junghabichte sehen ganz anders aus: sie sind mittelbraun gefärbt und haben unterseits auf beigem Grund sattbraune Längsstreifen. Ihr Auge ist gelb. Verwechslung mit dem Sperber möglich. Es gehört sehr viel Erfahrung dazu, beide Arten im Fluge auseinander zu halten. Beide haben breite, runde Flügel. **Vorkommen**: In reich gegliederter Wald- und Kulturlandschaft. Braucht Deckung. **Nahrung**: Vögel und Säuger. Es überwiegen Eichelhäher, verwilderte Haustauben, Ringeltauben, Drosseln und Kaninchen. Natürlicher Feind des Sperbers. **Fortpflanzung**: Horst in den Kronen des Hochwaldes. Gelege meist 3–4 Eier; Brutdauer 35–42, Nestlingszeit 36–40 Tage.

Ringeltaube

Columba palumbus. **Merkmale**: Eine große, kräftige, blaugraue Taube mit leuchtend weißem Halsfleck und weißen Flügel-Halbmonden. Grün und purpurn schillernde Federn säumen den weißen Halsfleck ein. Junge ohne ihn. **Vorkommen**: Wälder, Grün der Städte; zur Nahrungssuche auf jeglichem Kulturland, Lichtungen. **Nahrung**: Samen aller Art, Knospen, zartes Grün, Kohl; Kleintiere. Jahreszeitliche Abweichungen im Speisezettel. **Fortpflanzung**: Baumbrüter mit 2 Jahresbruten, in Städten weitere. Gelege 2 Eier. Brutdauer 15–18 Tage, Nestlingsdauer 3–4 Wochen.

Tauben sind eine altertümliche Vogelfamilie von Körner- und Fruchtfressern. Sie trinken nicht mit Kopfanheben, sondern saugen das Wasser wie in einem Strohhalm hoch. Als einzige Vögel füttern Tauben ihre Jungen mit eigener, in der Kropfwand beider Eltern gebildeter Milch.

Kuckuck

Cuculus canorus. **Merkmale**: Ein grauer, mittelgroßer und relativ schlanker Vogel mit grau gesperbertem, weißen Bauch. Die bei ♀ vorkommende braune Phase ist auch oberseits ganz quer gebändert. Auge lackrot. **Vorkommen**: In allen deckungsreichen Landschaften von Wäldern bis zum Röhricht. Zugvogel; überwintert im Süden und Osten Afrikas. **Nahrung**: Die von anderen Vögeln verschmähten behaarten Raupen. Daneben andere Insekten, Spinnen, Regenwürmer. **Fortpflanzung**: Unser einziger Vogel, der seine Eier in die Nester anderer Singvögel legt, von ihnen ausbrüten und durch sie auch die Jungen großziehen läßt. Nützt je nach Gegend sehr verschiedene Wirtsvögel; legt jeweils ein Ei in das fremde Nest und entnimmt dafür ein Wirtsvogelei. Ein Kuckucks-♀ legt ca. 10 Eier jährlich. Das Kuckucksjunge hebelt im Alter von 1–4 Tagen die Jungen seiner Wirtseltern aus dem Nest. Brutdauer 12, Nestlingszeit 21–23 Tage. »Stiefeltern« (Abb. mit Grauschnäpper) führen 3 Wochen.

Waldkauz

Strix aluco. **Merkmale**: Ein großer, gedrungener Kauz mit schwarzbraunen Augen, die mitten im Gesicht und über dem Schnabelansatz stehen. Der schwarze Mittelscheitel zieht bis zwischen die Augen hinunter. In zwei Farbphasen, grau und braun, auftretend. Altvögel mit kreuzförmig auslaufenden Längsstreifen versehen, Jungvögel sind überall quer gebändert. Keine Federohren. **Vorkommen**: Gewandter Gebüsch- und Waldjäger. In alten Wäldern, Parks, Friedhöfen und Alleen; bis 1800 m Höhe. **Nahrung**: Er fängt jedes Tier von der Größe eines Laufkäfers bis zur Wanderratte und dem Bläßhuhn. Mäuse und Wühlmäuse machen jedoch fast zwei Drittel seines Speisezettels aus. Vögel etwa 12%. Die Jungen erhalten viele Regenwürmer. **Fortpflanzung**: Brütet in alten Krähen- und Greifvogel-Horsten und in Baumhöhlen. Gelege meist 2–5 Eier. Brutdauer 28–30 Tage, Nestlingszeit 4–5 Wochen.

Waldohreule

Asio otus. **Merkmale**: Eine große und schlanke Eule mit schönen Federohren, gelben bis orangefarbenen Augen und an Rinde erinnerndem, braunem Gefieder. Unterseits kreuzförmige Längsstreifen. Über den Augen je ein helles Dreieck. Schnabelansatz unterhalb der Augen. **Vorkommen**: Liebt Nadelwälder, vor allem Fichten; daher auch auf Friedhöfen und in Parks. Jagt über freien Flächen: Äckern, Wiesen, Lichtungen. Überwiegend Ansitzjäger. **Nahrung**: 80% ihrer Beute besteht aus Feldmäusen! Rest andere Kleinsäuger, 4% Vögel bis Drosselgröße und Käfer. **Fortpflanzung**: In alten Krähen- und Elsternhorsten, am liebsten in Nadelbäumen. Gelege 3–7 Eier. In mäusearmen Jahren gelegentlich keine Brut. Brutdauer 27–29, Nestlingszeit 20–26 Tage.

Grünspecht

Picus viridis. **Merkmale:** Etwas kleiner als eine Taube, mit olivgrüner Oberseite und grauer, meist grünlich getönter Unterseite. Scheitel, beim ♂ auch Nacken, deutlich rot; Augen schwarz umrändert. Der breite, ausgeprägte Bartstreif beim ♀ schwarz, beim ♂ rot mit schwarzer Fassung. Verwechslung mit dem Grauspecht möglich; dieser jedoch u. a. mit grauem Kopf und Scheitel. **Vorkommen:** Laubwälder und Parklandschaften, auch in Gärten. **Nahrung:** Insekten, mit Vorliebe Ameisen, die er am Boden aufliest oder mit Hilfe seiner langen klebrigen Zunge aus ihren Erdbauten herausholt. **Fortpflanzung:** Selbstgezimmerte Bruthöhle von bis zu 1 m Tiefe in Laubbäumen, Einschlupf 6,5 cm Durchmesser. Meist 5–6 Eier, Brutdauer 14–20, Nestlingszeit 19–27 Tage.

Buntspecht

Dendrocopus major. **Merkmale:** Unser häufigster Specht; gut drosselgroß. Schwarz-weiß gemustert, große weiße Flügelschilde, sattrote Unterschwanzdecken. Weiße Backen mit schwarzem Mittelsteg, Scheitel schwarz, nur ♂ mit rotem Hinterhauptband. Junge beider Geschlechter mit rotem Scheitel. **Vorkommen:** Wälder, Parks und Gärten. **Nahrung:** Insekten, Spinnen, Samen, Beeren, bisweilen auch junge Singvögel. Im Gegensatz zu den Erdspechten Grün- und Grauspecht, wird die Nahrung hauptsächlich an bzw. in Bäumen gesucht. **Fortpflanzung:** Selbstgezimmerte Bruthöhle in Laub- oder Nadelbäumen, Einschlupf 4,5 cm Durchmesser. 4–8 Eier, Brutdauer 8–11, Nestlingszeit 20–24 Tage.

Im Frühjahr kann man häufig das Trommeln der Buntspechte hören. Diese »Instrumentalmusik« ist Ersatz für einen Gesang und dient ebenso wie das Singen anderer Vogelarten u. a. dem Zweck der Revierabgrenzung. Es handelt sich hier also um einen grundsätzlich anderen Vorgang als beim Hacken oder Meißeln zur Nahrungssuche oder zum Höhlenbau. Als »Xylophon« werden hohle Baumteile mit guter Resonanz benutzt; ein Trommelwirbel besteht aus 12–14 Schlägen.

Schwarzspecht

Dryocopus martius. **Merkmale:** Unser größter Specht, etwa krähengroß. Tiefschwarz mit hell hornfarbenem Schnabel. ♂ mit rotem Scheitel, ♀ nur mit rotem Hinterhauptfleck. Auge hellgelb. Trommelt; ein Trommelwirbel besteht aus 35–45 Schlägen. **Vorkommen:** Große Wälder mit altem Baumbestand; Reviergröße 400–800 ha! **Nahrung:** Holzbewohnende Insekten, Ameisen, Samen von Nadelhölzern. **Fortpflanzung:** Selbstgezimmerte Bruthöhle, meist in Buchen; Einschlupf oval, 8 × 12 cm. 3–6 Eier, Brutdauer 12–14, Nestlingszeit 24–28 Tage.

Spechte sorgen mit ihrer Bautätigkeit für Wohnungen, die dann von anderen Höhlenbrütern bezogen werden.

Baumpieper

Anthus trivialis. **Merkmale:** Sperlingsgroß. Oberseite braun mit dunkler Streifung. Unterseite rahmfarben, mehr oder weniger gelblich; auffallend vor allem das streifige Fleckenmuster auf Brust und Flanken. Charakteristisch ist – ähnlich wie bei der Feldlerche (S. 109) – der Singflug. Das ♂ steigt dazu von einer Baumspitze steil in die Luft und schwebt dann im Gleitflug zum Boden. In dieser »Landungsphase« ertönt der Gesang. **Vorkommen:** Waldränder, Baumreihen, Lichtungen. Trockenes Gelände. Zugvogel, überwintert im tropischen Westafrika. **Nahrung:** Kleine Bodentiere, die er aufliest; jagt manchmal auch im Flug. **Fortpflanzung:** Gut verstecktes Bodennest mit 5–6 Eiern. Brutdauer 12–14, Nestlingsdauer 12–14 Tage. 2 Jahresbruten möglich.
Pieper sind schwer bestimmbare braune Stelzenvögel. Es sind typische Bodenbewohner, dazu leicht mit Lerchen zu verwechseln. Der Fachmann bestimmt die in Mitteleuropa brütenden, durchziehenden bzw. überwinternden Arten am liebsten nach Stimme und Gesang.

Zaunkönig

Troglodytes troglodytes. **Merkmale:** Ein winziger, runder, lebhafter, dunkelbrauner Vogel mit hochgestelltem Stummelschwanz. Flanken quer gebändert. Sein kräftiger Gesang ist der lauteste von all unseren Singvögeln. Warnt viel und laut. **Vorkommen:** Unterholz und Dickichte in Wäldern, Parks und Gärten. Es muß schattig und feucht sein. **Nahrung:** Insekten, Spinnen, wenig Beeren. **Fortpflanzung:** Baut warmes Kugelnest, in dem er auch im Winter schläft. Das ♂ hat oft mehrere ♀. Das Nest steht hervorragend versteckt zwischen Wurzeln am Boden, in Reisighaufen, Stapelholz, Mauern. Gelege 5–7 Eier. Brutdauer 14–17, Nestlingszeit 15–20 Tage. 2 Jahresbruten, oft verschachtelt.
Der Zaunkönig ist ein Vertreter einer eigentlich amerikanischen Familie, die mit nur einer Art die Alte Welt besiedelt hat.

Heckenbraunelle

Prunella modularis. **Merkmale:** Ein versteckt lebender schlanker Insektenfresser, der ähnlich wie ein Spatz gefärbt, aber etwas kleiner ist. Rücken, Flügel und Ohren rostbraun, gestreift. Brust und Kopf grau. Auge hell rotbraun, dünner Schnabel. Bei Jungvögeln Unterseite und Scheitel gestreift. **Vorkommen:** Unterholzreiche Wälder, Hecken, verwilderte Gärten und Anlagen. Liebt Schatten. Kommt gerne im Winter ans Futterbrett und an ausgestreute Abfälle. Teilzieher. **Nahrung:** Wird am Boden und in Bodennähe gesucht. Im Herbst und Winter überwiegend Sämereien, im Frühling und Sommer Insekten, Spinnen und Schnecken. **Fortpflanzung:** Nest meist niedrig in Fichten oder in dichten Büschen; Gelege 4–6 Eier. Brutdauer 12–14, Nestlingszeit 10–14 Tage. 2 Jahresbruten.

Gartengrasmücke

Sylvia borin. **Merkmale:** Unser einziger Vogel ohne besondere Kennzeichen! Oberseits einfarbig braunoliv-grau, unterseits heller. Auge braun. In Deckung bleibend. Ungefähr sperlingsgroß. **Vorkommen:** Unterholzreiche, schattige Laub- und Mischwälder, Schonungen, Parks, Gärten. Zugvogel, im tropischen West- und Mittelafrika überwinternd. **Nahrung:** Weichhäutige Insekten und Früchte in Büschen und Bäumen. **Fortpflanzung:** Nest meist 0,5–2 m hoch in dichtem Buschwerk und Fichtenschonungen; Gelege meist 3–5 Eier. Brutdauer 12–14, Nestlingszeit 10–12 Tage. 2 Jahresbruten möglich. Beliebter Kuckuckswirt.
Die Grasmücken sind unsere häufigsten Sänger. Ihr Name ist alt und hieß ursprünglich Gra-smiege, was die beiden Haupteigenschaften trefflich umreißt: graue, sich durch das Gebüsch schmiegende, schlüpfende Vögelchen. Es sind gute Sänger.

Mönchsgrasmücke

Sylvia atricapilla. **Merkmale:** Sehr versteckt lebende, oberseits grauolivfarbene, unterseits graue Grasmücke mit charakteristisch gefärbter Kopfplatte: ♂ schwarz, ♀ und Junge braun. Daher ihr Name. Ungefähr sperlingsgroß. Der melodische Gesang endet mit einem vollen flötenden »Überschlag«. **Vorkommen:** Wie die Gartengrasmücke in unterholzreichen, schattigen Wäldern, Schonungen und Parks. Zugvogel, überwintert im Mittelmeerraum und im tropischen Afrika. **Nahrung:** Insekten und Früchte in dichtem Gebüsch und Laubwerk. **Fortpflanzung:** Kleines Nest, das in Büschen, Fichtenschonungen und in Stammausschlägen der Laubbäume steht; Gelege meist 4–5 Eier. Brutdauer 12–14, Nestlingszeit 10–14 Tage. 2 Jahresbruten.

Klappergrasmücke

Sylvia curruca. **Merkmale:** Oberseits graue, unterseits hellgraue, kleine Grasmücke mit weißer Kehle. Schwarze Backen und dunkle Beine. Waagerechte Sitzhaltung und lebhaftes Wesen. **Vorkommen:** Heckenbewohner an Waldrändern, in Parks, Gärten, Friedhöfen. Heißt auch Zaungrasmücke. Zugvogel, überwintert in Nordostafrika. **Nahrung:** Insekten und Spinnen, die in Büschen, am Boden und in der Luft gefangen werden; Beeren. **Fortpflanzung:** Nest in Büschen, Hecken und Fichtenschonungen. Gelege 5–6 Eier. Brutdauer 11–14, Nestlingszeit 12 Tage.
Die **Dorngrasmücke,** *Sylvia communis* (ohne Abb.), ist der Klappergrasmücke sehr ähnlich. Sie hat jedoch sattbraune Flügel und hellbraune Beine; ♀ auch mit braunem Kopf. Man trifft sie meist in freier Kulturlandschaft, besonders in dichten (Dorn-)Hecken an (Name). Dort findet man auch ihr Nest mit 4–6 Eiern; im übrigen ähnelt sie hinsichtlich der Brutbiologie der Klappergrasmücke. In den letzten Jahren hat ihr Bestand dramatisch abgenommen.

Zilpzalp, Weidenlaubsänger

Phylloscopus collybita. **Merkmale:** Oberseits olivgrau mit grauweißer Unterseite. Im Gegensatz zu Fitis- und Waldlaubsänger sind die Beine schwarzbraun. Größe wie Blaumeise. Entscheidendes Merkmal ist der Gesang, ein von hoher Warte aus vorgetragenes, sich wiederholendes »zilp zalp zilp zalp«. Er gab diesem Laubsänger den Namen. Ein sehr häufiger Vogel. **Vorkommen:** In allen unterholzreichen Wäldern, in Parks und Friedhöfen. Liebt Schatten. Zugvogel, überwintert im Mittelmeergebiet und in Westafrika. Bleibt im Herbst lange hier, und einige überwintern sogar. **Nahrung:** Insekten, Spinnen, Asseln, die in Baumkronen (♂) und in der Krautschicht (♀) von Blättern abgelesen werden. Jagt auch fliegende Insekten. **Fortpflanzung:** Überdachtes Nest in Bodennähe; gut versteckt in Hecken, Stauden, Jungfichten; Gelege 5–6 Eier. Brutdauer 13–15, Nestlingszeit 13–15 Tage. 2 Jahresbruten.

Waldlaubsänger

Phylloscopus sibilatrix. **Merkmale:** Unsere drei Laubsänger (Waldlaubsänger, Fitis, Zilpzalp) sind in ihren Lebensräumen ausgesprochen häufige Vögel, die man jedoch hauptsächlich mit Hilfe ihrer einfachen, charakteristischen Gesänge kennenlernt. Der Waldlaubsänger ist ein oberseits grüner Laubsänger mit gelber Brust und Überaugenstreif. Kehle und Bauch sind weiß, die Beine hell hornfarben. Größe wie Blaumeise. **Vorkommen:** Charaktervogel des Buchen-Hochwaldes. Zugvogel, überwintert in Afrika südlich der Sahara. **Nahrung:** Insekten, Spinnen in den Baumkronen. **Fortpflanzung:** Bodennest im Wald; Gelege meist 6–7 Eier. Brutdauer 12–14, Nestlingsdauer 11–12 Tage.

Wintergoldhähnchen

Regulus regulus. **Merkmale:** Ein geschickter Turner in den feinen Zweigen unserer Nadelbäume. Oberseite olivgrün, Unterseite grauweiß. Artkennzeichen: Kein weißer Überaugenstrich. Der orangefarbene (♂) bzw. gelbe (♀) Mittelscheitel ist mit einem schwarzen Strich eingefaßt. Bei ♂ ist oft das Orange verdeckt, so daß man sie für ♀ hält. Junge ohne Kopfzeichnung. Leiser, wispernder Ruf. **Vorkommen:** Nadel- und Mischwälder, Parks. Sehr an Nadelhölzer gebunden. Im Winter Mitglied der gemischten Meisentrupps. Teilzieher. **Nahrung:** Kleine Insekten und Spinnen, die von Nadeln und Zweigen abgelesen und im Rüttelflug vor Zweigen gejagt werden. Im Winter auch kleine Samen. **Fortpflanzung:** Kugelförmiges, dickwandiges Filznest in 10–12 m Höhe in den Außenästen von Fichten oder Tannen schwebend aufgehängt. Gelege 8–11 Eier. Brutdauer 12–17, Nestlingszeit 14–21 Tage. 2 Jahresbruten.
Goldhähnchen sind unsere kleinsten Vögel. Sie wiegen nur etwa 5 g! So klein sie auch sind, die Wintergoldhähnchen trotzen dem Schneewinter.

Rotkehlchen

Erithacus rubecula. **Merkmale:** Oberseite olivbraun, Gesicht, Kehle und Brust orangerot, Bauch weißlich. Junge oberseits lehmfarben gefleckt; Gesicht, Brust und Flanken dunkelbraun quergewellt. Ungefähr sperlingsgroß. **Vorkommen:** Das zutrauliche Rotkehlchen bewohnt unterholzreiche Wälder mit hoher Fallaub- oder Moos-Bodenschicht und ebensolche Parks und Gärten. Teilzieher. **Nahrung:** Insekten, Spinnen, Schnecken und Würmer der Fallaub- und Moosschicht. Beeren und Früchte. **Fortpflanzung:** Warmes Nest in Erdhalbhöhe, in Stubbenlöchern und Mauerspalten gut versteckt; Gelege 5–7 Eier. Brutdauer 12–15, Nestlingszeit 13–15 Tage. 2 Jahresbruten.

Gartenrotschwanz

Phoenicurus phoenicurus. **Merkmale:** Hinterstirn und Bauch beim ♂ (Abb. M.) weiß, Flanken und Brust rotbraun, Oberseite blaugrau; die schwarze Gesichtsmaske bedeckt auch die Kehle. Keine auffallenden Flügelabzeichen. ♀ (Abb. u.) oberseits graubraun, unterseits hell gelblichbraun; Kropf grauweiß. Ungefähr sperlingsgroß. Junge sind schuppig gefleckt, in der Färbung ähnlich den ♀. Verwechslung mit dem Hausrotschwanz möglich. **Vorkommen:** Lichte Laub- und Mischwälder, Parks und Gärten. Ein häufiger Vogel in Städten und Dörfern. Ausgesprochener Kulturfolger. Zugvogel, überwintert in den Savannen und Steppen Afrikas nördlich des Äquators. **Nahrung:** Ein Ansitzjäger, der die Insekten, Spinnen und Schnecken am Boden fängt und ab und an auch im Fluge erhascht. Beeren. **Fortpflanzung:** Halbhöhlenbrüter. Nest in allerlei Vertiefungen in Bäumen und Gebäuden sowie künstlichen Nisthöhlen in Gerümpel, Holzstößen, Röhren; Gelege meist 5–7 Eier. Brutdauer 12–17, Nestlingszeit 13–17 Tage.

Rotschwänze sind langschwänzige Insektenfresser von lebhaftem Wesen. Es sind schmucke Vögel, die im Gefieder der ♂ die Grundfarben Schwarz, Weiß und Rotbraun in immer neuer Kombination variieren. Die ♀ sind – wie bei fast allen Vögeln, bei denen sich die Geschlechter im Gefieder unterscheiden – unscheinbar gefärbt, da sie die Eier bebrüten und deshalb eine Schutzfärbung haben müssen. Nur bei wenigen Arten ist es umgekehrt. Bei diesen brüten dann die unscheinbar gefärbten ♂.

Der **Hausrotschwanz,** *Phoenicurus ochruros* (ohne Abb.), wurde oben schon erwähnt. Am deutlichsten unterscheidet sich das ♂ in der Gefiederfärbung vom Gartenrotschwanz; es ist gänzlich rußschwarz mit weißem Flügelfleck und rotem Bürzel und Schwanz. Hausrotschwänze waren ursprünglich Felsenbewohner und haben erst in den letzten 200 Jahren unsere Tiefebenen besiedelt. Sie leben heute in unseren Städten und Dörfern an und in Gebäuden und in felsigen Gegenden. Zugvögel, die länger bei uns sind als Gartenrotschwänze. Nahrung und Fortpflanzung ähnlich diesen.

Nachtigall

Luscinia megarhynchos. **Merkmale:** Ein stets in Deckung und Bodennähe bleibender Vogel von brauner Farbe und rotbraunem Schwanz. Größer als Sperling. Verwechslung mit dem nächsten Verwandten, dem nordosteuropäischen Sprosser, *L. luscinia,* möglich, der sie von Ostholstein an ostwärts ersetzt. Dessen Lied ist eintöniger, aber nicht minder kraftvoll. Seine Brust ist dunkel gewölkt. **Vorkommen:** Dichte, unterholzreiche Laubwälder, Gebüsche und Parks. Zugvogel, überwintert im tropischen Afrika nördlich des Äquators. **Nahrung:** Kerbtiere aller Art, Schnekken, die im Boden, vor allem unter Fallaub gesucht werden; Beeren. **Fortpflanzung:** Gut verstecktes und getarntes Bodennest mit 4–6 Eiern. Brutdauer 13–14, Nestlingszeit 11–14 Tage.

Die Nachtigall war schon den alten Griechen und alten Germanen Gegenstand göttlicher Verehrung. Ihr Name ist althochdeutsch und bedeutet Nachtsängerin. In Wirklichkeit aber ist sie tagaktiv und singt besonders morgens und abends und dann auch nachts.

Amsel

Turdus merula. **Merkmale:** ♂ schwarz, Schnabel gelb, im 1. Lebensjahr noch dunkel hornfarben. ♀ dunkelbraun, unterseits verwaschene Fleckung, Schnabel dunkelbraun. **Vorkommen:** Überall, wo es Bäume und Sträucher gibt, selbst in Großstädten. **Nahrung:** Regenwürmer, Kerbtiere, Schnekken, die aus dem Boden gehackt, gescharrt oder gezogen werden. Im Herbst und Winter überwiegend Beeren und Früchte, die von Baum und Strauch gepflückt werden. **Fortpflanzung:** Nest in Hecken, Büschen, Bäumen, Spalierwänden, auf Balkonen usw.; Gelege 3–6 Eier. Brutdauer 11–15, Nestlingszeit 12–16 Tage. 2–3 Jahresbruten.

Drosseln sind vollendete Sänger, und unsere Amsel läßt ihren wunderbaren, vollen Gesang schon im Vorfrühling auch für den Städter erschallen. »Amsel, Drossel, Fink und Star« heißt es im Lied, und viele glauben, daß Amseln die schwarzen und Drosseln die braunen Gartenvögel seien. Doch beide heißen Amsel oder Schwarzdrossel, und es handelt sich lediglich um die unterschiedlichen Kleider von ♂ und ♀! Drossel ist der Oberbegriff, der Gattungsname.

Singdrossel

Turdus philomelos. **Merkmale:** Oberseits olivbraun, unterseits auf weißem (Bauch) und rostgelbem (Brust) Grunde mit kräftigen, schwarzen Tupfen. Achseln lehmfarben. Kleiner als Amsel. **Vorkommen:** In jedem trockenen, unterholzarmen Wald und Park, in größeren Gärten. Zugvogel. **Nahrung:** Kerbtiere, Würmer, Schnecken am und im Boden; Beeren. **Fortpflanzung:** Nest meist 1–3 m hoch in deckenden Fichten und Laubgebüsch; Gelege 4–5 Eier. Brutdauer 11–14, Nestlingszeit 12–16 Tage. 2 Jahresbruten.

Sumpfmeise

Parus palustris. **Merkmale:** Graubraune Meise mit schwarzem Oberkopf und Kehlfleck. Unterseite weißlich. Kleiner als Kohlmeise. **Vorkommen:** Laub- und Mischwälder bis ca. 1400 m Höhe. **Nahrung:** Kerbtiere, die sie von grobborkigen Stämmen und Ästen, mit Vorliebe von der Birke absammelt; Samen von Stauden und Nadelhölzern. Versteckt Wintervorräte. **Fortpflanzung:** Brütet in fremdgezimmerten Höhlen und Nistkästen; Gelege 6–10 Eier. Brutdauer 12–15, Nestlingszeit 17–20 Tage.

Sehr ähnlich ist die **Weidenmeise,** *Parus montanus* (ohne Abb.). Bei ihr ist jedoch der schwarze Kehlfleck etwas ausgedehnter, und sie unterscheidet sich von der Sumpfmeise vor allem durch den Gesang und den typischen Lockruf. Die Weidenmeise ist in allen Wäldern bis zur Baumgrenze hinauf anzutreffen und bildet eine spezielle Alpenrasse. Für die Anlage ihrer Nisthöhle, die sie selbst zimmert, benötigt sie morsches Holz; Brutbiologie ähnlich der Sumpfmeise. Beide Arten sind ausgesprochen schwer zu unterscheiden; bis in unser Jahrhundert hinein hielt man sie für ein- und dieselbe Art!

Blaumeise

Parus caeruleus. **Merkmale:** Unverwechselbar. Blau und gelb; Rücken grün, Gesicht weiß. Junge mit gelben Wangen und grünlichbrauner Oberseite. Singt schon an schönen Januartagen. **Vorkommen:** Offener lichter Laubwald; liebt Eiche und Buche. Kulturfolger in Gärten, Parks, Feldhecken. Häufig. **Nahrung:** Kerbtiere, die von kleinsten Zweigen, von Kätzchen und Blättern gesammelt werden. Im Herbst und Winter viele Samen, Nüsse, Beeren. **Fortpflanzung:** Sie benötigt Nisthöhlen mit kleinem Flugloch (27–28 mm Durchmesser), um ungestört brüten zu können. Aus größeren Höhlungen wird sie oft von der Kohlmeise vertrieben. Gelege meist 8–13 Eier. Brutdauer 13–15, Nestlingszeit 17–21 Tage.

Tannenmeise

Parus ater. **Merkmale:** Eine kleine Meise ohne Gelb. Kopf wie bei Kohlmeise schwarz mit weißen Backen, aber zusätzlich mit weißem Nackenfleck. Bauch grauweiß und ohne schwarzen Mittelstrich. Oberseite olivgrau. Verwechslung mit Kohlmeise und mit Blaumeise möglich, aber beide sind unterseits gelb, die Kohlmeise dazu noch mit schwarzem Mittelstrich. **Vorkommen:** Nadel- und Mischwälder. **Nahrung:** Kerbtiere, die im grünen Zweigbereich, in Rindenspalten und Flechten gesammelt werden. Kommt zu Futterstellen. Sammelt Vorräte. Frißt im Winter viele Samen. **Fortpflanzung:** Höhlenbrüter, Nest im Boden oder bodennah; so in selbstgegrabenen Erdhöhlen, Mäuselöchern, zwischen Baumwurzeln, in Baumhöhlen. Gelege 9–11 Eier. Brutdauer 13–17, Nestlingszeit 16–23 Tage.

Kohlmeise

Parus major. **Merkmale:** Spatzengroß; die gelbe Unterseite durch schwarzen Mittelstreifen zweigeteilt. Junge mit blaueren Farben und gelben Backen. Die Kohlmeise ist unsere größte, häufigste und stimmbegabteste Meise, die schon an sonnigen warmen Wintertagen zu singen anfängt. Sie hat ein großes Repertoire von Lauten, die man mit denen anderer Arten wie Buchfink, Blaumeise oder Sumpfmeise leicht verwechseln kann. Im Aussehen möglicherweise zu verwechseln mit der Tannenmeise (S. 54). Beiden Arten gemeinsam sind schwarzer Kopf und Kehle sowie die weißen Backen; die Tannenmeise hat jedoch den typischen weißen Nackenfleck, kein Gelb und keinen schwarzen Mittelstrich am Bauch. **Vorkommen:** In Laub- und Mischwäldern, Parks und Gärten; überall dort, wo es Bäume und Nistkästen gibt. Fehlt im dunklen Fichtenwald. **Nahrung:** Kerbtiere von Zweigen und Ästen, Würmer, Schnecken am Boden, Beeren, Samen. Fetthaltige Lebensmittel. **Fortpflanzung:** In jeder Höhlung, auch Briefkästen, Gießkannen, bis 4 m Höhe. Gelege 7–13 Eier. Brutdauer 12–16, Nestlingszeit 15–21 Tage. 1–2 Jahresbruten.

Kleiber

Sitta europaea. **Merkmale:** Ein halsloser gedrungener Vogel mit langem kräftigem Meißelschnabel. Oberseits graublau, unterseits schmutzig okkergelb mit weißer Kehle. Flanken rostbraun. Schwarzer Augenstreif. Der kurze Schwanz hat keine Funktion beim Klettern. Ungefähr sperlingsgroß. **Vorkommen:** Dieser ruffreudige und lebhafte Klettervogel bewohnt am liebsten Laub- und Mischwälder, Alleen und Parks, auch Gärten mit alten Bäumen. Liebt deutlich Eichen. Kommt gerne an das Futterbrett. Zieht im Winter mit Meisen, Baumläufern und Goldhähnchen umher. **Nahrung:** Wie bei Meisen im Sommer Kerbtiere und im Winter Samen als Hauptkost. Sehr flexibel. Nahrungssuche in allen Ritzen der Baumstämme und der Zweige mittels des Auges, nicht der Zunge wie bei den Spechten. Meißelt auch nicht, sondern klopft harte Nahrung auf bzw. weich. Auch Ansitzjäger auf Fluginsekten im zeitigen Frühjahr und Sommer. Zu Jungenaufzucht holt er Raupen von den Blättern. Samensuche auch am Boden. Die Vorratssammlung von Nüssen und Eicheln ist stark ausgeprägt. Daher räumt er auch das Futterbrett bis auf die letzte Nuß ab. **Fortpflanzung:** Höhlenbrüter, der in fremden und künstlichen Nisthöhlen brütet. Das Flugloch wird vermauert (s. u.). Gelege meist 5–8 Eier. Brutdauer 15–18, Nestlingszeit 23–24 Tage.

Spechte können nur aufwärts klettern, Kleiber als einzige Vögel auch abwärts am Stamm. Das ♀ mauert mit Lehm den Höhleneingang so weit zu, daß es gerade noch durchschlüpfen kann. Auch in der Höhle mauert es alle Ritzen und Unebenheiten abrundend zu. Diese Tätigkeit des »Klebens« gab dem Vogel den Namen Kleiber. Auch der Name »Spechtmeise« gibt seine Eigenart wieder.

Buchfink

Fringilla coelebs. **Merkmale:** Beim ♂ (Abb.) Oberkopf, Nacken und Halsseiten graublau, im Winter bräunlichgrau, Rücken kastanienbraun, Bürzel grün, Gesicht und Unterseite rotbraun, Schnabel blau, im Ruhekleid hornfarben. ♀ olivgrau. Beide mit zwei weißen Flügelbinden. Ungefähr sperlingsgroß. Sein schmetternder Gesang endet mit einem Überschlag. Ruf- und sangesfreudig. **Vorkommen:** Überall, wo es Bäume gibt, in Stadt und Land. Außerhalb der Brutzeit gesellig, und dann auch in der Kultursteppe. Teilzieher, bei dem vor allem die ♀ und Jungen wegziehen. Daher hat er seinen lateinischen Namen *coelebs* (= Zölibat)! **Nahrung:** Samen aller Art, kommt gerne ans Futterbrett. Im Frühjahr und Sommer überwiegend Insekten und Spinnen. Am Boden suchend und in Baumkronen jagend. **Fortpflanzung:** Nest gut mit Flechten getarnt in 2–10 m Höhe in der Astgabel eines Baumes, aber auch im Efeu. Gelege meist 3–5 Eier. Brutdauer 12–13, Nestlingszeit 12–15 Tage. 2 Jahresbruten.

Grünfink

Carduelis chloris. **Merkmale:** ♂ (Abb.) gelbgrün; Flügelspiegel und Schwanzwurzel gelb. Füße fleischfarben. ♀ graugrün. Kräftiger heller Finkenschnabel. Ungefähr sperlingsgroß. Junge braun gestreift. **Vorkommen:** Bewohnt Ränder von Wäldern und damit auch Alleen, Parks, Gärten, Schonungen. **Nahrung:** Mittelgroße bis große Samen, die er vom Boden oder auch von den Fruchtständen nimmt. Kommt gern an Futterbrett. Im Sommer auch Insekten, bevorzugt Blattläuse. **Fortpflanzung:** Nest in dichtem Gebüsch; 4–6 Eier. Brutdauer 12–15, Nestlingszeit 13–16 Tage. 2 Jahresbruten.

Gimpel, Dompfaff

Pyrrhula pyrrhula. **Merkmale:** Kopfplatte, Gesicht, Flügel und Schwanz schwarz, Rücken und Schultern grau, Bürzel und Flügelbinde weiß. ♂ (Abb.) mit leuchtend roter Unterseite und ebensolchen Backen, ♀ anstelle dessen bräunlichgrau. Junge ohne Kopfzeichnung ober- und unterseits braun, Bürzel weiß. Bekannter, sanft klingender Ruf. **Vorkommen:** Wälder, Parks, Friedhöfe, Hecken und Gärten, die gute Deckung und dichten Wuchs bieten. **Nahrung:** Samen, Knospen, Beeren, die mit dem kräftigen Schnabel zerquetscht werden. Die Beerenschalen werden ausgespuckt. Nahrungssuche bevorzugt auf Bäumen und Sträuchern, selten am Boden. Gerne am Futterbrett. Kerbtiere als Jungenfutter. **Fortpflanzung:** Verstecktes Nest in 1–4 m Höhe in Fichten und dichten Hekken; Gelege 4–6 Eier. Brutdauer 12–14, Nestlingszeit 15–18 Tage. 2 Jahresbruten.
Der Gimpel oder Dompfaff ist einer unserer bekanntesten und beliebtesten Gartenvögel, obwohl er im Frühjahr durch Knospenverbiß in den Gärten nicht nur Freude bereitet.

Star

Sturnus vulgaris. **Merkmale:** Glänzend schwarz mit im Sommer gelbem Schnabel. Das Gefieder schillert je nach Lichteinfall purpurn, stahlblau und grün. Nach der Herbstmauser haben die frischen Federn helle Spitzen, so daß der Vogel wie mit Perlen übersät ist. Diese Federn verschleißen im Winter, so daß das Weiß zum Frühjahr beim ♂ ganz, bei ♀ und Erstjährigen fast weg ist. Junge Stare sind stumpfbraun. Der Gesang des Staren besteht aus flötenden, schmatzenden, schnalzenden Motiven, die, wahllos aneinandergereiht, unermüdlich vorgetragen werden. Dabei schlägt der Star mit den halbgeöffneten, kurzen Flügeln. Verwechslung mit dem Amselhahn möglich, der ebenfalls schwarz ist und einen gelben Schnabel hat. Doch Verhalten und Körperbau beider Arten sind grundverschieden. Der Star schreitet beim Vorwärtsgehen, die Amsel hüpft; der Star geht und steht aufrecht, die Amsel waagerecht; Hals und Schwanz sind beim Star kurz, bei der Amsel lang. Der Starenkopf ist flacher und schmaler, der Schnabel sitzt ganz anders an. **Vorkommen:** Ursprünglich ein Laubwaldbewohner. Als Kulturfolger heute überall, wo ihm Nistplätze geboten werden und wenigstens einige Bäume stehen. Auch in Großstädten. Teilzieher. **Nahrung:** Wird meist auf dem Boden gesucht. Kerbtiere, Würmer, die er aus weichem Boden zieht bzw. aus dem Laub der Baumkronen holt. Früchte aller Art. **Fortpflanzung:** Höhlenbrüter in Bäumen, Nistkästen unter Dachziegeln, in Mauerspalten. Gelege meist 3–7 Eier. Brutdauer 11–13, Nestlingszeit 17–22 Tage. 1–2 Jahresbruten.

Die Erfindung des Nistkastens hat den geselligen Star zu einem unserer zahlreichsten Vögel gemacht. So sehr, daß er in fremden Ländern dort als Wintergast eine ernste wirtschaftliche Bedrohung darstellt. In Tunesien etwa können Stare die ganze Feigenernte vernichten. Man sollte sich daher in seinem Garten mit *einem* Nistkasten begnügen.

Eichelhäher

Garrulus glandarius. **Merkmale:** Der rötlichbraune, große Vogel ist gekennzeichnet durch den blau-schwarzen Flügelspiegel, einen schwarzen Bartstreif und weißen Bürzel. Auge hellblau. Vorsichtig, lärmt trotzdem viel; gesellig. Ahmt die Stimme des Mäusebussards nach. Sein eigener Warnruf ist ein markdurchdringendes Rätschen. **Vorkommen:** In Wäldern mit Dickungen, in städtischen Parks und baumreichen Gärten. Häufig. Teilzieher. **Nahrung:** Wird vom Boden und den Zweigen genommen. Eicheln, Nüsse, Bucheckern, andere Samen, Kartoffeln, Beeren und Früchte überwiegen. Kerbtiere, Schnecken, Eidechsen, Vogeleier und Nestlinge, Mäuse. Legt Vorräte an. Kann im Kehlsack bis zu 1 Dtzd. Eicheln transportieren und versteckt sie im Boden. **Fortpflanzung:** Der kleine Baumhorst steht am Stamm in meist 3–6 m Höhe (max. 30 m) und enthält 4–7 Eier. Brutdauer 16–19, Nestlingszeit 18–20 Tage.

Feuersalamander

Salamandra salamandra. **Merkmale:** Gesamtlänge 15–28 cm, davon weniger als die Hälfte Schwanz. Auf dem Hinterkopf beiderseits eine große, porige Ohrdrüse. Haut glänzend, schwarz; Oberseite mit unregelmäßig verteilten gelben bis rotgelben, verschieden großen Flecken. **Vorkommen:** Feuchte Waldungen mit Tümpeln, Quellen und Bächen; bevorzugt im Hügel- und Bergland bis 1000 m, seltener im Flachland. **Nahrung:** Würmer, Schnecken, Kerbtiere. **Lebensweise:** Tagsüber versteckt unter Moos, Steinen, Fallaub, Moderholz, in Felsspalten oder Erdlöchern; in der Dämmerung und nachts auf Nahrungssuche. Paarung im Frühjahr oder Sommer am Land oder im Flachwasser. Die 10–80 Eier entwickeln sich im ♀ zu vierbeinigen, 2,5 cm langen Larven, die im Sommer oder nächsten Frühjahr im Flachwasser abgesetzt werden, sich nach 2–3 Monaten in Volltiere verwandeln und dann an Land bleiben.

Blindschleiche

Anguis fragilis. **Merkmale:** Gesamtlänge ungefähr 40–50 cm; davon zwei Drittel Schwanz, dieser jedoch kaum abgesetzt. Äußerlich beinlos, schlangenartig; ist jedoch keine Schlange, sondern gehört zu den Echsen. Oberseite bleigrau, gelb- bis rotbraun, Flanken rötlich bis schwarzbraun; Unterseite bläulichschwarz, manchmal gelbweiß gepunktet. **Vorkommen:** Bevorzugt mäßig feuchtes Gelände mit bewachsenem, der Sonne ausgesetztem Boden wie Wälder, Schneisen, Böschungen, Parks und Gärten; im Gebirge bis 2000 m. **Nahrung:** Regenwürmer, Nacktschnecken, Insekten. **Lebensweise:** Frühmorgens und abends aktiv. Unterschlupf in Erdlöchern, unter Wurzeln, Steinen; Überwinterung ab X. Paarung im V, ♀ wirft im VIII/IX meist 5–15 fertig ausgebildete, sofort selbständige Junge von 7–9 cm Länge.

Kreuzotter

Vipera berus. **Merkmale:** Gesamtlänge 50–80 cm. Auge mit senkrechter Pupille, Iris rotbraun bis feuerrot. Körperoberseite beim (meist kleineren) ♂ hell asch-, silber- oder braungrau, mit schwarzem Zickzackband; beim ♀ gelb- bis rotbraun mit dunkelbraunem Zickzackband (Abb.). Manchmal rein schwarze (Höllenotter) oder rotbraune Tiere (Kupferotter). **Vorkommen:** In lichten Wäldern, auf Kahlschlägen, bebuschten Hängen; aber auch in Steinbrüchen, Mooren, Heiden. Im Gebirge bis 3000 m. **Nahrung:** Eidechsen, Frösche, vor allem aber Wühlmäuse. Die Beute wird durch Giftbiß getötet, dann im ganzen verschlungen. Das Gift ist auch für den Menschen (der jedoch nur in Notwehr angegriffen wird) gefährlich, aber selten tödlich. **Lebensweise:** Bevorzugt kühle Plätze, daher im Sommer tagsüber im schattigen Versteck. Ab X/XI Winterruhe meist zu mehreren an frostfreiem Ort. Paarung im V; im VIII/IX gebiert das ♀ 5–20 lebende, 15–20 cm lange Junge.

Eichhörnchen

Sciurus vulgaris. **Merkmale:** Fell fein und dicht, oberseits graurot, braunrot, braunschwarz bis schwarz, unterseits weiß. Schwanz lang und sehr buschig. Ohren rundlich, im Winterfell mit langen, hochstehenden Randhaaren. **Vorkommen:** Wald- und Parklandschaften, Gärten. Im Gebirge bis 2200 m. **Nahrung:** Laub- und Nadelholzsamen, Nüsse, Früchte, Beeren, Rinde, Knospen, Blüten, Säfte, Pilze, Kerbtiere, Eier, Jungvögel. **Lebensweise:** Tagtier; Einzelgänger, zuweilen auch zu mehreren an Nahrungsplätzen. Vorwiegend baumlebend, springt und klettert (auch kopfabwärts) sehr gut. Wohnt in selbstgebauten, mit Gras, Moos oder Haaren gepolsterten Kugelnestern (Kobeln). Hält keinen Winterschlaf. Brunstzeit I–VII, Wurfzeit II–VIII. Jährlich 2–5 Würfe mit 3–7 nackten, blinden Jungen, die mit 7–8 Wochen selbständig werden.

Rötelmaus, Waldwühlmaus

Clethrionomys glareolus. **Merkmale:** Größe wie Feldmaus, Schwanz ungefähr halb körperlang. Ohren kurz-breit rund, groß, gut sichtbar. Felloberseite rötlich, Flanken grau, Unterseite grauweiß, Pfoten weißlich. **Vorkommen:** Laub- und Mischwald, Parks, auch Feldgehölze und Gebüsche. Schattiger, kraut- oder fallaubreicher Humusboden wird bevorzugt. Im Gebirge bis 2200 m. **Nahrung:** Gräser, Kräuter, Knospen, Rinde, Samen, Früchte, Beeren, Pilze, Würmer, Kerbtiere. **Lebensweise:** Zu allen Tages- und Nachtzeiten sichtbar, wenig scheu. Legt dicht unter der Erdoberfläche verzweigte Gangsysteme mit Nest- und Vorratskammern an und lebt oft gesellig in kleinen Familienverbänden. Fortpflanzungszeit V–X; jährlich 3–4 Würfe mit je 3–5 (10) nackten, blinden Jungen, die nach nur 18 Tagen Tragzeit geboren werden, mit 3 Wochen selbständig und bereits nach 3 Monaten geschlechtsreif sind.

Waldmaus

Apodemus sylvaticus. **Merkmale:** Wenig kleiner als Feldmaus; Schwanz meist etwas kürzer als der Körper, nackt. Schnauze spitz, Augen groß, Ohr groß, rund und nackt. Felloberseite gelb- bis braungrau, manchmal rotbraun überhaucht oder Rückenmitte verdunkelt; Unterseite grauweiß, nicht scharf abgesetzt. **Vorkommen:** Waldränder, Parklandschaften, Feldgehölze und Gebüsche. Im Gebirge bis 1000 m. **Nahrung:** Sämereien, Getreide, Waldfrüchte, Beeren, Knospen, Blätter, Kerbtiere. **Lebensweise:** Vorwiegend in der Dämmerung und nachts aktiv; springt gut und klettert gern. Lebt meist als Einzelgänger in Erdbauen mit Nest- und Vorratskammern, jedoch auch locker gesellig in kleinen Kolonien. Fortpflanzung IV–IX, ähnlich Rötelmaus.
Die Gelbhalsmaus ähnelt der Waldmaus und ist bei Freilandbeobachtung nicht immer leicht von dieser zu unterscheiden.

Siebenschläfer

Glis glis. **Merkmale:** Ähnelt in der Gestalt einem Eichhörnchen, ist jedoch etwas kleiner und hat am Ohr keine Haarpinsel. Schwanz buschig, fast so lang wie der Körper. Das weiche und dichte Fell ist oberseits bräunlich- bis rauchgrau, unterseits weißgrau; um das Auge läuft ein dunkler Ring. **Vorkommen:** Laub- und Mischwald mit reichem Unterwuchs, Parks, auch in Gärten. Im Gebirge bis 1000 m. **Nahrung:** Blätter, Knospen, Rinde, Früchte, Beeren, Samen, Obst, Kerbtiere, Schnecken, Eier und Jungvögel. **Lebensweise:** Dämmerungs- und Nachttier; ruht tagsüber in selbstgebauten Kobeln im Blattwerk oder in Baumhöhlen, auch in Nistkästen und Gebäudeschlupfwinkeln. Klettert und springt gut. Vor dem Winterschlaf, der Ende IX beginnt, mästen sich die Tiere große Reserven an; ihr Gewicht kann sich dabei von normal 70–180 g auf bis zu 300 g erhöhen. Als Quartier werden selbstgegrabene Erdhöhlen oder die oben genannten Verstecke aufgesucht. Der Winterschlaf dauert bis IV und somit knapp 7 Monate; daher der Name. Brunstzeit ist VI/VII. Nach 1 Monat Tragzeit werden zwischen VII und IX einmal 2–7 (11) nackte, blinde Junge geworfen, die mit 8 Wochen selbständig sind.
Außer dem Siebenschläfer kommen in unserem Gebiet u. a. noch der Gartenschläfer vor. Er ist etwas kleiner und unterscheidet sich hauptsächlich durch eine auffallende Kopfzeichnung. In der Lebensweise ist er recht ähnlich.

Haselmaus

Muscardinus avellanarius. **Merkmale:** In der Größe und Gestalt ähnlich einer Hausmaus; Schwanz lang, jedoch lampenputzerartig kurz und dicht behaart. Ohren mittelgroß und rundlich. Das weiche und dichte Fell ist oberseits haselnußbraun; der Bauch ist heller, Kehle und Brust sind weißlich. **Vorkommen:** Waldlichtungen, Jungbuchen- und -fichtenbestände, Auwälder und gebüschreiche Waldränder mit Gras-, Kraut- und Stauden-Unterwuchs, Parks. Nicht an Haselnußvorkommen gebunden. Im Gebirge bis 1500 m. **Nahrung:** Knospen, Blüten, Rinde, Sämereien, Beeren, Früchte, Kerbtiere. **Lebensweise:** Dämmerungs- und Nachttier; tagsüber in selbstgebautem Kugelnest in Gebüsch, Jungwuchs, Baum- oder Nisthöhlen. Wenig gesellig; klettert und springt gut. Winterschlaf IX/X bis III/IV im Kugelnest am Boden unter Laub zwischen Wurzeln und Steinen oder wenig darüber, selten in Baumhöhlen. Brunstzeit im VI; im VI/VII jährlich 1 Wurf mit 3–4 nackten, blinden Jungen (nach 26 Tagen Tragzeit), die mit etwa 40 Tagen selbständig sind.
Die Haselmaus bildet mit den oben erwähnten Schläfer-Arten die Familie der Bilche oder Schlafmäuse. Diese haben mit den echten Mäusen nichts zu tun, sind nur wie sie Nagetiere. In Anpassung an ihre nächtliche Lebensweise haben alle Bilche auffallend große Augen. Man sieht sie selten, stellt ihre Anwesenheit jedoch hin und wieder an Fraßspuren an Obst oder Nüssen fest.

Dachs

Meles meles. **Merkmale:** Größe wie ein mittlerer Hund, jedoch kurzbeinig. Rumpf plump und massig, Schwanz kurz. Fell ziemlich rauh, mit charakteristischer schwarzweißer Kopfzeichnung; Körperoberseite silbergrau, Unterseite und Beine schwarz. **Vorkommen:** Laub- und Mischwald, Parklandschaften. Im Gebirge bis 2000 m. **Nahrung:** Allesfresser; Kerbtiere, Würmer, Schnekken, kleine Wirbeltiere, Eier, Nestlinge, Waldfrüchte, Obst, Beeren, Pilze, Wurzeln. **Lebensweise:** Vorwiegend in der Dämmerung und nachts unterwegs. Tagsüber in selbstgegrabenen Erdbauen oder Fuchsbauen; Baue mit verzweigtem Gangsystem, mehreren Zugängen und Luftschächten sowie gepolstertem Wohnkessel. Lebt paarweise und in Dauerehe. Im Winter längere Ruhezeiten, jedoch kein echter Winterschlaf. Brunstzeit (Ranzzeit) I–X möglich. Nach 7–13 Monaten Tragzeit 1 Wurf mit 3–5 kleinen, blinden, fast nackten Jungen; diese mit 6 Monaten selbständig.

Baummarder

Martes martes. **Merkmale:** Katzengroß; Gestalt wie Steinmarder (S. 116), jedoch etwas schlanker und hochbeiniger. Fellfarbe dunkelbraun, hell- bis dottergelber Kehlfleck reicht nicht bis auf die Oberarme. **Vorkommen:** Misch- und Nadelwald, große Parks. **Nahrung:** Kleine Säugetiere bis Hasengröße, vor allem Eichhörnchen, die er im Geäst jagt, Vögel, Eier, Kerbtiere, Beeren, Obst, Waldfrüchte. **Lebensweise:** Einzelgänger; vorwiegend in der Dämmerung und nachts, mitunter auch am Tag aktiv. Wohnt in Baumhöhlen, Greifvogel- und Krähenhorsten, Eichhörnchenkobeln. Klettert und springt sehr gut. Ranzzeit (s. o.) meist im II, aber auch noch VI–VIII möglich. Wurfzeit III–IV; Tragzeit demnach nur 60 oder 260–305 Tage! Je Wurf 3–5 blinde, fast nackte Junge; diese mit 3 Monaten selbständig.

Rotfuchs

Vulpes vulpes. **Merkmale:** Größe wie ein mittlerer Hund, Schnauze spitz, Ohren groß und dreieckig; Schwanz lang, sehr buschig, meist mit weißer Spitze. Fell weich und dicht, oberseits gelbrot bis rotbraun, unterseits weiß, Beinvorderseiten und Pfoten schwarz. Individuelle und geographische Farbabweichungen. **Vorkommen:** Wälder, aber auch offenes Gelände und selbst in der Nähe menschlicher Siedlungen. **Nahrung:** Allesfresser; Kerbtiere, Vogeleier, Jungvögel, Jungwild, Hasen, Kaninchen, Vögel bis Gänsegröße, hauptsächlich aber Mäuse, daneben Beeren, Früchte. **Lebensweise:** In der Dämmerung und nachts aktiv. Gräbt selbst einen Erdbau oder bezieht Dachsbaue, schläft aber auch im Freien. Einzelgänger; ab Ranz Saisonehe (I/II). ♂ bleibt bis zur Wurfzeit (IV/V) beim ♀ und trägt Futter für die 3–5 (12) zunächst blinden, wolligen Welpen zu; diese selbständig mit 3–4 Monaten.

Reh

Capreolus capreolus. **Merkmale**: Sommerfell rotbraun mit gelbweißem Spiegel (Keulenrückseite), Winterfell graubraun mit weißem Spiegel. Gelegentlich kommen Schwärzlinge vor. Die Kitze sind gelbbraun mit weißlichen Flecken. Rehe haben einen kurzen, allerdings äußerlich nicht sichtbaren Schwanzstummel. Die ♂ (Böcke, Abb. M.) tragen ein kurzes Geweih mit normalerweise nur einer Vorder- und Hintersprosse je Stange (»Sechsender«), das oft Gehörn genannt wird, obwohl es jährlich abgeworfen wird – im Gegensatz zum Gehörn einer Gemse beispielsweise. Abwerfen der Stangen X, Beginn der Neubildung XI, Fegen (Befreiung von der zunächst schützenden Haut, dem Bast) IV/V. **Vorkommen**: Aufgelockerte Wälder, Parklandschaft in Ebene und Gebirge bis 3000 m, auch in fast deckungslosen Landschaften wie Moor, Heide und Kultursteppe. **Nahrung**: Vielseitig; Zweige, Knospen, Blätter von Bäumen und Sträuchern, Gräser, Kräuter, Pilze, Flechten, Moose, Beeren, Obst. **Lebensweise**: Haupttätigkeit in der Morgen- und Abenddämmerung. Läuft, springt und schwimmt gut. ♂ im Sommer einzeln, ♀ und Junge (Abb. o.) in kleinen Trupps (Sprünge); im Winter in gemischten Rudeln. Brunftzeit VII/VIII, Setzzeit V. Je Geburt 1–2, nicht selten 3 Junge, die sofort sehen und laufen können und von der Mutter (Ricke) fast 1 Jahr geführt werden.

Rothirsch

Cervus elaphus. **Merkmale**: Fell im Sommer glatt, rotbraun mit ockerfarbenem Spiegel (vgl. Reh); im Winter länger, rauher, graubraun bis dunkelbraun. ♂ zur Brunftzeit mit kurzer Halsmähne. Junge (Kälber) hellbraun mit weißlichen Flecken auf dem Rumpf, die sich beim Heranwachsen verlieren. Im Gegensatz zum Reh haben Hirsche einen kurzen, sichtbaren Schwanz (Wedel). Die ♂ bilden jährlich ab II/III ein mehrendiges Geweih, das im VII vom schützenden Bast befreit (gefegt) und im II des darauffolgenden Jahres wieder abgeworfen wird. Je nach Ernährung und Alter der Hirsche können die Geweihe eine beträchtliche Endenzahl und Größe erreichen. **Vorkommen**: Wald-, Park-, Flußauenlandschaft, bevorzugt Laub- und Mischwald; im Gebirge im Sommer bis zur oberen Baumgrenze und Almregion. Diese Hirschart braucht große, zusammenhängende Wälder. **Nahrung**: Gräser, Kräuter, Pilze, Beeren, Baum- und Strauchtriebe, Rinde, Blätter, Wald- und Feldfrüchte. **Lebensweise**: Fast ausschließlich in der Dämmerung und in der Nacht aktiv. Trabt und läuft ausdauernd, galoppiert schnell über kürzere Strecken, springt und schwimmt gut. Die Tagesaufenthalte und Ruheplätze (Einstände) befinden sich in Dickungen oder hohem Schilf und Getreide. Gern werden Schlammbäder genommen (Suhlen). Rotwild lebt gesellig in Rudeln, außerhalb der Brunftzeit nach Geschlechtern getrennt, alte ♂ meist in kleinen Trupps, paarweise oder einzeln. Brunftzeit IX/X; in diesen Wochen hört man das bekannte »Röhren« der ♂ (Abb.

S. 63 o.), die nun die Vorherrschaft in den Brunftrudeln antreten und wenn nötig mit Rivalen unter Einsatz des Geweihs darum kämpfen. Setzzeit V/VI; die ♀ bringen 1 (oft auch 2) sehendes und lauffähiges Junges zur Welt (Abb. S. 62 u.), das 9 Monate lang gesäugt wird. Die jungen ♀ bleiben bis ins 3. Lebensjahr in Mutternähe.
Von ähnlicher Gestalt wie der Rothirsch, jedoch kleiner, ist der **Damhirsch**, *Dama dama* (ohne Abb.). Bekannt sind die Flecken, die im Sommer in weißen Reihen auf dem rotbraunen Fell deutlich hervortreten, im Winter auf grauerem Fell abgeschwächt erscheinen. Neben braunen kommen (vor allem in Parks und Gattern) auch weiße, isabellfarbene, hellbraune, braunschwarze und schwarze Tiere vor. Typisch für das Damhirsch-Geweih ist die Schaufelbildung; Fegen VIII, Abwerfen IV, Neubildung ab V. Damwild war ursprünglich im Mittelmeer verbreitet und wurde schon vor langer Zeit auch nördlich der Alpen ausgesetzt. Lebensraum und Lebensweise ähnlich wie beim Rothirsch; häufig Gatterhaltung.

Wildschwein

Sus scrofa. **Merkmale**: Von ähnlicher Gestalt wie das Hausschwein, dessen Stammform es ist, jedoch hochbeiniger, mit gestrecktem Kopf, aufrechtstehenden Ohren und dicht behaartem Körper. Haarkleid mit rauhen, langen Grannen und dichter Unterwolle, im Sommer graubraun, im Winter schwarzgrau. Junge (Frischlinge) braun mit 3–4 gelblichen Längsstreifen auf jeder Körperseite. Schwanz mittellang mit Endquaste. Die Eckzähne sind kräftig ausgebildet; beim ♂ (Keiler) sind die unteren lang und scharf, die oberen aufwärts gebogen; sie werden als Hauer, Gewehre oder Waffen bezeichnet. **Vorkommen**: Bewachsenes Gelände, also Wald, Gehölze, Gebüschhorste, auch Schilf, Hochgras und ähnliches in der Ebene und im Gebirge (bis zur oberen Baumgrenze). Wassernähe wird bevorzugt. **Nahrung**: Wildschweine sind Allesfresser; sie nehmen Gräser, Kräuter, Blätter, Beeren, Pilze, Wurzeln, Knollen, abgefallene Waldfrüchte, Feldfrüchte, Würmer, Schnecken, Insekten, kleine Wirbeltiere, Eier und Junge von bodenbrütenden Vögeln, Jungwild und Aas. **Lebensweise**: Vorwiegend in der Dämmerung und nachts tätig; tagsüber Unterschlupf im Dickicht oder Schilf, dort werden Bodenmulden als Lager ausgescharrt. Gerne werden Schlammbäder genommen (Suhlen), um lästige Plagegeister auf der Haut loszuwerden. Wildschweine leben gesellig in Trupps (Rotten). Die ♀ (Bachen) führen die Frischlinge (Abb. M.) oder Überläufer (ältere Junge), die Keiler (Abb. u.) bilden den Schluß. Alte Keiler leben auch als Einzelgänger. Paarungszeit, Rauschzeit genannt, XI–I; Wurfzeit IV–V. Vor dem Werfen der Jungen (Frischen) legt die Bache einen Wurfkessel an; dazu scharrt sie eine tiefe Mulde und polstert diese mit trockenem Gras und Laub aus. Jährlich erfolgt 1 Wurf, manchmal auch 2; je Wurf kommen 4–12 behaarte und sehende Junge zur Welt, die 1 Woche im Kessel bleiben und dann der Bache folgen.

Wiesen und Felder

Die beiden Begriffe stehen hier beispielhaft für offene Landschaften. Die Palette der Lebensräume im einzelnen reicht dabei vom Trockenrasen bis zur Fettweide, vom Acker bis zum Brachland, von den Hecken und Buschreihen bis zu den kleinen Feldgehölzen. Nicht zu vergessen die nur scheinbar uninteressanten Kiesplätze, Bahndämme usw.; hier findet sich oft eine Vielzahl von Heilpflanzen und reiches Insektenleben, so wie die Feldhecken viele Vogelarten beherbergen. Bei all diesen Lebensräumen handelt es sich um Kulturland, das seine Entstehung und über viele Jahre hinweg auch seine Erhaltung der Kultivierung verdankt. Offene Landschaft heißt aber nicht »maschinengerecht ausgeräumte« und »vereinheitlichte« Landschaft. Diese Gedankenlosigkeit blieb der Neuzeit vorbehalten.

Wacholder

Juniperus communis. **Merkmale:** Immergrün. Baumartig, bis 15 m hoch, meist mehrstämmig, häufiger als 3–5 m hoher Strauch, recht verschieden gestaltet. Die Rinde ist anfangs graubraun und glatt, dann schuppig abfasernd. Die jungen Triebe sind dreikantig, mit Längsleisten. Die Nadeln stehen in Quirlen zu 3, anfangs aufrecht, dann rechtwinklig abstehend und sind spitz, stechend, oberseits graugrün, mit weißem Längsstreif. Meist zweihäusig, Blüte VI–VII; ♂ Blüten eiförmig, endständig an kurzen Zweigen oder achselständig zu mehreren meist kopfig vereint, ♀ kugelig, mit kurzem, beschupptem Stiel. Die Beerenzapfen werden aus den fleischig werdenden, miteinander verwachsenden Schuppen gebildet, die im 1. Jahr eine grüne, dann weißblau bereifte und im 2. oder 3. Jahr schließlich eine schwarze, 6–9 mm dicke, runde Scheinfrucht bilden (Abb. M.). Das Fruchtfleisch ist trocken, harzreich, sehr aromatisch und enthält 3 Samen. **Vorkommen:** Stellt an den Boden kaum Ansprüche, liebt aber die Sonne und wächst deshalb bevorzugt auf sandigen oder felsigen Heiden, auch auf Kalkfels und in lichten Nadelwäldern sowie auf Matten im Gebirge. Mit seiner niederliegenden Gebirgsform, die bloß 20–30 cm hoch wird, dem Zwergwacholder, geht er 1600–3000 m hoch und besiedelt auch Moore.

Der Strauch ist ein wunderbarer Schmuck unserer Heidelandschaften. Seine Scheinbeeren würzen uns viele Speisen; aus ihnen wird auch Schnaps hergestellt.

Sauerdorn, Berberitze

Berberis vulgaris. **Merkmale:** Bis etwa 3 m hoher Strauch mit kantigen Zweigen, im 1. Jahr grünlich, zuletzt bräunlich, dann weißlichgrau. Schlägt am ehesten von allen unseren Laubgehölzen aus. Blätter spiralig angeordnet, eiförmig bis länglich-verkehrt-eiförmig, in den Stiel verschmälert, fein stachelig gesägt-gezähnt, an Kurztrieben gebüschelt; unmittelbar unter den Kurztrieben ein meist dreiteiliger, aber auch fünfteiliger, aus einem Blatt entstandener Dorn. Zwittrige Insektenblüten, V–VI, in hängenden 5–7 cm langen Trauben. Frucht eiförmig bis länglich, leuchtend rot, selten gelb. **Vorkommen:** Der Sauerdorn liebt sonnige steinige Abhänge und Kuppen und gedeiht hier im lichten Wald, an Waldrändern und mit anderen Gebüschen, geht aber auch ins Tal, wenn nur genügend Kalk im Boden ist. Wo es ihm gut geht, bildet er dichte Hecken, ideal für brütende Vögel.

Die Blüten haben eine besondere Bestäubungsvorrichtung: Werden die ausgebreiteten Staubfäden berührt (Insektenrüssel, dünne Borste), klappen sie gegen den Griffel zusammen, und gleichzeitig platzen die Staubbeutel mit je einer Klappe auf. Zwischenwirt des *Aecidium*-Stammes des Weizenrostes, weswegen aber ein Vernichtungsfeldzug wie in den 60er Jahren in der Bundesrepublik nicht nötig gewesen wäre.

Eberesche, Vogelbeerbaum

Sorbus aucuparia. **Merkmale:** Bis 15 m hoher Baum, öfters mehrstämmig, selten über 80 Jahre alt. Krone etwas unregelmäßig, aber ziemlich breit. Rinde hellgrau, glatt, Borke dunkel, in Blättchen abschuppend. Jungtriebe anfangs weichhaarig, dann kahl und braun. Blatt unpaar gefiedert, mit 9–15 länglich-elliptischen, ungleich stachelspitz gesägt-gezähnten, am Grund unsymmetrischen Blättchen. Herbstfärbung gelb. Blüten V–VI, weiß (Abb. o.), sehr stark duftend. Frucht etwa 1 cm dick, leuchtend rot (Abb. M.). **Vorkommen:** Bis auf ein sehr starkes Lichtbedürfnis sehr anspruchsloser Baum, deshalb als Pioniergehölz und zur Bodenverbesserung sehr geeignet. Auch als Lawinenschutz angepflanzt.

Das Holz wird besonders für Wagnerarbeiten verwendet. Die Früchte sind recht bitter, werden aber von Vögeln gern verzehrt. 1810 wurde im Altvatergebirge bei Spornhau die Mährische Eberesche, *Sorbus aucuparia* var. *edulis,* entdeckt und vermehrt, die angenehm säuerliche Früchte trägt. Der Name hat nichts mit Eber zu tun, sondern kommt von »Aber« wie in Aberglaube, also eine unechte Esche, oder dem keltischen »eburos« für Eibe, das auf die rote Farbe der Früchte hinweist. Zu Heilzwecken sammelt man die reifen Früchte der Eberesche. Sie enthalten reichlich Vitamin C und Gerbstoff sowie mehrere organische Säuren. Der Frischsaft der Ebereschenbeeren wirkt harntreibend und abführend. Er ist deshalb bei Nierenleiden, Harnverhalten, Wassersucht und Darmträgheit angezeigt, wegen seines hohen Vitamin-C-Gehaltes auch bei Skorbut. Die Beeren werden auch zu wohlschmeckenden Kompotten, Gelees und Marmeladen eingekocht.

Der **Speierling,** auch **Sperberbaum, Schmeerbirne,** *Sorbus domestica* (ohne Abb.), ein bis 20 m hoher Baum mit rauher Rinde, unpaar gefiedertem Blatt mit 11–21 länglich-elliptischen, scharf gesägten Blättchen mit symmetrischem Grund. Blüten V–VI, in endständigen Doldentrauben; Frucht birnenförmig bis kugelig, 1–3 cm Durchmesser, grünlich bis bräunlich, sonnenseitig gerötet, säuerlich, genießbar. Kalkhold, in warmen Lagen vom Hügelland bis Mittelgebirge. Langsamwüchsig.

Mehlbeere

Sorbus aria. **Merkmale:** Baum bis 12 m Höhe oder ein Strauch, oft vielstämmig. Blatt breit-elliptisch bis eiförmig, fein gezähnt, unterseits dicht weißfilzig. Blüten V–VI, in Doldentrauben, weiß bis gelblich, Frucht orange bis scharlachrot. **Vorkommen:** Im Bergland, fast nur auf Kalk, wertvoller »Begrüner« trockener Hanglagen.

Von den zahlreichen Mehlbeeren und ihren Bastarden sei nur noch die Schwedische Mehlbeere oder Oxelbeere, *Sorbus intermedia,* angeführt. Bis 10 m hoher Baum. Blatt breit-eiförmig bis breit-elliptisch, deutlich gelappt, unterseits weißbis graufilzig, unter der Mitte zuweilen fiederspaltig. Frucht ellipsoid, reif orangerot. Bei uns vielfach angepflanzt.

Eingriffeliger Weißdorn

Crataegus monogyna. **Merkmale:** 3–6 m hoher, sommergrüner Strauch mit stark verzweigten Ästen und verdornenden Zweigen. Laubblätter verkehrt eiförmig, tief drei- bis fünfspaltig bis -teilig, am Rande ungleichmäßig gesägt. (Beim Zweigriffeligen Weißdorn sind die Blätter anders gestaltet, s. u.) Blüten V–VI, weiß, stark duftend, in reichblütigen Doldentrauben (Abb. o.). Auffallend sind die roten Staubbeutel. Scheinfrüchte eikugelig, von Kelchblättern gekrönt, außen weinrot (Abb. M.), innen gelblich, mehlig schmeckend. Die ganze Pflanze riecht deutlich nach bitteren Mandeln. **Vorkommen:** Verbreitet in Hecken, Zäunen, lichten Laubwäldern und Waldrändern. Häufig in Gärten als Vogelschutzhecke gepflanzt.

Schon seit alter Zeit sind die heilkräftigen Wirkungen des Weißdorns bekannt. Aufgrund der in ihm enthaltenen herzwirksamen Glykoside wird er erfolgreich zur Kräftigung von Herz und Kreislauf eingesetzt, ferner wird Bluthochdruck mit seinen Blütenextrakten behandelt. Auch ist er ein mildes Beruhigungsmittel. In der Volksheilkunde gilt der Weißdornblütentee als hustenreizlindernd und als ein Mittel gegen Epilepsie. Äußerlich wird er zu Umschlägen bei Blasen- und Nierenentzündungen verwendet.

Ein dem Eingriffeligen Weißdorn sehr ähnlicher Strauch ist der **Zweigriffelige Weißdorn,** *Crataegus oxyacantha* (ohne Abb.). Er unterscheidet sich aber durch die nur schwach gelappten Blätter, und er besitzt 2–3 Griffel (Name).

Heckenrose

Rosa canina. **Merkmale:** Bis 3 m hoch, mit bogig überhängenden Zweigen. Stacheln kräftig, hakenförmig. Blatt mit 5–7 eiförmig-elliptischen, einfach oder doppelt gesägten Blättchen; Blattstiel kahl oder bestachelt und drüsig. Blüten (Abb. u. l.) zu 1–3, rosa bis weiß, 4–5 cm breit, Kelchblätter lanzettlich mit lanzettlichen bis lineal-lanzettlichen Fiedern, die nach dem Blühen zurückgeschlagen werden und abfallen, bevor die 2–3 cm lange Hagebutte rot wird (Abb. u. r.). **Vorkommen:** Häufig an Weg- und Waldrändern, Hecken bildend. Lokkere Böden werden bevorzugt.

Die Früchte der Rose (Hagebutten) sind außerordentlich reich an Vitamin C. Daneben sind aber auch noch zahlreiche andere Vitamine enthalten. Am besten nutzt man die Vitamine, wenn man Marmelade bereitet. Trocknet man die Hagebutten, so gehen sie verloren. *Rosa canina* ist eine der Wildformen, aus denen die Gartenrosen gezüchtet wurden, die nur noch wenig Ähnlichkeit mit diesen haben. In den Blütenblättern von Rosen (z. B. *Rosa damascena*) sind Duftstoffe in Kristallform enthalten, aus denen man das Rosenwasser gewinnt, mit einem Destillationsverfahren, das bereits im Altertum bekannt war. Erst in späterer Zeit entdeckte man im Orient das eigentliche Rosenöl. Reines Rosenöl ist dickflüssig und riecht eher unangenehm. Damit sich sein Duft voll entfaltet, muß es stark verdünnt werden.

Schwarzdorn, Schlehe

Prunus spinosa. **Merkmale:** Recht verzweigter, sehr dorniger, bis etwa 4 m hoher Strauch mit dunkler Rinde. Triebe rotbraun, filzig bis fein behaart, Kurztriebe verdornt. Blätter spiralig stehend, länglich-elliptisch bis breit-lanzettlich, fein gesägt. Knospen fast kugelig, hellbraun, meist zu 3 über einer Blattnarbe, wovon die mittlere oft, die seitlichen immer Blütenknospen sind. Blüte IV–V, vor dem Laub, bis 1,5 cm breit, dicht stehend (Abb. o. r.). Frucht kugelig, ungefähr 1 cm stark, schwarzblau, lichtblau bereift, wie die Blüten an der Spitze verdornter Kurztriebe stehend (Abb. o. l.), die fast waagerecht vom Langtrieb abstehen und den Strauch so sperrig machen. Die weit streichenden Wurzeln treiben Schößlinge, so daß dichte Hecken entstehen. Wird etwa 40 Jahre alt. **Vorkommen:** Kalkzeiger, aber recht anspruchslos, auf Felsboden, an Wegrändern, Schutthalden usw. Am weitesten verbreitete *Prunus*-Art.

Die Blüten des Schwarzdorns sind glykosidhaltig, reich an Vitamin C und enthalten ferner Gerbstoffe und organische Säuren. Deshalb finden sie häufig medizinische Verwendung, z. B. als mildes Abführmittel. Aus den Schlehenfrüchten wird gerne Mus oder Saft zubereitet, die kräftigend und belebend wirken. Außerdem wird aus den Früchten Schlehenwein hergestellt.

Schwarzer Holunder

Sambucus nigra. **Merkmale:** Strauch, als Baum bis 6 (–12) m hoch. Das Mark junger Zweige ist weiß, Zweige grau bis licht graubraun, dicht mit großen Korkzellen besetzt. Borke tiefgefurcht, korkig. Blatt mit 3–7, meist 5 eiförmig-elliptischen bis eiförmig-lanzettlichen, zugespitzten, am Rand regelmäßig gesägten Blättchen. Knospe halbnackt, grün bis rötlich. Blüten VI–VIII, in 10–20 cm breiten Doldentrauben (Abb. M.), schwer duftend, gelblichweiß. Frucht reif glänzend schwarz (Abb. u.). **Vorkommen:** Am Waldrand ebenso wie an Ufern oder in Ortschaften, in lichten Wäldern gern als Unterholz, auch in Hecken. Von der Ebene bis 1000 m auf nährstoffreichen Böden, zumal wenn sie etwas feucht sind.

Der Schwarze Holunder spielt im Volks- und Aberglauben seit altersher eine hervorragende Rolle. So glaubten die Germanen, in dem »Holderbusch« wohne ein guter Hausgeist. Das hohe Ansehen, das der Holunder besonders bei der bäuerlichen Bevölkerung genoß, zeigt ein Sprichwort, in dem es heißt, vor diesem Strauch müsse man den Hut ziehen. Aber auch in der Medizin wird Holundertee gerne als schweißtreibendes Mittel angewendet. Schließlich machen sich Saft oder Mus gut in Mehrfruchtmarmeladen.

Der **Traubenholunder,** *Sambucus racemosa* (ohne Abb.), ist ein 2–3 m hoher Strauch. Die Blätter ähn eln denen der vorigen Art, sind jedoch kleiner. Das Mark junger Zweige ist gelbbraun. Blüten IV–V, grüngelb bis gelblich, in 4–6 cm langen Rispen. Aus den leuchtend roten, etwa 5 mm großen Früchten kann man Saft und Mus bereiten.

Sommerlinde

Tilia platyphylla. **Merkmale:** Bis 40 m hoher Baum mit zweizeilig angeordneten, herzförmigen, oft aber etwas unsymmetrischen Blättern, die auf ihrer Unterseite weichhaarig und in den Aderwinkeln dicht weiß behaart sind (»Milbenhäuschen«). Im Freistand mit tief angesetzter Krone (Abb. u.). Triebe dunkel rotbraun, flaumig bis lockerhaarig, kaum Schößlinge. Blüte VI; Zwitterblüten in gelblichen bis gelblichweißen, duftenden kleinen Trugdolden zu 2–5, oft zu 3 (Abb. o.). Stiel des Blütenstandes meist bis zur Hälfte mit einem Hochblatt (späteres Flugorgan) verwachsen. Frucht ein kugel- bis eiförmiges Nüßchen, deutlich fünfkantig, derb; das Tragblatt reicht oft bis zum Grund der unterseits behaarten Mittelrippe. **Vorkommen:** Auf tiefgründigen, frischen Böden; in Laubwäldern, aber auch häufig angepflanzt (die bekannten »Dorflinden«).

Die Blätter der Sommerlinde, die bis 1000 Jahre alt bei einem Stammumfang von 5,5 m werden kann, sind oft von Blattausscheidungen klebrig und glänzend (der sog. Himmelstau). Wegen der stark duftenden, nektarreichen Blüten wird die Sommerlinde von zahllosen Bienen besucht (Bienenweide). Die Lindenblüten werden gerne als Tee aufgegossen, da ihre Inhaltsstoffe schweißtreibende, beruhigende und krampflösende Wirkungen zeigen. Das weiche, weiße Lindenholz, das sich nicht spaltet, eignet sich hervorragend für Schnitzarbeiten. Darüber hinaus liefert es eine gute Zeichenkohle.

Winterlinde

(ohne Abb.)

Tilia cordata. **Merkmale:** Häufiger als die Sommerlinde ist jedoch diese Art. Sie wird bis 30 m hoch, ihre Zweige sind kahl und der Stammgrund oft mit Schößlingen besetzt. Blätter etwas mehr asymmetrisch als bei der Sommerlinde, unterseits in den Nervenwinkeln stark rostbraun behaart. Blütezeit VII, meist etwa 14 Tage später als bei voriger Art. Blütenstände zu 5–9 Blüten. Frucht rundlich, dünnschalig; Mittelrippe des Tragblatts unterseits kahl, letzteres reicht aber meist nicht bis zum Grund des Stieles herab. **Vorkommen:** Wie bei der Sommerlinde.

Unter den Winterlinden finden sich die meisten »tausendjährigen« Linden, die zwar meist nur auf einige hundert Jahre zurückblicken können, trotzdem aber nicht minder schön sind.

Das an sich leichte Unterscheiden von Sommer- und Winterlinde wird durch einen Bastard beider, die Holländische Linde (*Tilia europaea*) erschwert, weil er naturgemäß Merkmale beider Eltern in sich vereint. Vielfach noch schöner als seine Erzeuger angesehen, stellt er die meisten der in den letzten 40–50 Jahren angepflanzten Linden. Blätter leicht schief-herzförmig, unterseits in den Nervenwinkeln weißlich bis gelblich behaart. Blüte je nach Wetterlage VI–VII, jedoch stets vor der Winterlinde. Die Nüßchen sind rundlich, filzig-samtig behaart.

Wiesenellerling

Camarophyllus pratensis. **Merkmale:** Hut kreiselförmig, bis 10 cm breit, Mitte dick-, Rand aber dünnfleischig, orangegelb, in der Hutmitte leicht gebuckelt. Lamellen dick und wachsartig, am Stiel weit herablaufend, ähnlich dem Hut gefärbt. Stiel bis 10 cm lang, am Grund verschmälert, gegen den Hut immer breiter werdend, blasser als der Hut gefärbt. **Vorkommen:** Der Wiesenellerling erscheint verhältnismäßig spät im Jahr, nämlich erst in den Monaten IX–XI. Er geht kaum in das Innere der Wälder, sondern ist auf Wiesen und Weiden zu treffen, wie das sein Name besagt. Er steigt in der alpinen Zone über 2000 m. **Verwendung:** Ein wertvoller Speisepilz, der nur gering von Insektenlarven befallen wird.

Mairitterling

Calocybe gambosa. **Merkmale:** Hut ungefähr 10 cm breit, gelegentlich auch größer, anfangs gewölbt mit eingerolltem Rand, später ausgebreitet, oft unregelmäßig, weißlich bis gelblich, auch okkerfarbig. Lamellen weißlich, sehr dicht stehend, um den Stiel herum ausgebuchtet, manchmal mit einem Zähnchen am Stiel herablaufend. Stiel kräftig, unten manchmal keulig verbreitert, weiß bis gelblich, festfleischig, bis 8 cm lang. **Vorkommen:** IV–V, auf Wiesen, oft in Hexenringen. **Verwendung:** Ein geschätzter Speisepilz.

Feldschwindling

Marasmius oreades. **Merkmale:** Hut im Mittel 5 cm breit, je nach dem Feuchtigkeitsgehalt heller oder dunkler gelbbraun, mit einem schwachen Buckel. Lamellen entfernt stehend, weißlich, verhältnismäßig dick. Stiel bis 7 cm lang, unter 1 cm dick, wie der Hut, jedoch heller gefärbt, ganz fein filzig, ziemlich zäh. **Vorkommen:** Nicht im Walde, sondern, wie der Name sagt, auf Feldern. Damit sind keine Ackerfluren, sondern Rasenflächen auf Wiesen, Weiden und Wegrändern gemeint. Der Pilz bewohnt und ernährt sich dort von absterbenden Graswurzeln. Er ist standorttreu, kommt also alljährlich an den gleichen Plätzen wieder, in mehreren Schüben und erscheint immer nach Regen. **Verwendung:** Der Feldschwindling ist ein viel zu wenig beachteter Speisepilz, der sich besonders für Suppen eignet. Wenn auch der einzelne Pilz wenig fleischig ist, so wird das durch sein Vorkommen in Reihen oder Kreisen mit erstaunlich großer Stückzahl ausgeglichen.

Der Schwindling verdankt seinen Namen der Eigenschaft, bei trockenem Wetter sehr viel Wasser zu verdunsten, daher zu schrumpfen oder zu schwinden. Nach Regenfällen nimmt er wieder Wasser auf und lebt frisch auf. Er heißt auch Nelkenschwindling, doch ist der Nelkengeruch nur mit Phantasie festzustellen. Von Interesse als hochgeschätzter Gewürzpilz ist ferner der Küchenschwindling, auch Mousseron genannt, mit intensivem Knoblauchgeruch.

Wiesenchampignon

Agaricus campester. **Merkmale:** Wenn wochenlang heißes, trockenes Wetter das Pilzwachstum fast zum Erliegen gebracht hat, und es kommt dann zu ergiebigen Regenfällen, so ist es Zeit, nach dem Wiesenchampignon Ausschau zu halten. Ein Pilz mittlerer Größe, dessen Hutdurchmesser 10 cm kaum überschreitet. Erst halbkugelig, dann abgeflacht, weiß, manchmal auch mit feinen, bräunlichen Schuppen. Lamellen zuerst rosarot und dann immer dunkler werdend, zuletzt fast schwarz. Stiel im Mittel 7 cm lang und bis 2 cm dick, beringt. **Vorkommen:** Bei günstiger Witterung oft in Massen auf Wiesen, Weiden in Pferdekoppeln. **Verwendung:** Ein hochgeschätzter Speisepilz.

Es gibt in Mitteleuropa annähernd 50 verschiedene Champignons, teilweise schwer unterscheidbar, nur mit Spezialliteratur zu bestimmen. Keiner davon ist giftig, abgesehen von den wenigen Arten mit auffallend gelbem Fleisch in der Stielbasis. In Waldnähe besonders auf Verwechslung mit Knollenblätterpilzen (S. 20) achten!

Parasolpilz

Macrolepiota procera. **Merkmale:** Der Parasolpilz, auch Großer Schirmling genannt, verdient seinen Namen zu Recht; denn kaum ein anderer Blätterpilz erreicht eine Hutbreite wie er. Parasol bedeutet Sonnenschirm, und der Name trifft damit seine Gestalt recht anschaulich. Der Hut hat zuerst eine eirunde Form und gibt so dem noch nicht aufgeschirmten Pilz die Gestalt eines Paukenschlegels. Nachdem sich die Kappe ausgebreitet und verflacht hat, erreicht sie eine Breite bis zu 30 cm. Während die Hutmitte glatt und braun bleibt, lösen sich die randlichen Teile der Huthaut in grobe Schuppen auf. Zwischen ihnen erblickt man das helle Hutfleisch. Die breiten, weißen Lamellenblätter sind frei, d. h. nicht mit dem Stiel verbunden. Stiel unten keulig wie ein Trommelschlegel, bis 30 cm hoch, schlank, braun genattert. Besonders auffallend und ein wichtiges Merkmal ist ein doppelter Ring, der sich, behutsam angefaßt, am Stiel verschieben läßt. In seiner typischen Ausbildung kaum mit einem anderen Großschirmling zu verwechseln. Nur ganz junge Exemplare, kaum 5 cm hoch, haben ein so absonderliches Aussehen, daß ein Anfänger bestimmt nicht vermuten kann, daß sich daraus ein normaler Parasolpilz entwickeln wird. **Vorkommen:** Kaum im dichten Wald, sondern im Sommer und im Herbst auf Lichtungen, an Waldrändern und waldnahen Wiesen. **Verwendung:** Der Parasolpilz ist ein hochgepriesener Speisepilz, der sich wie seine Verwandten, besonders als Schnitzel zubereitet, empfiehlt. Die holzigen Stiele können allerdings nicht verwendet werden.

Es überrascht, wenn man kleinere »Parasolpilze« findet, die beim Durchschneiden intensiv safrangelb anlaufen. Diese Art heißt Safranschirmling. Sie wächst im Waldinnern, ist kleiner als der Parasol und wie der Große Schirmling verwendbar.

Ziegelroter Rißpilz

Inocybe patouillardii. **Merkmale:** Hut bis 8cm breit, spitzkegelig, dann aufschirmend, radialfaserig, oft mit eingerissenem Rand, anfangs weiß, ziegelrot verfärbend. Lamellen weißlich, dann gelblich bis olivfarben. Stiel bis 7cm lang, bis 1cm dick, erst weiß, später rötlich. **Vorkommen:** Erscheint schon früh, nämlich im V–VI, in individuenreichen Gruppen, auf Wiesen, an Waldrändern, im Gebüsch und in Parkanlagen.
Ein sehr giftiger Pilz, außerhalb der eigentlichen Pilzzeit auftretend. Junge Exemplare, die noch rein weiß sind, können leicht mit Champignons oder dem gleichzeitig auftretenden Mairitterling verwechselt werden. Ältere Exemplare sind durch die ziegelrote Verfärbung leicht kenntlich. Fliegenpilz und Ziegelroter Rißpilz sind in ihrem Aussehen zwar grundverschieden, aber beide enthalten den gleichen Giftstoff, nämlich Muskarin. Daß der Rißpilz noch weit gefährlicher als der Fliegenpilz ist, kommt daher, daß in der gleichen Gewichtsmenge beim Rißpilz zwangzigmal soviel Gift als beim Fliegenpilz enthalten ist.

Schopftintling

Coprinus comatus. **Merkmale:** Hut bis 12cm hoch, in geschlossenem Zustand bis 6cm breit, walzenförmig, mit elliptischem Umriß. Häufig kommen die Fruchtkörper überhaupt nicht zum Aufschirmen, sondern zerfließen noch bei geschlossenem Zustand des Hutes. Dieser ist weiß, in der Mitte mit bräunlichen Tönen, alternd vom Rand her rötend und dann schwärzend. Die Hutoberfläche wird bald schuppig-faserig, und auf dieser Beobachtung fußt der Name Schopftintling. Der reizende Anblick frischer, noch nicht zerfließender Hüte währt aber nur kurze Zeit. Dann sinkt der Pilz in sich zusammen. Der Schopftintling gehört nämlich zu einer Gattung, die unter den Blätterpilzen eine Sonderstellung einnimmt. Selbstverständlich werden die Sporen auch bei dieser Gattung von den Lamellen erzeugt, aber nicht in der üblichen Weise als Sporenstaub abgeworfen. Wenn die Sporen reif sind, lösen sich Hut und Lamellen auf und zerfließen in eine tintenartige Flüssigkeit, in der sich die Sporen befinden. Der Auflösungsprozeß verläuft sehr schnell, oft innerhalb weniger Stunden. Die Lamellen stehen ungewöhnlich dicht, berühren niemals den Stiel, sind anfangs weiß und verfärben sich vom Hutrand her zuerst rötlich, dann rasch schwarz und zerfließen dann. Stiel bis 15cm lang und bis 2cm dick, zum größten Teil vom geschlossenen Hut umhüllt, innen hohl, nicht zerfließend und mit einem beweglichen Ring. **Vorkommen:** Ein sehr häufiger Pilz, vom Frühjahr bis in den Herbst, auf Rasenflächen verschiedenster Art, besonders an gedüngten Orten, in Parkanlagen, aber auch auf Schuttplätzen, meist in Gruppen mit zahlreichen Exemplaren. **Verwendung:** Der Schopftintling ist ein ausgezeichneter Speisepilz. Es können nur junge Exemplare verwendet werden, bei denen die Lamellen noch nicht verfärbt, also völlig weiß sind.

Gewöhnliche Kuhschelle

Pulsatilla vulgaris. **Merkmale:** 5–10 (zur Fruchtzeit bis 40) cm; Blütezeit III–V. Die Kuh- oder Kü(h)chenschellen zählen zu unseren seltensten Frühblühern. Meist trifft man die nachfolgend beschriebene Art an, eine mehrjährige, vollkommen seidenhaarige Pflanze mit 55–80 mm langen, violetten Blüten. Die 6 Blütenhüllblätter sind nicht in Kelch und Krone differenziert, sondern gleichförmig als sogenanntes Perigon ausgebildet; die Staubblätter erreichen höchstens die halbe Länge der Perigonblätter. Bei den Blättern muß zwischen den 3 in schmale Abschnitte zerteilten Hochblättern, die eine Art Hülle bilden, und den Grundblättern unterschieden werden. Letztere erscheinen im allgemeinen erst nach der Blüte; sie sind zwei- bis dreifach gefiedert. Zur Fruchtzeit verlängert sich der Blütenstengel beträchtlich (s. o.), ebenso die Griffel, die zudem zottige Haare ausbilden. Beide Erscheinungen stehen in engem Zusammenhang mit der Verbreitung der Früchte (Nußfrüchte aus einem Fruchtblatt). **Vorkommen:** Sonnige Hänge, Wiesen, Heiden, trockene Wälder, steinige Magerrasen; auf Kalk!

Nach der Eiszeit wanderten die beiden Kuhschellenarten *P. vulgaris* und *P. grandis* aus dem Südwesten bzw. Südosten nach Mitteleuropa ein. Als beide Areale einander berührten, traten Hybridisierungen auf. So finden sich heute im österreichisch-bayerischen Donauraum zahlreiche Übergangsformen. Beide Arten sind charakteristische Vertreter der Steppenheideflora, deren Ausläufer noch im süddeutschen Raum (besonders Schwäbische Alb) in ausgeprägter Form anzutreffen sind. Die Gewöhnliche Kuhschelle wird von Bienen und Hummeln bestäubt. Die Verbreitung der Früchte erfolgt durch den Wind; gemäß den oben beschriebenen Einrichtungen kann man von »Haarfliegern« sprechen. Die Art gehört überdies zu den Tiefwurzlern und enthält Giftstoffe. Neben der weiß- oder gelbblühenden, im Gebirge vorkommenden Alpen-Kuhschelle *(P. alpina)* finden sich in Mitteleuropa 3 weitere Arten: die Wiesen-Kuhschelle *(P. pratensis)* mit nickenden Blüten und mehrfach gefiederten Grundblättern, ferner die Finger-Kuhschelle *(P. patens)* mit gefingerten Grundblättern und die Frühlings-Kuhschelle *(P. vernalis),* durch einfach-unpaarig gefiederte, wintergrüne Grundblätter gekennzeichnet.

Scharfer Hahnenfuß

Ranunculus acris. **Merkmale:** 30–100 cm; Blütezeit IV–X. Blüten leuchtend gelb, 10–25 mm. Stengel und Blattstiele höchstens angedrückt behaart. Grundblätter fünf- bis siebenteilig, langgestielt; Stengelblätter drei- bis fünfteilig, eingeschnitten gezähnt. **Vorkommen:** Bis in Höhen von 2400 m auf Wiesen, Weiden, an Wegrändern, in Gebüschen.

Der Scharfe Hahnenfuß bildet im Mai den charakteristischen Wiesenaspekt. In frischem Zustand ist die Pflanze giftig, als Heu jedoch für das Vieh unschädlich.

Großes Schöllkraut

Chelidonium majus. **Merkmale:** 30–70 cm; Blütezeit V–IX. Mehrjährige Pflanze mit etwa 20 mm großen, goldgelben Blüten, die zu 2–6 in endständigen Dolden stehen. 4 Kronblätter, verkehrt-eiförmig. Kelchblätter gelblich, behaart. Zahlreiche Staubblätter. Frucht langgestreckt (bis 5 cm), kahl; Samen schwarz mit weißem Anhängsel (Elaiosom). Blätter gefiedert mit ungleich doppelt gekerbt-gelappten Fiedern; unterseits blaugrün. Ganze Pflanze mit orangegelbem Milchsaft. **Vorkommen:** Unkrautfluren, Wege, Mauern, Zäune, Gebüsch, Waldränder, Hecken und verwilderte Parks; bis in Höhen von etwa 900 m auftretend.
Das Schöllkraut ist ein alter Kulturbegleiter und Siedlungszeiger. Interessant ist die Samenverbreitung durch Ameisen, denen das Elaiosom als Nahrung dient. Der giftige Milchsaft wurde früher gegen Hühneraugen und Warzen verwendet.

Klatschmohn

Papaver rhoeas. **Merkmale:** 20–80 cm; Blütezeit V–VIII. Eine der bekanntesten Pflanzen. Scharlachrote Blüten mit 2–4 cm langen Kronblättern (häufig mit schwarzem Fleck an der Basis). Das wichtigste Erkennungsmerkmal ist die Frucht; eine kugelig-eiförmige Kapsel (Streufrucht, aus mehreren Fruchtblättern verwachsen), die weniger als doppelt so lang wie breit und an der Basis abgerundet ist. 8–18 Narbenstrahlen. Blütenstiel, Blätter und Stengel meist abstehend-borstig behaart. Blätter stark geteilt mit schmalen, grob gesägten Abschnitten. **Vorkommen:** (Getreide-) Äcker, Ödland, Schuttplätze, Bahndämme; bis 1000 m.
Der Klatschmohn galt früher als bedeutsame Heilpflanze. Die Kronblätter wurden außerdem zur Herstellung roter Tinte verwendet. Die Pflanze gehört zu den sogenannten Pollenblumen, die keinen Nektar, jedoch Pollen im Überschuß produzieren. Die Verbreitung der Samen erfolgt durch den Wind nach einer Art »Streudosenprinzip«.

Große Brennessel

Urtica dioica. **Merkmale:** 30–125 cm; Blütezeit VI–X. Zweihäusige Pflanze (♂ und ♀ Blüten getrennt auf verschiedenen Pflanzen) mit Blütenrispen, die länger als die Blattstiele sind. Blätter grob gesägt, lang zugespitzt, alle Nebenblätter frei; aufrechter Stengel mit Brennhaaren und Borstenhaaren. **Vorkommen:** Als typische Ruderalpflanze kommt sie in Siedlungsnähe an Wegen, auf Schuttplätzen vor, jedoch auch in Wäldern. Da stickstoffhaltige, feuchte Böden bevorzugt werden, handelt es sich um eine charakteristische Zeigerpflanze, die übrigens noch in Höhenlagen von 2400 m anzutreffen ist.
Die Brennhaare dringen bei Berührung wie eine Einstechkanüle in die Haut ein und sondern eine Flüssigkeit ab, die mit brennendem Schmerz verbundene Entzündungen hervorruft.

Ackerbrombeere, Kratzbeere

Rubus caesius. **Merkmale:** Schößling stielrund, mit kleinen, ziemlich gleichartigen Stacheln; langkriechend bis Spreizklimmer, d.h. der Strauch schiebt Schößlinge über anderes Gesträuch und hilft so zur Dickichtbildung. Blatt drei-, selten fünfzählig, Endblättchen oft dreilappig, Seitenblättchen fast sitzend. Blüten V–IX, weiß oder rötlich, Blütenstand kurz doldentraubig, wenigblütig. Frucht aus wenigen, aber ziemlich großen Steinfrüchten bestehend (Abb.), blau bereift; Kelchblätter zur Fruchtzeit angedrückt, die »Brombeere« löst sich reif mit dem Blütenboden ab. **Vorkommen:** Eine recht veränderliche Art, die weit verbreitet und häufig ist. Es gibt sie an jedem Waldrand, Waldweg, in Steinbrüchen, Sandgruben, an Wegen und Äckern.

Gänsefingerkraut

Potentilla anserina. **Merkmale:** 10–50 cm; Blütezeit V–VIII. Mehrjährige Pflanze mit langen, rötlichen, oberirdischen Ausläufern und nichtblühenden Laubsprossen. Blüten einzeln, gelb. 18–25 mm, langgestielt; Blütenkronblätter doppelt so lang wie der Kelch. Blätter unterbrochen gefiedert mit 10–20 seidig behaarten, oberseits grünen, unterseits silberweißen Fiederblättchen. **Vorkommen:** Pionierrasen, Gänseanger, Schuttplätze, Wegränder, Straßengräben, Ufer; bis in Höhen von 900 m.
Das Gänsefingerkraut gilt als Nährstoff- und Feuchtezeiger. Die Art ist wärmeliebend und vermag relativ hohe Salzkonzentrationen zu ertragen. Früher wurde sie als Heilpflanze verwendet.

Gemeiner Frauenmantel

Alchemilla vulgaris. **Merkmale:** 10–50 cm; Blütezeit V–IX. Die kleinen, grünlichgelben Blüten stehen in endständigen, geknäuelten Rispen; da Blütenkronblätter fehlen, liegt nur eine einfache Blütenhülle vor; 4 Staubblätter. Blattspreite mit 7–13 ringsum gezähnten Abschnitten; Grundblätter nur bis zur Hälfte geteilt, rundlich, langgestielt. Pflanze zerstreut behaart. **Vorkommen:** Wiesen, Weiden, Quellfluren, Waldränder und Gebüschsäume; auch Felsschutt.
Beim Gemeinen Frauenmantel läßt sich sehr schön das Phänomen der Guttation beobachten: Nach feuchtwarmen Nächten hängen an den Blatträndern große Tropfen, die oft fälschlicherweise als Tautropfen angesehen werden. In Wirklichkeit wird dieses Wasser aktiv von sogenannten Wasserspalten (Hydathoden) ausgeschieden. Der Frauenmantel ist eine Heilpflanze und wirkt in erster Linie zusammenziehend. Er wird deshalb bei Frauenleiden wie Weißfluß, zu starker Periode und anderen Unterleibsbeschwerden verwendet, sowie bei Durchfall, Darmleiden und blutigem Stuhl. Äußerlich nimmt man ihn für Bäder bei schlecht heilenden Wunden und als Mundwasser bei Zahnfleischbluten.

Großer Wiesenknopf

Sanguisorba officinalis. **Merkmale:** 25–120 cm; Blütezeit VI–IX. Zwittrige Blüten in dichten, eiförmig-länglichen und dunkel blutroten Köpfchen; 4 Staubblätter mit gelben Staubbeuteln, 1 Griffel. An einem gabelästigen, gerillten, glänzenden Stengel sitzen die gefiederten Blätter, die unterseits blaugrün sind; die 7–13 Blattfiedern besitzen jederseits mehr als 12 Zähne. **Vorkommen:** Feuchte Wiesen, Moorwiesen, auch Wegränder; bis in Höhenlagen von 1200 m.

Der Große Wiesenknopf wurde früher als Heilpflanze verwendet. In ersten deutschen Ärztebüchern wird ihm eine milchtreibende Wirkung bei stillenden Müttern zugeschrieben. Ferner ist er insbesondere blütenökologisch eine interessante Erscheinung: Innerhalb der Gattung *Sanguisorba* zeigt sich der Übergang von Insektenbestäubung (wie bei der überwiegenden Zahl der Rosengewächse) zu sekundärer Windbestäubung. Die Zwitterblüte dieser Art mit 4 Staubblättern, warziger Narbe und Nektarien weist noch deutliche Anklänge an Insektenbestäubung auf. Windblütige Arten bilden keinen Nektar mehr aus und besitzen Narben mit großer Oberfläche (federig) sowie zahlreiche Staubblätter.

Gewöhnlicher Odermennig

Agrimonia eupatoria. **Merkmale:** 30–50 (100) cm; Blütezeit VI–IX. Mehrjährige Pflanze mit langgestreckter Blütentraube. Blüten gelb, Kronblätter eiförmig, kaum ausgerandet. Kelchbecher verkehrt-eiförmig, dicht abstehend behaart, mit 10 tiefen Furchen; äußere Kelchborsten aufrecht abstehend, die inneren zusammenneigend. Kelchblätter bald nach der Blüte nickend. Frucht etwa 6 mm lang, verkehrt-kegelförmig, behaart, oben mit hakigen Borsten (Klettverbreitung!). Blätter gefiedert, unterseits auf der ganzen Fläche kurz grauhaarig; Nebenblätter blattartig. Stengel mehr oder weniger rund, rauhaarig sowie oben kurzdrüsig. **Vorkommen:** Wiesen, Magerrasen, Heiden; Wegränder, Hecken, Gebüsche, Waldränder, auf Kalk- und Lehmböden. Bis über 1000 m.

Der Gewöhnliche Odermennig ist eine wärmeliebende Licht- bis Halbschattenpflanze. Die Bestäubung erfolgt im Regelfall durch Insekten, die den reichlich produzierten Pollen als Nahrungsquelle aufsuchen (Pollenblume!). In der Medizin spielt der Odermennig eine wichtige Rolle. So gilt er als eines der besten Wundkräuter (»Odermennig heilt das Fleisch noch im Topf zusammen.«). Seine Entdeckung wird bereits seit dem Altertum König Mithrades Eupator von Pontus (123–63 v. Chr.) zugeschrieben. Im 16. Jahrhundert wird besonders ein destilliertes Odermennigwasser gegen Nierengries sowie als Gurgel- und Wundmittel viel verwendet. Aus einem alten Kräuterbuch: »Odermenig ist gut den zerknirschten Gliedern, darauf gebunden. Odermenig heilt Schläg und zerschlagene Glieder, mit dem Saft darauf gestrichen. Von Odermenig getrunken, vertreibt alle Schmerzen in Leib.«

Echter Steinklee

Melilotus officinalis. **Merkmale:** 30–100 cm; Blütezeit V–IX. Blüten in 4–10 cm langen Trauben, gelb. Schiffchen (die beiden vorderen, miteinander verwachsenen Kronblätter) kürzer als die Fahne (oberes, vergrößertes Kronblatt) und Flügel (die beiden seitlichen Kronblätter). Blätter gesägt. Frucht eine Hülse, 3–5 mm lang, kahl, später braun. **Vorkommen:** Typische Ruderalpflanze, d. h. auf sonnigen Unkrautfluren, an Wegrändern, auf Schuttplätzen, Bahngelände; auch Ufer, Steinbrüche, Grasplätze; bis in Höhen von 1000 m.

Der Echte Steinklee ist ein Rohbodenpionier und charakteristischer Kulturbegleiter. Die Art besitzt eine vielfache praktische Bedeutung: als Futterpflanze und Bienenweide, aber auch als Zusatz für Kräuterkäse, als Heilpflanze sowie als Mottenkraut. Der charakteristische Duft (beim Welken) rührt von Cumarin her, einem glykosidischen Inhaltsstoff, der auch bei Waldmeister vorkommt. Ähnlich ist der Weiße Steinklee, *M. albus,* der an denselben Standorten vorkommt und etwa gleiche Verwendung findet.

Wiesenklee

Trifolium pratense. **Merkmale:** 10–40 cm; Blütezeit V–IX. Blütenköpfe meist zu zweit mit 2 Tragblättern, kugelig bis eiförmig; die hellpurpurnen Einzelblüten sind ungestielt und besitzen einen außen behaarten Kelch. Die länglich-eiförmigen Fiederblättchen sind meist gefleckt, die Nebenblätter scharf zugespitzt. **Vorkommen:** Fettwiesen, Felder, lichte Wälder, selbst Moorwiesen; bis in Höhenlagen von 2300 m.

Die bis in 2 m Tiefe wurzelnde Kulturpflanze bevorzugt wintermilde Klimate. Für eine optimale Entwicklung sind mehr als 500 mm Jahresniederschlag erforderlich. Hummeln bestäuben die Kleeblüten, Ameisen und pflanzenfressende Säugetiere verbreiten die Samen. Von hohem Ausmaß ist die wirtschaftliche Bedeutung des Wiesenklees als Nährstoffzeiger, Bodenverbesserer (Anreicherung von Luftstickstoff mittels Bakteriensymbiose) und hochwertige Futterpflanze.

Vogelwicke

Vicia cracca. **Merkmale:** 20–150 cm; Blütezeit VI–VIII. Blauviolette Blüten, zu 10–40 in dichten Trauben, 8–12 mm lang. Blätter mit 6–10 Paaren schmallinealer Seitenfiedern, Nebenblätter ganzrandig, pfeil- bis spießförmig. Stengel kantig, weitkriechende Bodenausläufer. **Vorkommen:** Raine, Wiesen, Getreideäcker, (Ufer-)Gebüsch; bis 1200 m.

Die Vogelwicke klettert mit Ranken, ist ein ausgesprochener Tiefwurzler und benötigt für eine optimale Entwicklung relativ viel Licht. Die Blüten werden von Bienen bestäubt; die Fruchtverbreitung erfolgt über Schleudermechanismen bzw. als Verdauungsverbreitung durch Pflanzenfresser. Diese Art ist ein alter Kulturbegleiter.

Wilde Möhre

Daucus carota. **Merkmale:** 50–80 cm; Blütezeit V–VIII. Die Dolden (3–7 cm) sind zur Blütezeit flach gewölbt, zur Fruchtreife neigen sich die Doldenstrahlen »vogelnestartig« zusammen. Häufig findet sich in der Mitte der Dolde eine schwarzpurpurne »Mohrenblüte« (Name!). Blüten weiß, die randständigen oft vergrößert. Hüllblätter 7–13, fiederspaltig; Hüllchenblätter linealisch. Blätter zwei- bis vierfach gefiedert, behaart. Wurzeln verdickt. **Vorkommen:** Wiesen, Äcker, Wegränder, Dämme, Steinbrüche; bis 1100 m.
Die wärmeliebende Pflanze wird seit langer Zeit als Gemüse- und Heilpflanze kultiviert. Eine bekannte Unterart ist die Gartenmöhre (Karotte).

Wiesenkerbel

Anthriscus silvestris. **Merkmale:** 60–150 cm; Blütezeit IV–VIII. Blüten weiß, in einer vier- bis fünfzehnstrahligen Dolde, Randblüte wenig vergrößert, Hülle fehlend, Hüllchen ein- bis fünfblättrig. Blätter doppelt bis dreifach gefiedert. Stengel hohl, gefurcht, unten behaart, oben kahl. Frucht 5–10 mm lang, länger als ihr Stiel, glatt, dunkelbraun. **Vorkommen:** (Fett-)Wiesen, Hecken, Gebüsche, Wegränder, gern im Schatten von Obstbäumen. Bis in Höhen von 2400 m.
Der Wiesenkerbel gehört zu den häufigsten Doldenblütlern in Mitteleuropa und wird vorwiegend von Fliegen und Käfern bestäubt.

Wiesenbärenklau

Heracleum sphondyleum. **Merkmale:** 30–180 cm; Blütezeit VI–X. Kräftige Pflanze mit kantigen, gefurchten, rauhaarigen Stengeln. Dolden groß, 5–15 cm, Dolden- und Döldchenstrahlen weichhaarig. Blüten weiß, Randblüten der Döldchen deutlich vergrößert. Daraus resultiert eine größere optische Wirkung, die für die Anlockung der Insekten bedeutsam ist. Hülle fehlend, Hüllchenblätter lanzettlich. Blätter groß, einfach gefiedert, mit eiförmig-lanzettlichen, gestielten Fiederblättchen. Blattscheiden stark aufgeblasen. Frucht flach, breit geflügelt, mit deutlichen Ölstriemen, 7–11 mm lang. **Vorkommen:** Wiesen, Gräben, Ufer, Gebüsche, Weg- und Waldränder; in mehreren Unterarten von der Ebene bis in mittlere Gebirgslagen.
Der Wiesenbärenklau benötigt für eine optimale Entwicklung humides Klima. Er wird von Fliegen und Bienen bestäubt und ist ein typischer Nährstoff- bzw. Überdüngungszeiger. Der Bärenklau kann als ein typischer Vertreter der Doldengewächse angesehen werden. Der nahezu bei allen Arten und Gattungen ähnliche Habitus macht die Familiendiagnose sehr leicht; umso schwerer fällt oft die exakte Bestimmung einer Art. Die große Zahl der Gewürz- und Heilpflanzen innerhalb der Familie ist auf den hohen Gehalt an ätherischen Ölen zurückzuführen (z. B. Kümmel, Anis, Dill, Fenchel, Petersilie, Möhre).

Zypressen-Wolfsmilch

Euphorbia cyparissias. **Merkmale:** 15–50 cm; Blütezeit IV–VII. Häufige Wolfsmilchart mit schmallinealen, ganzrandigen hell- bis bläulichgrünen Blättern. Nichtblühende Triebe tannenwedelartig. Hauptdolde vielstrahlig, Hochblätter der oberen Verzweigung nicht verwachsen, gelb und zuletzt rot. Honigdrüsen halbmondförmig, zweihörnig, wachsgelb. Fruchtkapsel feinwarzig. **Vorkommen:** Magerrasen, Schafweiden, trockene Abhänge, Felsen – bevorzugt auf Kalk; bis in Höhenlagen von über 2300 m.

Der weiße Milchsaft (Name!), der in verzweigten, ungegliederten Milchröhren gebildet wird, enthält Giftstoffe, die die Pflanze vermutlich gegen Tierfraß schützen sollen; dies gilt jedoch nur für Wirbeltiere, da sich z. B. die Raupe des Wolfsmilchschwärmers (S. 101) von der Pflanze ernährt.

Tüpfel-Johanniskraut

Hypericum perforatum. **Merkmale:** 30–100 cm; Blütezeit VI–VIII. Mehrjährige, aufrechte Pflanze mit dicht durchscheinend punktierten Blättern und markigem, kahlem Stengel, der 2 erhabene Längskanten trägt. Gegen die Spitze hin treten Drüsen auf. Die relativ großen, goldgelben Blüten stehen in reichblütigen Trugdolden. Die meist asymmetrischen Kronblätter weisen eine schwarze Punktierung auf. Kelchblätter ganzrandig, lanzettlich-zugespitzt, zur Blütezeit doppelt so lang wie der Fruchtknoten. **Vorkommen:** Trockenhänge, Magerrasen, Heiden, Weg- und Waldränder, Gebüschsäume, Waldlichtungen; Wiesen; bis in etwa 1000 m Höhe.

Die Standortsangaben deuten an, daß es sich bei dieser Art um eine Licht- bis Halbschattenpflanze sowie einen Magerkeitszeiger handelt. Zudem gilt das Tüpfel-Johanniskraut als eine Pionierpflanze. Die Blüten produzieren weit mehr Pollen als für die Bestäubung erforderlich wäre. Der überschüssige Blütenstaub dient den bestäubenden Insekten als Nahrung (Pollenblume). Daneben kommt auch Selbstbestäubung vor. Von Bedeutung ist ferner der Gehalt an ätherischen Ölen, die in Sekretbehälter (»Öldrüsen«) abgeschieden und dort gespeichert werden. Diese Sekretbehälter sind mit unbewaffnetem Auge als durchscheinende Punkte auf den Blattflächen zu erkennen. Wahrscheinlich aufgrund dieser Eigenschaft wurde das Tüpfel-Johanniskraut schon im Mittelalter als Zauber- und Heilpflanze verwendet. Bis heute nimmt es eine hervorragende Stellung in der Naturheilkunde ein. Als Wundkraut wirkt es schmerzstillend und zusammenziehend, als Nervenmittel krampflösend und beruhigend. Wegen seiner zusammenziehenden Eigenschaften hilft es bei Verdauungsstörungen und Durchfall. Johanniskraut ist auch ein gutes Frauenmittel, das bei Gebärmutterkrämpfen und Entzündungen verwendet wird. Des weiteren bringt Johannistee Hilfe bei Kopfschmerzen, Blutarmut, Magenkatarrh und Bettnässen. In unserem Gebiet kommen noch weitere Johanniskraut-Arten vor.

Gewöhnliches Stiefmütterchen

Viola tricolor. **Merkmale:** 10–25 cm; Blütezeit V–X. Im Gegensatz zu den echten Veilchen sind die seitlichen Blütenkronblätter bei dieser Artengruppe aufwärts gerichtet, ungleich groß und bunt. Blüten 15–25 mm, gelblich bis blaugelb, obere Kronblätter meist violett; jedoch häufig auch ganz gelbe Formen. Sporn höchstens halb so lang wie die Blütenkronblätter und nur wenig länger als die Kelchanhängsel. Kronblätter länger als die Kelchblätter. Griffel gekniet mit kopfiger Narbe. Blätter herzförmig bis lanzettlich, länger als breit. Nebenblätter sehr variabel, meist fiederspaltig mit verlängertem, gekerbtem Endzipfel. Stengel ästig, im allgemeinen kahl. **Vorkommen:** Äcker, Wiesen, Wegränder, Schuttplätze, Dünen. Im Gebirge bis in Höhen von etwa 1000 m anzutreffen.

Das Gewöhnliche Stiefmütterchen wird von Insekten, hauptsächlich von Bienen, bestäubt, Selbstbestäubung ist jedoch nicht selten. Die in 3 Klappen elastisch aufspringenden Kapselfrüchte haben als besonderen Mechanismus zur Samenverbreitung den einer sogenannten Quetsch-Schleuder entwickelt. Ameisen, die die Samen verschleppen, tragen ebenfalls zur Ausbreitung der Art bei. Wie viele andere Veilchenarten wurden auch die Stiefmütterchen früher als Heilpflanzen verwendet. Insbesondere wurde die abführende und brecherregende Wirkung entsprechender Extrakte ausgenützt. Das blühende Kraut enthält Saponine, ätherisches Öl, Salicylsäureverbindungen, Gerbstoffe und Farbstoffe. Es wird auch heute noch verwendet, äußerlich bei juckenden Hauterkrankungen wie Ekzemen, Krätze, Milchschorf sowie bei Skrofulose und Rachitis. Innerlich genommen wirkt Stiefmütterchen-Tee stoffwechselfördernd. Das Acker-Stiefmütterchen, *Viola arvensis,* unterscheidet sich von der oben beschriebenen Art durch kleinere Blüten (nicht größer als 15 mm), deren Blütenkronblätter so lang wie die Kelchblätter sind. Zur Gruppe der Stiefmütterchenartigen gehören ferner zwei intensiv gelb blühende Arten, das Zweiblütige und das Gelbe Veilchen, *Viola biflora* bzw. *V. lutea,* sowie das dunkelviolette Gesporne Veilchen, *V. calcarata,* die jedoch nur im Alpengebiet und in einigen Mittelgebirgen (dort sehr selten) auftreten.

Knoblauchsrauke

Alliaria petiolata. **Merkmale:** 25–100 cm; Blütezeit IV–VI. Aufrechte, kahle Pflanze, die zerrieben nach Knoblauch duftet (Name!), vor allem die rundlich-herzförmigen, gekerbt-gezähnten Blätter. Die endständige Blütentraube trägt weiße, 6 mm lange Blüten, die Kronblätter sind doppelt so lang wie die Kelchblätter. Als Frucht tritt eine vierkantige, 3,5–7 cm lange Schote auf. Stengel kantig. **Vorkommen:** Mauern, Hecken, Zäune, verwilderte Gärten und Parks, Waldränder, Unkrautfluren; bis 1000 m, in den Alpen fehlend.

Die Knoblauchsrauke wurde früher als Salatpflanze sowie medizinisch verwendet. Neben Insektenbestäubung tritt Selbstbestäubung auf.

Hirtentäschelkraut

Capsella bursa-pastoris. **Merkmale:** 10–50 cm, Blütezeit II–XI. Äußerst variable, meist einjährige Pflanze mit kleinen, weißen Blüten in endständiger Blütentraube. Blütenkronblätter ungeteilt, 2–3 mm lang, doppelt so lang wie der Kelch. Bei der charakteristischen dreieckig-verkehrt-herzförmigen Frucht handelt es sich um ein Schötchen, das 6–9 mm lang und vielsamig ist. Während die oberen Blätter meist nicht gefiedert, jedoch mit pfeilförmigem Grund stengelumfassend sind, erscheinen die Rosettenblätter normalerweise tief fiederteilig. **Vorkommen:** Typische Ruderalpflanze, d. h. Äcker, Gärten, Schuttplätze und Wegränder; in den Alpen bis über 2100 m.

Das Hirtentäschelkraut ist ein typischer Kulturbegleiter. Die Selbstbestäubung (neben Insektenbestäubung) und die große Samenproduktion deuten den Pionierpflanzencharakter an, der vor allem bei einjährigen Unkräutern immer wieder auftritt.

Ackersenf

Sinapis arvensis. **Merkmale:** 20–60 cm; Blütezeit V–IX. Einjährige Pflanze mit schwefelgelben Blüten (9–12 mm); Kelchblätter waagerecht abstehend. Die Frucht ist eine Schote (mehr als dreimal so lang wie breit) mit geradem, kegeligem Schnabel und meist kahl. Obere Stengelblätter sitzend, mehr oder weniger ungeteilt, die unteren gestielt, tief fiederteilig mit großem Endlappen. Stengel rauhhaarig. **Vorkommen:** Schuttplätze, Wege, Äcker, Brachstellen; bis 1000 m.

Der Ackersenf meidet saure Böden und ist daher eine Zeigerpflanze für basische Böden. Aus dem Ackerunkraut kann nur ein minderwertiger Senf hergestellt werden (oft für Mischungen!). Dagegen werden die ölhaltigen Samen des Weißen Senfs, *Sinapis alba,* zur Senfherstellung verwendet. Die Senföle wirken stark hautreizend.

Hederich

Raphanus raphanistrum. **Merkmale:** 20–60 cm; Blütezeit V–IX. Charakteristisch sind die langen (2 × 15–10 × 50 mm) und perlschnurartig eingeschnürten Schoten, die bei der Reife in einsamige Glieder zerfallen. Blütenkronblätter weiß, violett geadert; seltener hellgelb (sandige Standorte im nördlichen und östlichen Europa). Kelchblätter aufrecht (im Gegensatz zum Ackersenf!). Obere Stengelblätter ungeteilt, untere beiderseits mit 1–4 schmalen Fiederlappen und großer Endfieder. Ganze Pflanze rauhhaarig. **Vorkommen:** Unkrautgesellschaften in Getreideäckern, auf Schuttplätzen; Kulturland, Sandböden; bis 1300 m.

Der Hederich gehört seit der jüngeren Steinzeit zu den Kulturbegleitern – vor allem in Roggenfeldern. Zur unmittelbaren Verwandtschaft gehört der Garten-Rettich, *R. sativus,* der als Gemüsepflanze (Rettich, Radieschen) in zahlreichen Varietäten kultiviert wird.

Gemeines Heidekraut

Calluna vulgaris. **Merkmale:** 20–50 (100) cm; Blütezeit VII–X. Immergrüner Zwergstrauch mit hellvioletten Blüten in einseitswendigen, dichten Trauben (bis 15 cm lang); Blüten nickend, 4 mm. Kelch blütenblattartig, länger als die Krone; außerdem existiert ein grüner Außenkelch. 8 Staubblätter; die Staubbeutel tragen 2 lange Hörner und öffnen sich mit Poren zur Freigabe des Pollens. Blätter vierzeilig stehend, lineal-lanzettlich. **Vorkommen:** Heiden, Magerweiden; lichte, trockene Wälder (Kiefer, Eiche), Moore; Felsen. Insbesondere auf nährstoff- und basenarmen, sauren Böden; bis in Höhenlagen von über 2500 m vordringend. Das Heidekraut ist eine windharte, aber frostempfindliche Pionierpflanze, ein Bodenverschlechterer und typischer Lichtkeimer. Von außerordentlicher Bedeutung ist die Symbiose mit Pilzen (Mykorrhiza). Die praktische Verwendung gilt vor allem für die nordischen Völker (Brennmaterial, Besen, Bürsten, Streu, Abdeckung von Behausungen), jedoch auch für die Imkerei (reicher Ertrag an Heidehonig!).

Duftende Schlüsselblume

Primula veris. **Merkmale:** 10–30 cm; Blütezeit IV–V. Im Gegensatz zur Hohen Schlüsselblume ist hier der Blütenkronsaum vertieft und dottergelb; am Schlund befinden sich 5 orangerote Flecken (Saftmale zur Anlockung der Insekten). Die Blüten duften intensiv; der Kelch ist weit glockenförmig. Blätter 5–15 cm, länglich, in den geflügelten Stiel verschmälert, behaart, wie der Stengel samtigflaumig. **Vorkommen:** Wiesen, lichte Wälder, Waldränder, Gebüsch; bevorzugt Kalk-Magerrasen bis in Höhen von 1700 m.

Die licht- und wärmeliebende Duftende Schlüsselblume zeigt ebenfalls das Phänomen der Heterostylie (siehe Hohe Schlüsselblume, S. 31). Bei beiden Arten werden die Samen durch den Wind verbreitet, d. h. bei Luftbewegung aus den auf langen Schäften stehenden Schüttelkapseln verstreut. Die Wurzeln der Duftenden Schlüsselblume wurden früher zu Heilzwecken verwendet.

Taubenkropf-Leimkraut

Silene vulgaris. **Merkmale:** 10–60 cm; Blütezeit V–IX. Mehrjährige Pflanze mit weißen Blüten, die einen charakteristisch aufgeblasenen, bleichen, kahlen Kelch besitzen. Kronblätter tief zweiteilig. Die lanzettlich-eiförmigen, blaugrünen Blätter stehen an einem aufrechten bis aufsteigenden Stengel. **Vorkommen:** Magerrasen, Steinschuttfluren, Felsen; Gebüschsäume, Bahndämme, Wegränder; von der Ebene bis in mittlere Gebirgslagen.

Beim Taubenkropf-Leimkraut handelt es sich um einen relativ anspruchslosen Rohbodenpionier. Für die Bestäubung der Blüten sind insbesondere Nachtfalter, darüber hinaus aber auch Bienen verantwortlich. In früherer Zeit fand die Art auch als Heilpflanze Verwendung.

Wiesen-Labkraut

Galium mollugo. **Merkmale:** 25–80 (100) cm; Blütezeit V–IX. Eine der häufigsten Labkraut-Arten in unserem Gebiet. Mehrjährige, kräftige Pflanze mit aufsteigenden, vierkantigen Stengeln und flachen Blättern, die plötzlich in eine kurze Stachelspitze verschmälert sind. Die weißlichen Blüten haben keine deutliche Röhre, die Kronzipfel sind abgerundet und tragen eine aufgesetzte Grannenspitze. Blütenstiele etwas länger als die Blüte. Frucht runzelig. **Vorkommen:** Wiesen, Halbtrockenrasen, Wegränder, Hecken, Gebüsch, Waldränder; steinige Orte. Bis in Höhenlagen von 2100 m.

Wie bei vielen anderen Rötegewächsen kann auch beim Wiesen-Labkraut aus den Wurzeln ein Farbstoff (rot) isoliert werden, der als Naturfarbstoff Verwendung fand.

Acker-Witwenblume

Knautia arvensis. **Merkmale:** 30–120 cm; Blütezeit V–X. Mehrjährige Pflanze mit langgestielten, blauvioletten Blütenköpfen. Blütenkrone vierzipfelig, Randblüten deutlich vergrößert, strahlend. Hochblätter zweireihig, behaart, eiförmig bis lanzettlich. Stengelblätter, vor allem die mittleren, tief fiederspaltig, graugrün, matt; Grundblätter oft einfach. Stengel kurzhaarig bis borstig-zottig. **Vorkommen:** (Trocken-)Wiesen, Äcker, Raine, Weg- und Waldränder; bis 1500 m.

Die Acker-Witwenblume gehört zu den Tiefwurzlern. Die Bestäubung erfolgt durch Bienen und Falter (Widderchen). Die Samen tragen ein nährstoffreiches Anhängsel (Elaiosom), das den Ameisen als Nahrung dient. Diese sorgen damit für eine wirksame Fruchtverbreitung. Häufig werden die Witwenblumen wie die Skabiosen irrtümlicherweise als Korbblütler angesehen. Deutlichstes Erkennungsmerkmal sind jedoch die hier nicht verwachsenen Staubblätter.

Acker-Winde

Convolvulus arvensis. **Merkmale:** 30–60 cm; Blütezeit V–X. Mehrjährige, windende Pflanze mit zum Teil niederliegendem Stengel und spieß-pfeilförmigen, fast kahlen Blättern. Die einzelnen, langgestielten, blattachselständigen Blüten zeigen eine rosarote bis weiße Färbung; meist treten 5 purpurne Streifen deutlicher hervor. Blüten 15–25 mm lang und bis 30 mm im Durchmesser; Narbe zweiteilig, Fruchtknoten und -kapsel zweifächerig. Kelch ohne Vorblätter. **Vorkommen:** Äkker, Gärten, Weinberge, Schuttplätze, Wegränder, Zäune; bis in Höhenlagen von 1200 m vordringend.

Die Acker-Winde gilt als Pionierpflanze in Ackerunkrautgesellschaften. Aufgrund ihres relativ großen Wärmebedürfnisses kann sie als Wärmezeiger betrachtet werden. Aus ihrer Eigenschaft als Kulturbegleiter läßt sich die heute nahezu weltweite Verbreitung erklären. Die Bestäubung erfolgt durch Fliegen und Bienen.

Schwarze Königskerze

Verbascum nigrum. **Merkmale:** 50–120 cm ; Blütezeit VI–VIII (IX). In einer drüsenlosen Blütentraube sitzen die gelben Blüten in ein- bis zehnblütigen Knäueln in den Achseln der Hochblätter. Die fünfzählige Blütenkrone hat einen Durchmesser von 12–25 mm und ist außen dicht behaart. An der Basis weist die meist hellgelbe Blütenkrone rote Flecken auf; ein weiteres sehr wichtiges Bestimmungsmerkmal sind die 5 violetten, wollig behaarten Staubblätter. Der aufrechte, oben scharfkantige Stengel trägt länglich-eiförmige, oberseits kahle und unterseits graufilzige Blätter, die grundständigen sind im allgemeinen langgestielt, ungleich gekerbt, ihre Spreite hat einen herzförmigen Grund. **Vorkommen:** Unkrautfluren, Schuttplätze, Wege, Waldschläge und Ufer; auf nährstoffreichen, aber kalkarmen Böden. Im Gebirge bis in Höhen von 1400 m aufsteigend.
Die Schwarze Königskerze ist eine charakteristische Lichtpflanze; ihre Bestäubung erfolgt durch Insekten, auch Selbstbestäubung tritt auf. Eine nah verwandte Art ist die Großblütige Königskerze, *Verbascum thapsiforme,* eine zweijährige Pflanze, deren wollig-filziger Stengel bis 1,50 m hoch werden kann. Die unteren Blätter sind breitelliptisch und gestielt, die oberen herzförmig und am Stengel herablaufend. Die Große Königskerze gilt als Heilpflanze.

Gamander-Ehrenpreis

Veronica chamaedrys. **Merkmale:** 10–30 cm; Blütezeit IV–VIII. Typisches Erkennungsmerkmal ist der zweizeilig behaarte Stengel. Die Blätter sind höchstens kurz gestielt und gekerbt; die himmelblauen Blüten stehen in wenigblütigen, blattachselständigen Trauben. Die Blüte zeigt mit 4 Kelchblättern und nur noch 2 Staubgefäßen eine starke Abwandlung des ursprünglich fünfzähligen Blütentyps, wie er etwa noch bei der Königskerze auftritt. Fruchtkapsel dreieckig und kürzer als der Kelch. **Vorkommen:** Säume von Hecken und Gebüschen, Wiesen, Wegraine, Waldränder und lichte Trockenwälder; bis in Höhen von 2200 m.
Der Gamander-Ehrenpreis ist eine Licht- bis Halbschattenpflanze, doch werden nur im Licht, nicht aber an schattigen Standorten Blüten ausgebildet. Für die Bestäubung sorgen vor allem Bienen und Fliegen; Ameisen verbreiten die Samen. Der Ehrenpreis gehört zu den in unserem Gebiet artenreichsten Gattungen der Rachenblütler. Von besonderer Bedeutung für die Bestimmung der Arten ist u. a. die Stellung der Blüten (ferner auch Gestalt der Fruchtkapseln, Länge der Fruchtstiele, Behaarung und Blattform). Bezüglich der Blütenstellung können die Arten in 3 Gruppen eingeteilt werden: Entweder stehen die Blüten in seitlichen Ähren oder Trauben (d. h. der Stengel trägt an der Spitze nur Laubblätter), oder aber die Blüten stehen in endständigen Trauben oder Ähren. Im dritten Fall handelt es sich um einzeln in den Blattachseln stehende Blüten. Der Gamander-Ehrenpreis gehört in die erste Gruppe.

Gemeines Leinkraut

Linaria vulgaris. **Merkmale:** 20–80 cm; Blütezeit VI–IX. Charakteristische, auffallende Pflanze mit schwefelgelben Blüten in reichblütigem, verlängertem Blütenstand. Die Schlundhöcker sind auffallend orange gefärbt und dienen als sogenannte Saftmale den Insekten zur Auffindung des Nektars. Sporn ziemlich gerade; Blüten ohne Sporn 16–22 mm lang, mit Sporn 22–30 mm. Blätter wechselständig, dichtstehend, linealisch bis lanzettlich, blaugrünlich. Die breitgeflügelten Samen werden in Kapselfrüchten gebildet, die mehr als doppelt so lang wie der Kelch sind. **Vorkommen:** Sonnige, offene Unkrautfluren; Straßengräben, Wege, Bahngelände, Schuttplätze, Steinbrüche, Äcker und Kahlschläge. In den Alpen bis in Höhen von etwa 1100 m.

Das Gemeine Leinkraut weist außer der geschlechtlichen Vermehrung eine besondere Form der vegetativen Vermehrung auf: Der bis in etwa 1 m Tiefe wurzelnde Rohbodenpionier bildet durch Wurzelsprossung zahlreiche neue Triebe aus. Dadurch entsteht ein dichtes unterirdisches Geflecht, das zudem der Bodenfestigung dient. Die wärmeliebende Lichtpflanze wird durch Insekten bestäubt; auch Selbstbestäubung tritt auf. Die geflügelten Samen deuten die Windverbreitung bereits an, doch tragen auch Ameisen zur Ausbreitung der Art bei. Die Gattung *Linaria* stellt innerhalb der Familie der Rachenblütler eine deutlich abgeleitete systematische Gruppierung dar. Dafür sprechen die monosymmetrischen, gespornten Blüten mit nur noch 4 Staubblättern. Die ursprünglichere Gattung *Verbascum* (Königskerze) besitzt dagegen noch radiärsymmetrische Blüten mit 5 Staubblättern. Auch die Gattungen *Antirrhinum* (Löwenmaul), *Cymbalaria* (Zymbelkraut), *Scrophularia* (Braunwurz) und *Gratiola* (Gnadenkraut) haben monosymmetrische Blüten; parallel dazu erfolgt die Reduzierung der Staubblattzahl, z. B. finden sich bei der Gattung *Veronica* (Ehrenpreis) nur noch 2 Staubblätter. Von der Gattung *Linaria* hat in Mitteleuropa das Alpen-Leinkraut, *Linaria alpina,* noch größere Bedeutung.

Wiesen-Augentrost

Euphrasia rostkoviana. **Merkmale:** 5–25 cm; Blütezeit VI–X. Blüten 10–15 mm lang, weiß mit mehr oder weniger violetter Oberlippe und gelbem Unterlippenfleck. 4 Staubblätter, Kelch vierzähnig. Blätter ungestielt, eiförmig-länglich, wie der gesamte Blütenstand dicht drüsenhaarig. Stengel unterhalb der Mitte verzweigt. **Vorkommen:** Magerrasen, Berg-, Heide- und Moorwiesen, Schafweiden; bis 2300 m.

Der Wiesen-Augentrost gehört zu den Halbschmarotzern, die zwar noch selbst durch Photosynthese Energie zum Aufbau organischer Stoffe gewinnen, jedoch die Wurzeln anderer Pflanzen anzapfen, um in den Besitz von Wasser und Nährsalzen zu gelangen. Die Heilwirkung der Pflanze wird auch heute noch bei Augenleiden genutzt.

Spitzwegerich

Plantago lanceolata. **Merkmale:** 10–60 cm; Blütezeit IV–X. Lanzettliche Blätter mit 3–7 deutlichen Parallelnerven, in grundständiger Rosette, an der Basis in den Stiel verschmälert. Blütenähre länglich-eiförmig, Blütenkrone bräunlich, Staubblätter weiß. Früchte mit 2 verschleimenden Samen (Klebverbreitung!). **Vorkommen:** Wiesen, Heiden, Parkrasen, Raine, Wegränder; bis 1900 m.

Breitwegerich

Plantago major. **Merkmale:** 10–40 cm; Blütezeit VI–X. Deutlich gestielte Blätter mit schwach herzförmigem Grund, drei- bis siebennervig. Blütenstand eine lineal-walzliche Ähre, Staubfäden weißlich. Kapselfrucht mit 6–10 Samen. **Vorkommen:** Wegränder, frische bis feuchte Äcker und Weiden. Kommt in Höhen bis über 2000 m vor.

Kriechender Günsel

Ajuga reptans. **Merkmale:** 15–30 cm; Blütezeit IV–VIII. Pflanze mit oberirdischen Ausläufern. Blüten blau, selten rötlich oder weiß, in dichten, zylindrischen Blütenständen. Blütenkronröhre innen mit Haarring. Oberlippe nahezu fehlend, höchstens kurz zweilappig; Unterlippe groß, dreilappig. Blätter ungeteilt, eiförmig-länglich, ganzrandig oder schwach gezähnt; Grundblätter rosettig, langgestielt. **Vorkommen:** Wiesen, Raine, Gebüsche, Wälder; bis in Höhen von etwa 1700 m.
Der Kriechende Günsel ist eine Licht- bis Halbschattenpflanze und gilt als Nährstoffzeiger. Neben der Bestäubung durch Insekten kommt Selbstbestäubung (Autogamie) vor. Die Verbreitung der Art wird durch Ameisen und durch die kriechenden Ausläufer gefördert. Die anderen bei uns vorkommenden Günsel-Arten besitzen keine Ausläufer, doch kommen gelegentlich Bastarde vor, die eine Bestimmung wieder erschweren.

Gundermann

Glechoma hederacea. **Merkmale:** 15–60 cm; Blütezeit III–VI. Mehrjährige Pflanze mit niederliegenden, an den Knoten wurzelnden Stengeln. Die blauvioletten, gestielten Blüten stehen zu 2–3 in Halbquirlen. Staubblätter und Griffel länger als die Blütenkronröhre, Kelch regelmäßig fünfzähnig. Tragblätter dunkelpurpurn. Blätter rundlich-nierenförmig, gekerbt, oberseits glänzend, unterseits mattgrün bis rötlich. **Vorkommen:** Wiesen, Hecken, Wegränder, Mauern, Auwälder; gern am Fuß von Bäumen. Bis in Höhen von 1400 m vorkommend.
Der Gundermann ist eine Halbschatten- bis Lichtpflanze, die in der Regel von Insekten bestäubt wird. Die Verbreitung der Früchte erfolgt durch Klebverbreitung oder über Ameisen. Die Art zählt zu den alten Heilpflanzen; sie fand als Husten- und sogar als Wurmmittel Verwendung.

Kleine Braunelle

Prunella vulgaris. **Merkmale:** 5–30 cm; Blütezeit VI–IX. Mehrjährige Pflanze mit blauvioletten, 7–15 mm langen Blüten und purpurnen Tragblättern. Kelch ungleich zweilippig, Blütenröhre gerade. Blätter länglich-eiförmig, schwach behaart, gestielt. Aufrechte oder aufsteigende, schwach behaarte Stengel. Die Pflanze besitzt kurze, kriechende Ausläufer. **Vorkommen:** Grasplätze, z. B. Parkrasen, Schaf- und Fettweiden, Waldwege, auch Ufer. In den Alpen bis 2200 m.

Gefleckte Taubnessel

Lamium maculatum. **Merkmale:** 20 –80 cm; Blütezeit IV–XI. Eine mehrjährige Pflanze mit 20–30 mm langen, purpurnen Blüten; diese besitzen eine dunkelgefleckte Unterlippe und eine gekrümmte Kronröhre mit geradem, purpurnem Haarring. Die Blätter sind sehr lang gestielt (4 cm). **Vorkommen:** Straßengräben, Unkrautsäume, Waldränder, Hecken; bis in Höhenlagen von 2000 m.
Die Gefleckte Taubnessel ist eine Halbschattenpflanze. Die Fruchtverbreitung erfolgt wie bei den anderen Taubnesseln durch Ameisen.

Weiße Taubnessel

Lamium album. **Merkmale:** 20–60 cm; Blütezeit IV–X. Eine der bekanntesten heimischen Pflanzen, mehrjährig, mit großen (20–25 mm), weißen Blüten. Kronröhre innen mit schrägem Haarring, länger als der Kelch, gekrümmt; Oberlippe mit langen Haaren. Blätter lang zugespitzt, scharf gesägt, gestielt. Die Pflanze bildet unterirdische Ausläufer. **Vorkommen:** Wegränder, Zäune, Mauern, Gräben, Hecken, Viehläger, Schuttplätze, also eine charakteristische Ruderalpflanze. In den Alpen bis in Höhenlagen von 1800 m.
Aufgrund der unterirdischen Ausläufer zählt die Weiße (wie die Gefleckte) Taubnessel zu den Kriechpionieren. Wie die Rote Taubnessel ist sie Stickstoffzeiger und Lichtpflanze.

Rote Taubnessel

Lamium purpureum. **Merkmale:** 10–30 cm; Blütezeit III–XI. Tragblätter eiförmig-dreieckig, ungleich gekerbt, gestielt, wie die Laubblätter oft rot überlaufen. Blütenstand pyramidenförmig mit dichten Scheinquirlen, Blüten purpurn, 10–15 mm, doppelt so lang wie der Kelch, Kronröhre innen mit querlaufendem Haarkranz. Ganze Pflanze mit unangenehmem Geruch! **Vorkommen:** Unkrautgesellschaften in Äckern, Gärten, Weinbergen, auf Schuttplätzen und an Wegen. Ausgesprochene Ruderalpflanze. Bis in Höhen von 1800 m.
Die Rote Taubnessel ist seit der Bronzezeit ein Kulturbegleiter; sie gilt als charakteristischer Stickstoffzeiger, ist eine ausgesprochene Lichtpflanze und einer der wenigen Winterblüher unserer heimischen Flora.

Wiesensalbei

Salvia pratensis. **Merkmale:** 30–60 (80) cm; Blütezeit IV–VIII. Mehrjährige Pflanze mit blauvioletten, selten rosafarbenen oder weißen Blüten; diese sind 20–25 mm lang, etwa dreimal so lang wie der etwas unregelmäßig gezähnte Kelch. Blütenstand drüsig behaart. Tragblätter grün, zurückgebogen, kürzer als der Kelch. Die unregelmäßig gekerbten und etwas runzeligen Blätter stehen vorwiegend in grundständiger Rosette; die unteren sind gestielt, die oberen sitzend. **Vorkommen:** Sonnig-trockene Biotope wie Wegränder, Raine, Böschungen, Grasplätze, Halbtrockenrasen, vor allem auf Kalkmagerrasen; bis 1600 m.
Der Wiesensalbei – eine wärmeliebende Lichtpflanze, die über 1 m tief wurzelt – gehört zu den bekanntesten Wiesenpflanzen. Neben der Klebverbreitung der Früchte ist vor allem die Bestäubung interessant, der berühmte Schlagbaum-Mechanismus: Die zuerst ♂ Blüten besitzen nur 2 Staubblätter, die zu einem wirkungsvollen Hebelapparat umgestaltet sind. Am vorderen, längeren Hebelarm befindet sich jeweils nur eine fruchtbare Staubblatthälfte; der kürzere, hintere Arm ist verbreitert und bildet mit dem entsprechenden Abschnitt des anderen Staubblattes eine Platte. Die bestäubenden Hummeln müssen gegen diese Platte drücken, um zum Nektar zu gelangen. Durch die Hebelwirkung werden die längeren Enden hinabgebogen und streifen den Pollen auf dem Rücken des Tieres ab. Von dort gelangt der Pollen auf die ebenfalls weit herausragenden Narben der älteren (dann ♀) Blüten. Die Fremdbestäubung ist gesichert!

Arznei-Thymian

Thymus pulegioides. **Merkmale:** 5–15 cm; Blütezeit VI–X. Wichtigstes Erkennungs- und Unterscheidungsmerkmal ist der scharf vierkantige Stengel, der vierzeilig (an den Kanten) behaart ist. Die rotvioletten Blüten stehen in relativ locker angeordneten Quirlen. Mindestens die oberen Kelchzähne sind lang gewimpert. Blätter kahl, höchstens oberseits behaart, von unten nach oben kaum an Größe zunehmend. Stengel aufrecht. Pflanze ohne Ausläufer; aromatisch riechend. **Vorkommen:** Magerwiesen, Heiden, Wald- und Wegränder, Böschungen, Ameisenhaufen, Kiesgruben, Felsen; Dünen. Bis 2300 m.
Die wärmeliebende Lichtpflanze ist ein bis 1 m tief wurzelnder Kriechpionier und Magerkeitszeiger. Der spezielle Biotop »Ameisenhaufen« ist auf die Fruchtverbreitung durch diese Tiere zurückzuführen. Die praktische Verwendung der Art erstreckt sich von der Imkerei (Bienenweide-Bestäubung!) bis zur Heilwirkung, die von ätherischen Ölen, vor allem vom Thymol ausgeht. Die Anwendung als Hustenmittel ist allgemein bekannt. Thymian wirkt jedoch auch beruhigend und krampfstillend. Er wird deshalb als Tee auch bei Koliken, Blähungen und Krämpfen eingesetzt. Von größerer praktischer Bedeutung ist aber der in Südeuropa heimische Echte Thymian, *T. vulgaris.*

Rundblättrige Glockenblume

Campanula rotundifolia. **Merkmale:** 10–50 cm; Blütezeit VI–IX. Mehrjährige, lockerrasige Pflanze mit reichblütigen, lockeren Blütenrispen. Blütenknospen aufrecht, erst kurz vor der Blüte nickend, gestielt. Blüten 10–20 mm lang, hellblau; die Kronblätter sind bis etwa zu einem Drittel in eiförmige Zipfel gespalten. Kelchzipfel pfriemlich, Kelchbuchten ohne Anhängsel. Stengelblätter schmallinealisch, meist kahl. Wichtig für eine genaue Bestimmung sind die rundlichen, herz-nierenförmigen Grundblätter, die jedoch zur Blütezeit meist bereits verwelkt sind. Stengel am Grund feinflaumig behaart. **Vorkommen:** Magerrasen, Heiden, Grasplätze, Wiesen, Wegränder, trockene Wälder, Felsspalten, Dünen; noch in Höhenlagen von 2500 m vorkommend.

Die Rundblättrige Glockenblume dringt mit ihren Wurzeln bis in 1,20 m Tiefe vor; sie gehört zu den Wurzelkriechern. Aus den Standortsangaben wird ersichtlich, daß es sich zudem um einen Magerkeitszeiger und eine Lichtpflanze handelt. Die Bestäubung wird im wesentlichen von Bienen vorgenommen. Dabei kommt ein für Glockenblumen typischer Mechanismus zur Wirkung, der normalerweise eine Selbstbestäubung verhindert – die sogenannte Protandrie oder Vormännlichkeit: Zunächst reifen die Staubblätter heran, die nektarsuchenden Insekten beladen sich mit reifem Pollen und übertragen ihn auf Blüten, die sich schon im fortgeschrittenen, ♀ Stadium befinden. Das unterschiedliche zeitliche Heranreifen von ♂ und ♀ Blütenorganen garantiert in Verbindung mit der gezielten Pollenübertragung durch Insekten eine Fremdbestäubung, und damit eine Neukombination des Erbgutes der Pflanzen. Daraus resultierten in der Regel ein höherer Fruchtansatz und eine bessere Anpassung an die gegebenen (oder an veränderte) Umweltbedingungen. Die bei den Blütenpflanzen weniger häufig auftretende Protogynie (Vorweiblichkeit) hat den gleichen Effekt (z. B. bei der Gattung Wegerich, *Plantago*).

Gänseblümchen

Bellis perennis. **Merkmale:** 3–20 cm; Blütezeit II–XI. Mehrjährige Rosettenpflanze mit einzelnen Blütenköpfen auf unbeblätterten Stengeln. Zungenblüten weiß, bisweilen rötlich, Röhrenblüten gelb. Hüllblätter stumpf-lanzettlich. Frucht ohne Haarkelch. Die Rosettenblätter sind spatelförmig bis verkehrt-eiförmig, in den breiten, kurzen Stiel verschmälert. **Vorkommen:** Weiden, Wiesen, Parkrasen, Wegränder; bis 1860 m.

Das Gänseblümchen ist eine wärmeliebende und daher relativ frostempfindliche Lichtpflanze. Für die Bestäubung sind Insekten verantwortlich; die Früchte werden durch den Wind aus den Köpfchen geschüttelt. Man bezeichnet diesen Typ der Windverbreitung (Anemochorie) als »Windstreuer«. Die Pflanze wird in der Volksheilkunde von alters her (schon bei den Germanen!) verwendet. Heute wird sie vor allem als Blutreinigungsmittel bei Frühjahrskuren empfohlen.

Wiesen-Schafgarbe

Achillea millefolium. **Merkmale:** 15–80 cm; Blütezeit V–X. Mehrjährige, kräftige Pflanze, deren Blütenköpfe in dichten Doldenrispen stehen. Röhren- und Zungenblüten weiß, oft rosa oder rötlich. Hüllblätter mit bräunlichschwarzem Rand, länglich. Blätter wechselständig, regelmäßig doppelt fiederteilig mit kurzen linealischen, spitzen Zipfeln. Stengel aufrecht, beblättert, anfangs wollig behaart. **Vorkommen:** Wiesen, Weiden, Grasplätze, Halbtrockenrasen, Acker- und Wegränder, Kulturland. In den Alpen bis etwa 1900 m.
Die Wiesen-Schafgarbe zählt als Wurzelkriecher zu den Pionierpflanzen. Als Bodenbefestiger, Nährstoffzeiger und Futterpflanze kommt der Art eine gewisse Bedeutung zu. Vor allem findet sie als Heilpflanze (Tee) Verwendung. So wird sie gerne bei Erkrankungen des Magen und Darmes, aber auch bei Menstruationsstörungen sowie bei Nieren- und Blasenleiden verwendet. Ihre Bedeutung als Heilpflanze kann man bereits dem Namen entnehmen. Griech. »Achilleus« bedeutet nämlich »Schmerzvertreiber«. Bei den Germanen und Slawen galt die Schafgarbe auch als Zauberpflanze, die ganz allgemein vor bösen Krankheiten schützen sollte. In Frankreich legte man sie kleinen Kindern auf die Augen, um ihnen einen friedlichen Schlaf und schöne Träume zu sichern.

Echte Kamille

Matricaria chamomilla. **Merkmale:** Einjährige Pflanze mit aufrechtem, 10–55 cm hohem, ästigem, kahlem Stengel und zwei- bis dreifach fiederteiligen Laubblättern mit schmal-linealen Abschnitten. Blütezeit V–IX. Blütenköpfe einzeln, 15–24 mm breit, mit fünfzähnigen, goldgelben Scheibenblüten und durchschnittlich 15 weißen Zungenblüten. Letztere länger als die Hülle und im vollerblühten Zustand zurückgeschlagen. Der Blütenboden ist kegelförmig und hohl (wichtiges Unterscheidungsmerkmal gegenüger der Geruchlosen Kamille, *Tripleurospermum inodorum*)! Die ganze Pflanze hat einen charakteristisch aromatischen Duft und ähnlichen, leicht bitteren Geschmack. **Vorkommen:** Auf Äckern (Getreideunkraut), Ödland, Weinbergen. Durch Unkrautvernichtungsmittel vielerorts fast ausgerottet.
Die jungen Blüten und Blütenknospen der Kamille enthalten ein ätherisches Öl sowie Bitterstoffe und Cumarin. Aus den Blüten wird ein Extrakt gewonnen, der das berühmte Azulen enthält, das ganz allgemein entzündungshemmend wirkt. Sein Gehalt in der Pflanze kann je nach Standort sehr wechseln. Manchmal wird die Echte Kamille auch mit der Hundskamille, *Anthemis,* verwechselt.
Nah verwandt ist die **Strahlenlose Kamille,** *Matricaria matricarioides* (ohne Abb.). Bezeichnend sind die grünlich-gelben, kegelförmigen Blütenköpfe, die keine Zungenblüten aufweisen. Blätter doppelt bis dreifach gefiedert. Diese Art kommt auf Ödland, Schuttplätzen meist in Siedlungsnähe vor. Sie wurde früher ebenfalls als Heilpflanze verwendet.

Margerite

Chrysanthemum leucanthemum. **Merkmale:** Etwa 20–80 cm; Blütezeit V–IX. Charakteristische Wiesenpflanze mit weißen Zungenblüten und gelben Röhrenblüten in den einzelnen, langgestielten Blütenköpfen. Diese besitzen länglich-lanzettliche, grüne Hüllblätter mit bräunlichem, trockenhäutigem Rand. Die oberen Stengelblätter sind kürzer als die Stengelglieder, ungeteilt, spatelnförmig, gekerbt-gesägt und halbstengelumfassend; Grundblätter gestielt. **Vorkommen:** Wiesen, Grasplätze, Wegränder, sonnige Abhänge; Felsen; bis in Höhenlagen von über 2300 m.
Die Margerite – auch unter dem Namen Wiesen-Wucherblume bekannt – ist ein Tiefwurzler und Rohbodenpionier. Sie wird hauptsächlich von Insekten bestäubt (Fliegen, Käfer und Falter), jedoch kommt auch Selbstbestäubung (Autogamie) vor. Die Verbreitung der Früchte wird durch den Wind oder durch Pflanzenfresser (Verdauungsverbreitung) besorgt.

Huflattich

Tussilago farfara. **Merkmale:** 5–20 (30) cm; Blütezeit II–IV. Die einköpfigen Blütenstengel tragen nur Schuppenblätter, die grundständigen Laubblätter (groß, herzförmig mit graufilziger Unterseite) erscheinen erst nach der Blüte. Die schmalen, gelben Zungenblüten stehen in mehreren Reihen. **Vorkommen:** Schuttplätze, Wegränder, Bahndämme, Kiesgruben, feuchte Äcker, Ufer; Moränen, steinige Matten. Wichtiger Pionier und Bodenfestiger. Bis in Höhen von 2300 m vorkommend.
Bienen und Fliegen bestäuben diesen Frühblüher; die Fruchtverbreitung besorgt der Wind. Die Samenkeimung ist nur unter Lichteinfluß möglich und wird über ein spezielles Pigmentsystem gesteuert. Wie die nahverwandte Arnika, *Arnica montana,* ist der Huflattich eine sehr geschätzte Heilpflanze. Blüten und Blätter enthalten unter anderem Inulin, einen Gerbstoff und einen Bitterstoff, die ihn besonders als Mittel gegen Husten geeignet machen. Diese Verwendung zeigt auch bereits der lateinische Name an: lat. *tussis* = Husten und lat. *agere* = vertreiben. Huflattich wurde demnach auch schon in der Antike als Hustenmittel verwendet. Er wirkt vor allem schleimlösend und bewährt sich bei Heiserkeit, Rachenkartarrh, Bronchitis, Asthma; ebenso bei Masern und Skrofulose. Doch auch in der Küche findet der Huflattich seinen Anwendungsbereich. So sollten junge Huflattichblätter in keinem Frühjahrssalat fehlen, sind sie doch besonders reich an Vitamin C. Zusammen mit Zucker wird aus den Blättern ein Sirup bereitet, der bei Lungenleiden helfen soll. Interessant ist dessen Zubereitung: Man füllt schichtweise Huflattichblätter und Zucker in ein Gefäß und gräbt dieses zugebunden für 8 Wochen in die Erde ein. Danach wird die vergorene Masse durch ein leinernes Tuch abgeseiht. Seinen deutschen Namen verdankt der Huflattich der hufeisenförmigen Gestalt seiner Blätter.

Löwenzahn

Taraxacum officinale. **Merkmale:** 10–50 cm; Blütezeit IV–X. Rosettenpflanze mit ausschließlich grundständigen, schrotsägeförmig gezähnten bis fast ganzrandigen Blättern (äußerst variabel). Stengel hohl, kahl, bleich und milchsaftführend. Große, gelbe Blütenköpfe mit stets zurückgeschlagenen äußeren Hüllblättern. **Vorkommen:** Fettwiesen, Weiden, Äcker, Unkrautfluren, Wegränder; im Gebirge bis 2800 m.

Die bis 2 m tief wurzelnde Pionierpflanze (Pfahlwurzel) bildet den Frühjahrsaspekt der Wiesen; sie dient als Bienenweide und wird als Salat- (junge Blätter) und Heilpflanze verwendet.

Acker-Kratzdistel

Cirsium arvense. **Merkmale:** 50–120 cm; Blütezeit VII–IX. Die reich beblätterten und verzweigten Stengel tragen zahlreiche Blütenköpfe, doch kommen häufig auch nichtblühende Äste vor. Die schmutzig-lilafarbenen Blütenköpfe setzen sich aus (z. T. eingeschlechtigen) bis zum Grund fünfteiligen Blüten zusammen und sind etwa 2–3 cm lang. Blätter nicht oder kaum am Stengel herablaufend, tief gelappt bis ungeteilt-buchtig, stachelig gewimpert; unterseits graugrün, kaum wollig. **Vorkommen:** Unkrautgesellschaften auf Schuttplätzen, Äckern, Kahlschlägen, an Wegen und Ufern. In den Alpen bis in Höhen von 2000 m.

Aufgrund der weitkriechenden Wurzelstöcke zählt die Acker-Kratzdistel zu den Wurzelkriechpionieren (bis in 3 m Tiefe wurzelnd!). Sie gehört zu den Zeigerpflanzen für Stickstoff und Lehmböden, ist einer der ältesten Kulturbegleiter und ein überaus lästiges Ackerunkraut. Die Flugfrüchte werden durch den Wind weit verbreitet.

Wiesen-Flockenblume

Centaurea jacea. **Merkmale:** 20–80 cm; Blütezeit VI–X. Äußerst variable Pflanze mit etwa 2 cm großen purpurrötlichen Blütenköpfen. Randblüten deutlich strahlig vergrößert. Die deutlich abgesetzten Hüllblattanhängsel überdecken die auf sie folgenden Hüllblätter vollständig; diese sind schwarzbraun bis weißlich, ganzrandig oder zerschlitzt-gefranst und rundlich. Die sitzenden, lanzettlichen Stengelblätter sind ungeteilt, die gestielten Grundblätter dagegen gelappt. **Vorkommen:** Wiesen, Weiden, Magerrasen, Wegränder, Gebüsche; bis in Höhen von 1900 m.

Bei der Wiesen-Flockenblume sind interessante Staubblattbewegungen zu beobachten: Die Staubblattstiele sind durch den Innendruck (Turgor) ihrer Zellen nach außen gekrümmt. Eine Berührung derselben bewirkt eine rasche elastische Kontraktion, so daß die verwachsene Staubbeutelröhre nach unten gezogen wird und der im Inneren stehende Griffel den Pollen oben aus der Röhre herauspreßt und am Körper der bestäubenden Insekten (als solche kommen insbesondere Bienen in Frage) abstreift.

Acker-Gänsedistel

Sonchus arvensis. **Merkmale:** 50–150 cm; Blütezeit VII–X. Bei dieser Art verzweigt sich der Stengel erst im Bereich des Blütenstandes. Die 4–5 cm großen, goldgelben Blütenköpfe stehen in lockeren Doldenrispen. Hülle und Köpfchenstiele dicht gelb-drüsenborstig, Griffel gelb. Stengelblätter glänzend-grün, am Grund herzförmig abgerundet, tief in dreieckige Lappen geteilt; die oberen mit abgerundeten, angedrückten Öhrchen. Frucht dunkelbraun, beiderseits mit 5 Längsrippen. **Vorkommen:** Äcker, Ödland, Schuttplätze; Ufer, Sanddünen, Salzsümpfe. Im Gebirge bis in Höhen von 1700 m.

Bemerkenswert ist ihre Verträglichkeit gegenüber Salz; bei einer Unterart scheint sogar eine ausgesprochene Halophilie (Bevorzugung salzhaltiger Standorte) vorzuliegen. Die Blätter werden bei zu starker Sonneneinstrahlung kompaßartig gestellt. Die Blüten sind nur vormittags geöffnet und werden von Bienen und Faltern bestäubt.

Gemeine Wegwarte

Cichorium intybus. **Merkmale:** 25–120 cm; Blütezeit VII–IX. Mehrjährige, charakteristische Pflanze mit großen (3–4 cm), blauen Blütenköpfen, die ausschließlich aus Zungenblüten bestehen. Die meist sitzenden Blütenköpfe werden von grünen, drüsenhaarigen Hüllblättern umgeben; die abstehenden äußeren sind etwa halb so lang wie die anliegenden inneren. Die tief fiederspaltigen Grundblätter sind unterseits borstig behaart, die länglich-lanzettlichen Stengelblätter ganzrandig und höchstens schwach gezähnt. Stengel sparrigästig und kurzborstig. **Vorkommen:** Wegränder, Schuttplätze, Äcker, Weiden; bis in Höhenlagen von 1000 m.

Die Gemeine Wegwarte gehört zu den typischen Kulturbegleitern. Sie ist eine tiefwurzelnde Pionierpflanze und benötigt ausreichend viel Licht für eine optimale Entwicklung. Die Blüten sind im allgemeinen tagsüber von 6 bis 11 Uhr geöffnet. Während dieser Zeit erfolgt die Bestäubung durch Schwebfliegen und Bienen. Bei regnerischem Wetter öffnen sich die Blüten dagegen überhaupt nicht. Wind- und Klebverbreitung der Früchte ermöglichen eine weite und rasche Ausbreitung der Art. Seit dem Altertum ist die Wegwarte eine bekannte Heil- und Nutzpflanze. Die getrockneten Wurzeln liefern den Kaffee-Ersatz (Zichorie), zudem fand die Art als Salatpflanze Verwendung. Diese Bedeutung kommt jedoch vor allem der verwandten Art *Cichorium endiviva* zu, die als Endiviensalat weithin kultiviert wird. Auf medizinischem Gebiet wird die Wegwarte aufgrund ihres hohen Inulingehalts vor allem als Diät- und Heilmittel für Zuckerkranke eingesetzt. Ganz allgemein schreibt man ihr eine stoffwechselanregende, gallentreibende und kreislaufstärkende Wirkung zu. Sie ist auch ein uraltes Zauberkraut, dem man zuschrieb, daß es hieb- und stichfest mache, Fesseln sprenge, Dornen aus Wunden ziehe und sogar unsichtbar machen könne.

Herbstzeitlose

Colchicum autumnale. **Merkmale:** 5–20 cm; Blütezeit VIII–XI. Interessante Pflanze mit abnormem Lebenszyklus: Im Herbst treten die einzelnen, blaßvioletten Blüten auf. Blütenblätter länglich, zu einer bis zu 20 cm langen Blütenröhre verwachsen; 3 Griffel, gleichfalls bis 20 cm lang. Zur Blütezeit existieren keine Blätter, diese erscheinen erst im Frühjahr zusammen mit den Fruchtkapseln. Blätter breit-lanzettlich, glänzend grün, meist in Dreizahl, sie hüllen die basale Fruchtkapsel teilweise ein. Die unterirdische, bis 7 cm lange Sproßknolle speichert Reservestoffe für die folgende Generation. **Vorkommen:** Meist feuchte Wiesen, Auwälder; bis in Höhenlagen von 2000 m.

Von den zahlreichen Besonderheiten soll ein Phänomen herausgegriffen werden. Aufgrund der extrem langen Griffel, die von den Pollenschläuchen durchwachsen werden müssen, da der Fruchtknoten unter der Erde liegt, vergeht eine relativ lange Zeitspanne zwischen Bestäubung und Befruchtung. Die Pollenkörner müssen vom Griffelgewebe ernährt werden, um überhaupt überleben zu können! Insbesondere die Knolle der Herbstzeitlose liefert das stark giftige Colchicin. Medizinisch wird es zur Behandlung von Gicht und Rheuma verwendet. Der Pflanzenzüchter benötigt es zur Herstellung polyploider Pflanzen (Zellen mit mehrfachem Chromosomensatz).

Kleines Knabenkraut

Orchis morio. **Merkmale:** 8–30 cm; Blütezeit IV–VII. In einem kurzen, ovalen Blütenstand befinden sich purpurviolette (selten ganz weiße) Blüten. Die stumpflichen, purpurroten Blütenhüllblätter neigen sich helmartig zusammen; sie erscheinen durch grüne Adern deutlich gestreift. Die dreilappige Lippe ist durch breite Seitenlappen gekennzeichnet und wird dadurch breiter als lang. Alle 3 Lappen sind zudem beinahe gleich lang. Der bis zu 11 mm lange und keulig-dicke Sporn ist aufsteigend oder zumindest horizontal abstehend. Die linealischen Tragblätter entsprechen in ihrer Länge der des Fruchtknotens; die breit- bis länglich-lanzettlichen Laubblätter sind ungefleckt. Ferner liegt ein kantiger Stengel vor. **Vorkommen:** Magerrasen, trockene Wiesen, Gebüsche, lichte Wälder; auch Wiesenmoore. Kalkhaltige Böden werden bevorzugt. Bis 1400 m.

Die Art kann als typischer Magerkeitszeiger angesehen werden. Bienen und Hummeln sind maßgeblich an der Bestäubung beteiligt. Der andere deutsche Artname »Salep-Knabenkraut« weist auf die pharmazeutische Bedeutung der Pflanze hin. Man gewinnt aus den Wurzelknollen ein Heilmittel (Tubera Salep), das auch in unserer Zeit noch vielfach Verwendung findet. Die Knollen sind reich an Pflanzenschleim und Stärke und enthalten zudem einen hohen Proteid-Anteil; sie werden abgebrüht, getrocknet und pulverisiert. Der Salepschleim wirkt vor allem antidiarrhöisch. Er wird außerdem als reizlinderndes Mittel bei Katarrhen und als Zusatz von Einläufen verwendet.

Feldgrille

Gryllus campestris. **Merkmale:** Glänzend schwarz gefärbt mit breitem, rundem Kopf und langen Fühlern. Die Flügel werden über dem Rücken flach zusammengelegt. Hinterbeine zu Sprungbeinen verstärkt, aber nicht so lang wie bei Heuschrecken. Körperlänge 22 mm. **Vorkommen:** Weit verbreitet und nicht selten auf Grashängen und Feldrainen. Die erwachsenen Tiere findet und hört man im Frühjahr. **Nahrung:** Larven und erwachsene Tiere ernähren sich hauptsächlich von Pflanzen. **Entwicklung, Lebensweise:** Grillen leben nächtlich und sind tagsüber in Höhlen versteckt, die sie selbst graben. Die Larven überwintern, und die erwachsenen Tiere erscheinen daher schon im Frühjahr. Sie erzeugen mit ihren Flügeln, die sie aneinanderreiben, die so charakteristischen Töne, um die ♀ anzulocken. Grillengesang hört man nur bis Ende VI, alle später singenden Tiere gehören zu den Heuschrecken.

Großes grünes Heupferd

Tettigonia viridissima. **Merkmale:** Große, grüne Heuschrecke mit langen Fühlern; ♀ (Abb.) mit langem, säbelförmigem Legebohrer. Die Hinterbeine sind zu langen Sprungbeinen umgewandelt. Die Flügel werden in Ruhe über dem Körper seitlich zusammengelegt und sind länger als der Körper, bis 55 mm. **Vorkommen:** Weit verbreitet und nicht selten an Büschen, Bäumen und hoher Vegetation. Die erwachsenen Tiere findet man ab VII. **Nahrung:** Larven und erwachsene Tiere ernähren sich von kleinen Tieren. **Entwicklung, Lebensweise:** Die Eier überwintern, erst danach beginnt die Entwicklung, die im Sommer abgeschlossen ist. Man hört dann die Gesänge der ♂, die durch Aneinanderreiben der Flügel erzeugt werden. Sie werden oft mit Grillen verwechselt, können aber schon durch die verschiedene Jahreszeit unterschieden werden.

Feuerwanze

Pyrrhocoris apterus. **Merkmale:** Rot und schwarz gezeichnete Tiere von länglich-ovalem Umriß. Die Flügellänge ist unterschiedlich. Es gibt voll geflügelte Exemplare, andere mit verkürzten Flügeln und solche, die flügellos sind. Sie können natürlich nicht mehr fliegen. Körperlänge 10 mm. **Vorkommen:** Feuerwanzen sind weit verbreitet, kommen aber relativ lokal vor, dann aber oft in großen Gesellschaften. Man findet sie am Fuß alter Bäume, zum Beispiel von Linden. **Nahrung:** Sie saugen Säfte aus verschiedenen Pflanzen. In gleicher Weise leben die Larven. **Entwicklung, Lebensweise:** Die erwachsenen Wanzen überwintern und erscheinen dann wieder im folgenden Frühjahr, um ihre Eier abzulegen. Dies geschieht in größeren Gelegen. Die Larven wachsen dann im Verlauf des Sommers heran; sie leben wie die erwachsenen Tiere in größeren Gemeinschaften. Das Bild zeigt die Paarung.

Schwalbenschwanz

Papilio machaon. **Merkmale:** Flügel mit hellgelber Grundfarbe und schwarzer, mehr netzartiger Zeichnung; Schwanzfortsatz am Hinterflügel, blaubestäubte Binde am Rand des Hinterflügels stark ausgeprägt, am Innenwinkel ein Augenfleck mit rotbraunem Kern. Spannweite 60–80 mm. **Vorkommen:** Weit verbreitet in offenem Gelände und in Gärten; in den letzten Jahren seltener geworden. In 2 Generationen im Frühjahr und im Sommer, gelegentlich auch 3 Generationen. **Nahrung:** Die Falter saugen gerne an Blüten. Die Raupen findet man an doldenblütigen Pflanzen; in Gärten zum Beispiel an Dill, Kümmel und Fenchel. **Entwicklung, Lebensweise:** Die überwinternde, braune Puppe entläßt im Frühjahr den Falter, der weit herumstreicht, gerne Blüten besucht und im ♂ Geschlecht sich zu bestimmten Tageszeiten um Hügelkuppen versammelt, wo die ♀ Partner erwartet werden.

Großer Kohlweißling

Pieris brassicae. **Merkmale:** Ein ziemlich großer Falter von weißer Grundfarbe und schwarzen Flügelspitzen. Die ♀ haben außerdem 2 schwarze Flecken auf den Vorderflügeln. Spannweite etwa 60–70 mm. **Vorkommen:** Weit verbreitet und meist häufig in offenem Gelände, mit 2–3 Generationen im Lauf des Sommers. **Nahrung:** Die Falter besuchen Blüten, die Raupen leben besonders an kultivierten Kreuzblütlern, wie Kohl und dergleichen, und können schädlich werden. **Entwicklung, Lebensweise:** Die Frühjahrstiere suchen gerne wildwachsende Kreuzblütler auf. Sommertiere sind wesentlich häufiger und legen nun ihre Eier auf Kohlpflanzen ab. Dazu wandern sie unstet umher und ziehen manchmal in dichten Scharen von Feld zu Feld. Die Puppe überwintert, oft an Hausmauern festgesponnen. Sie wird viel von Parasiten befallen, deren kleine, gelbe Gespinste fälschlich als »Raupeneier« bezeichnet werden.

Damenbrett, Schachbrett

Melanargia galathea. **Merkmale:** Ein mittelgroßer Falter mit einer charakteristischen, schwarzweißen Schachbrettzeichnung (Abb. u. r.). Die Unterseite ist schwächer gezeichnet mit einigen ringförmigen Flecken am Hinterflügel (Abb. u. l.). Spannweite 40–50 mm. **Vorkommen:** Weitverbreitet auf Grasland und Heiden, nach Süden häufiger, mit 1 Generation im Sommer. **Nahrung:** Die Falter besuchen gerne Blüten, besonders Disteln und Skabiosen, die Raupe lebt an Gräsern und ist tagsüber verborgen. **Entwicklung, Lebensweise:** Die Eier werden in Bodennähe abgelegt, und die Raupe überwintert. Sie verwandelt sich am oder im Boden zur Puppe. Die Falter sind recht träge, wenn sie über blütenreiche Wiesen fliegen, und lassen sich gerne zur Nahrungsaufnahme nieder. Die Art gehört heute zu unseren häufigsten Wiesenschmetterlingen, die im VII erscheinen.

Ochsenauge

Maniola jurtina. **Merkmale**: Ein dunkelbrauner Falter mit kleinen Augenflecken auf den Vorderflügeln, die unterseits auf hellerem Grund deutlicher sind. Die ♀ Tiere sind auf der Oberseite durch ockerfarbene Bestäubung heller. Spannweite 50–60 mm. **Vorkommen**: Überwiegend eine weit verbreitete Wiesenart, die zu unseren häufigeren Tagfaltern gehört. In 1, gelegentlich in 2 Generationen. **Nahrung**: Die Falter besuchen gerne Blüten, die Raupen leben an Gräsern. **Entwicklung, Lebensweise**: Sie entspricht der anderer Augenfalter. Hervorzuheben ist hier besonders die Vorliebe für salzige Ausscheidungen. So besuchen die Falter gerne die schweißfeuchte menschliche Haut.

Admiral

Vanessa atalanta. **Merkmale**: Ein großer Schmetterling, der auf dunklem Grund leuchtend rote und weiße Zeichnungen aufweist. Die Vorderflügel sind am Außenrand geeckt. Auf der Unterseite gibt es eine marmorierte Zeichnung, die eine ausgezeichnete Tarnung darstellt. Spannweite 50–60 mm. **Vorkommen**: Als Wanderfalter ist die Art sehr wechselnd in ihrer Häufigkeit; sie fliegt von V ab bis zum Herbst in offenem Gelände und findet sich oft in Gärten. **Nahrung**: Die Falter besuchen Blüten, im Herbst sehr gerne auch faulendes Fallobst. Die Raupe lebt meist an Brennesseln. **Entwicklung, Lebensweise**: Die Falter können den Winter bei uns nur selten überdauern und wandern fast jedes Jahr in wechselnder Zahl aus dem Mittelmeergebiet bei uns ein. Im Gegensatz zum Distelfalter wandern sie jedoch nicht in Scharen, sondern einzeln. Einige der Tiere versuchen im Herbst nach Süden zurückzukehren, können den Wall der Alpen zu dieser Jahreszeit aber kaum überwinden. Der Rest fliegt bis in den Spätherbst, und die ersten starken Fröste setzen diesen Tieren ein Ende.

Distelfalter

Vanessa cardui. **Merkmale**: Ein großer, braun, schwarz und weiß gefleckter Falter, der durch diese Farbkombination auf dem Boden ruhend gut getarnt ist. Spannweite 50–60 mm. **Vorkommen**: Als Wanderfalter erscheinen die Tiere bei uns in unterschiedlicher Zahl ab V und fliegen dann bis X überall in offenem Gelände. **Nahrung**: Die Falter besuchen Blüten. Die Raupe lebt an Disteln, Brennesseln und vielen anderen Pflanzen. **Entwicklung, Lebensweise**: Die Art ist eigentlich Bewohner subtropischer und tropischer Steppen und kann deshalb den Winter bei uns nicht überdauern. In bestimmten Jahreszeiten wird die Nahrung durch Trockenheit in seiner Heimat knapp, und die Tiere wandern dann ab. Bei günstigen Windverhältnissen gelangen sie über Mittelmeer und Alpen auch zu uns, vereinzelt sogar über das Meer bis Island.

Landkärtchen

Araschnia levana. **Merkmale**: Ein kleinerer Falter mit lebhaft bunter Zeichnung, die bei den Frühjahrstieren (Abb.) auf rotbraunem Grund vorkommt, bei den Sommertieren dagegen auf schwarzem. Der deutsche Name stammt von der komplizierten, aus vielen Linien bestehenden Zeichnung der Flügelunterseite, die wie eine Landkarte aussieht. Spannweite 30–40 mm. **Vorkommen**: Die Art ist weit verbreitet, bevorzugt aber feuchte Waldränder, Hecken und Bachufer und ist nicht selten. Sie fliegt von V–VI und wieder VII–VIII. **Nahrung**: Die Falter besuchen Blüten. Die Raupen findet man in Gesellschaften an Brennesseln, wo die Eier wie Türmchen übereinander geklebt werden. **Entwicklung, Lebensweise**: Die Entstehung der beiden Farbvarianten wird von verschiedener Entwicklung verursacht. Jahreszeitliche Unterschiede dieser Art nennt man Saisondimorphismus, eine Erscheinung, die in den Tropen nicht selten ist, und dort vor allem in Gebieten mit deutlich ausgeprägten Trocken- und Regenzeiten auftritt.

Kleiner Fuchs

Aglais urticae. **Merkmale**: Ein mittelgroßer Falter mit geeckten Flügelrändern und mit rotbrauner Grundfarbe, die mit schwarzen, weißen und gelblichen Flecken überstreut ist. Am Rande der Flügel eine Reihe blauer Flecken. Die Unterseite ist sehr unscheinbar schwarzbraun und somit tarnfarbig. Spannweite 35–50 mm. **Vorkommen**: Einer unserer häufigsten Tagfalter, der überall in offenem Gelände und im Gebirge bis über die Baumgrenze vorkommt. In 2–3 Generationen. **Nahrung**: Die Falter besuchen Blüten, aber auch Früchte. Die Raupen leben in großen Gesellschaften an Brennesseln und sind durch ihre schwarzen Dornen, die aber harmlos sind, leicht zu erkennen. **Entwicklung, Lebensweise**: Die Falter dieser Art überwintern und suchen sich dazu einen kühlen, dunklen Platz, im Freien in Mauern oder Mauselöchern, beim Menschen meist im Gebälk des Dachbodens. Hier verharren sie regungslos, bis sie im folgenden Frühjahr durch die Wärme hervorgelockt werden.

Tagpfauenauge

Inachis io. **Merkmale**: Der große, rotbraun gefärbte Falter ist durch vier große Augenflecken auf den Flügeln gekennzeichnet, die am Außenrand gezackt sind. Unterseits ist das Tier schwärzlich gefärbt und ausgezeichnet getarnt. Spannweite 50–60 mm. **Vorkommen**: Überall in offenem Gelände und an Waldrändern in 2 Generationen fast das ganze Jahr. **Nahrung**: Die Falter besuchen Blüten, die Raupen leben in Gesellschaften an Brennesseln, wie die vorige Art. **Entwicklung, Lebensweise**: Die Falter überwintern in gleicher Weise wie der Kleine Fuchs und können schon im zeitigen Frühjahr zum Vorschein kommen.

Wachtelweizen-Scheckenfalter

Mellicta athalia. **Merkmale:** Ein kleinerer Falter mit rotbrauner Grundfarbe und einem Netz dunkelbrauner Linien, die Flügelfransen sind hell-dunkel gescheckt. Die Unterseite ist heller, vor allem auf den Hinterflügeln mit braunen und gelblichen Bändern. Spannweite 40–45 mm. **Vorkommen:** Weit verbreitet und nicht selten auf blumigen Wiesen, Heiden und Mooren, in 1 Generation V–VIII. **Nahrung:** Die Falter findet man oft auf Blüten, Knautien, Disteln und Flockenblumen, oft mehrere zusammen. Die Raupe lebt an niedrigen Kräutern wie Wegerich, Wachtelweizen und anderen Pflanzen. **Entwicklung, Lebensweise:** Die Raupen überwintern in Gruppen und verpuppen sich im V. Bald darauf schlüpfen die Falter.

Es gibt bei dieser Art und ihren Verwandten keine großen äußeren Unterschiede, so daß sie schwer zu erkennen sind. Ganz unterschiedlich und für die Bestimmung gut geeignet ist jedoch der Bau der männlichen Kopulationsorgane, die allerdings unter dem Mikroskop präpariert werden müssen.

Hauhechel-Bläuling

Polyommatus icarus. **Merkmale:** Ein kleiner Schmetterling mit glänzend blauer Oberseite, schmalem, schwarzem Flügelsaum und weißen Fransen. Die Unterseite ist graubraun mit schwarzen, weiß geringten Flecken und einer orangefarbenen Fleckenreihe am Rande des Hinterflügels. Die ♀ Tiere sind oberseits braun mit wenigen blauen und orangefarbenen Flecken. Spannweite 25 mm. **Vorkommen:** Weit verbreitet und häufig auf Wiesen, an Rainen und Hängen; in 3 Generationen von IV–X. **Nahrung:** Die Falter besuchen gerne Blüten; die Raupe lebt an Hauhechel, Hornklee und ähnlichem. **Entwicklung, Lebensweise:** Die halbwüchsige Raupe überwintert, und die Verpuppung erfolgt erst im folgenden Frühjahr. Die weitere Entwicklung erfolgt dann sehr rasch von Generation zu Generation.

Es gibt sehr viele ähnliche Bläulingsarten, die oft nur sehr mühsam zu unterscheiden sind. Allen gemeinsam sind eine mehr oder weniger deutliche Blaufärbung der Ober- und die kleinen Augenflekken der Unterseite. Die Raupen mancher Arten werden von Ameisen besucht, da sie süßen Saft absondern.

Malven-Würfelfleckfalter

Pyrgus malvae. **Merkmale:** Der kleine Falter weist auf der schwärzlichen Grundfarbe zahlreiche kleine weiße Flecken auf, und die Fransen sind deutlich gescheckt. Beide Geschlechter sind gleich. Spannweite 20–25 mm. **Vorkommen:** Weit verbreitet und recht häufig auf Grasland, im Flachland in 2 Generationen, im Gebirge nur in 1 Generation. **Nahrung:** Die Falter findet man an Blüten, die Raupe lebt zwischen versponnenen Blättern an niedrigen Pflanzen. **Entwicklung, Lebensweise:** Die Puppe überwintert im Gespinst der Raupe.

Erdeichel-Widderchen

Zygaena filipendulae. **Merkmale:** Die Vorderflügel sind mit 6 roten Flecken versehen, der Hinterleib ist ganz schwarz. Spannweite 35–40 mm. **Vorkommen:** Diese Art ist auf Grasland weit verbreitet und unsere häufigste Zygaenen-Art. Sie fliegt im Sommer in 1, im Süden auch in 2 Generationen. **Nahrung:** Die Raupe lebt an Schmetterlingsblütlern. **Entwicklung, Lebensweise:** Die Tiere treten meist nur in 1 Generation auf. Die jungen Raupen überwintern. Nachdem sie erwachsen sind, bauen sie papierartige, gelbe Kokons, die an Grashalmen befestigt sind. Aus diesem schiebt sich vor dem Schlüpfen des Falters die Puppe ein Stück heraus.
Raupen wie Falter sind ungenießbar und tun dies durch ihre Warnfarbe kund. Bei der Raupe sind dies die Farben Gelb und Schwarz, beim Falter Rot und Schwarz.

Wolfsmilchschwärmer

Celerio euphorbiae. **Merkmale:** Recht großer Falter mit grünlichen Vorderflügeln, die von hellen, manchmal rötlichen Binden durchzogen werden. Die Hinterflügel sind rötlich mit dunklen Bändern und einem hellen Fleck am Innenwinkel. Der Hinterleib ist grünlich mit hellen und schwarzen Flekken. Spannweite 60 mm. **Vorkommen:** Der Wolfsmilchschwärmer ist ein Wanderfalter, der bei uns recht unstet ist und eigentlich im Mittelmeerraum seine Heimat hat. Bei uns findet man ihn besonders in trockeneren, warmen Gebieten, wo er in 2 Generationen auftreten kann. Er fliegt im Frühjahr und Sommer. **Nahrung:** Die Falter saugen gerne an Blüten, die Raupen leben an Zypressenwolfsmilch. **Entwicklung, Lebensweise:** Die sehr bunten Raupen sind tags bei Sonnenschein an den Nahrungspflanzen aktiv.

Mittlerer Weinschwärmer

Deilephila elpenor. **Merkmale:** Die Vorderflügel sind rosa und olivgrün gefärbt, ebenso der Körper, die Hinterflügel rosa und schwärzlich. Spannweite 60–70 mm. **Vorkommen:** Diese Art ist recht häufig in Gärten und Parks und in offenem Gelände, wo sie in 1 Generation im Frühsommer in der Dämmerung und nachts fliegt. **Nahrung:** Die Falter besuchen gerne Blüten, besonders nachtduftende, und können schon in der Dämmerung beobachtet werden, wenn sie im Schwebeflug vor den Blüten in der Luft stehen. Die Raupe lebt an Labkraut, Weidenröschen und Fuchsien. **Entwicklung, Lebensweise:** Schwärmer haben sehr große Raupen, die bunt gefärbt und unbehaart sind und am Körperende ein gebogenes Horn tragen. Die Raupe dieser Art hat vorne augenartige Flecken, die ihr ein schlangenartiges Aussehen verleihen und eventuelle Angreifer, besonders Vögel, abschrecken können. Die glatte, braune Puppe überwintert in einer Erdhöhle, die die Raupe gräbt.

Taubenschwanz

Macroglossum stellatarum. **Merkmale:** Ein kleiner Schwärmer mit graubraunen Vorderflügeln und gelbbraunen Hinterflügeln. Der Körper ist grünlichbraun. Körperlänge 15 mm, Spannweite 40 mm. **Vorkommen:** Die Art ist ein Wanderfalter, der bei uns unregelmäßig vorkommt. Er fliegt im Sommer bei Tage in offenem Gelände. **Nahrung:** Die Falter besuchen Blüten; die Raupe lebt an Labkraut. **Entwicklung, Lebensweise:** Nach der Einwanderung entsteht bei uns eine weitere Generation, die jedoch den Winter nicht überdauern kann. Die Falter fliegen bei Tage im Sonnenschein und saugen gerne an Blüten, vor denen sie in der Luft »stehen«. Unterstützt wird dies bei dieser Art durch Schuppen, die den Hinterleib etwa vogelschwanzförmig umgeben. Daher kommt auch der Name.

Schwärmer setzen sich nie auf die Blüten, aus denen sie saugen. Sie stehen vielmehr wie Hubschrauber still in der Luft vor den Blüten und strecken ihre langen Rüssel in sie hinein, um an die Blütensäfte zu kommen. Dieser Vorgang wird durch die sehr schnellen Flügelschläge ermöglicht, die den Schwärmern auch eine große Fluggeschwindigkeit verleihen.

Gammaeule

Autographa gamma. **Merkmale:** Ein mittelgroßer Nachtfalter mit grau und braun marmorierten Vorderflügeln, die ein silbrig-weißes Zeichen tragen, das wie ein griechisches Gamma aussieht. Die Hinterflügel sind grau mit verdunkeltem Rand. Spannweite 35 mm. **Vorkommen:** Ein Wanderfalter, der im Sommer und Herbst recht häufig ist und vor allem in offenem Gelände, etwa Gärten, zu sehen ist, wo er auch am Tage fliegt. **Nahrung:** Die Falter besuchen gerne Blüten. Die Raupen leben verborgen an vielen krautigen Pflanzen. **Entwicklung, Lebensweise:** Die Entwicklung erfolgt in mehreren Generationen; die bei uns eingewanderten Tiere scheinen aber den Winter nicht überdauern zu können. Die Falter ruhen mit dachförmig zusammengelegten Flügeln.

Hausmutter

Noctua pronuba. **Merkmale:** Die Vorderflügel sind grau, braun oder gelbgrün, mit Flecken, die meist hell umzogen sind. Die Hinterflügel sind leuchtend gelb mit einem dunklem Saumband. Spannweite 40–60 mm. **Vorkommen:** Überall recht häufig im Sommer. Die Falter dringen nachts gerne in Häuser ein, um dann dort tagsüber zu ruhen. Das hat ihnen ihren Namen eingetragen. **Nahrung:** Die Falter besuchen gerne Blüten; die Raupen leben überwinternd an vielerlei niedrigen Pflanzen. **Entwicklung, Lebensweise:** Die im Frühjahr erwachsene Raupe verpuppt sich in einer Erdhöhle. Die Falter haben eine sehr lange Lebensdauer, da sie die heißen Monate in einer Ruhepause überdauern.

Kohlschnake

Tipula-Art. **Merkmale:** Große Tiere mit schlankem Körper, schmalen Flügeln und sehr langen Beinen. Die Mundwerkzeuge sind verkümmert. Körperlänge rund 25 mm. **Vorkommen:** Im Sommer auf Grasland häufig und verbreitet. Sie fliegen nachts und ruhen tags zwischen Gräsern. **Nahrung:** Die erwachsenen Tiere nehmen keine Nahrung zu sich. Die Larven leben im Boden von Graswurzeln und verrottenden Pflanzenteilen, können aber auch frische Triebe benagen. **Entwicklung, Lebensweise:** Kohlschnaken sieht man abends oft tanzend über Wiesen fliegen. Es sind dies meist ♀, die nach der Paarung mit ihrem Legebohrer jeweils ein Ei in den Boden bringen.

Schwebfliege

Syrphus-Art. **Merkmale:** Eine kleine Fliege mit typisch schwarz und gelb gestreiftem Körper und großen, rötlichen Augen. Die Flügel sind glasklar. Körperlänge 10 mm. **Vorkommen:** Im Sommer recht häufig an allen möglichen Orten, oft an der Stelle schwirrend. **Nahrung:** Die Fliegen sind Blütenbesucher, die Larven ernähren sich von Blattläusen, die sie aussaugen. **Entwicklung, Lebensweise:** Die Eier werden in der Nähe von Blattlaus-Kolonien abgelegt, wo die Larve reichlich Nahrung findet. Die gelb-schwarze Färbung ist eine Nachahmung von Wespen und verleiht den Tieren einen gewissen Schutz.

Feldwespe

Polistes gallicus. **Merkmale:** Körper gelbschwarz. Fühler ziemlich dick, Mundwerkzeuge kauend. Der Giftstachel dient dem Fang von Beute, aber auch der Abwehr. Körperlänge durchschnittlich 15–25 mm. **Vorkommen:** Im Sommer und Herbst meist häufig und weit verbreitet. **Nahrung:** Die erwachsenen Tiere ernähren sich überwiegend von Blütensäften, Obst und anderen süßen Sachen. Ihre Larven füttern sie aber mit erbeuteten Insekten, die sie zerkauen. **Entwicklung, Lebensweise:** In einer Wespenfamilie gibt es ein ♀ Tier (die Königin), Arbeiterinnen (verkümmerte ♀) und ♂ Tiere. Sie leben in einem Bau, der eine oder mehrere Lagen von Waben enthält und aus Papier hergestellt wird. Dieses erzeugen die Wespen durch Abnagen von Holz an Brettern und dergleichen. Die Königin beginnt im Frühjahr mit dem Bau eines Nests, zieht in den ersten Waben einige Arbeiterinnen groß und beschäftigt sich nun mehr mit Eierlegen, da die Arbeiterinnen alle anderen Arbeiten leisten. Sie fangen Beute, zerkleinern sie und füttern die Larven. Im Herbst entstehen nur noch Königinnen und ♂ Tiere. Die Königinnen werden begattet und suchen nun einen Platz zum Überwintern. Alle übrigen Wespen einschließlich der ♂ gehen im Herbst zugrunde. Es gibt bei uns mehrere Wespenarten, darunter die sehr große Hornisse. Sie unterscheiden sich in der Lebensweise und der Art des Nestbaus.

Honigbiene

Apis mellifica. **Merkmale:** Die allbekannte Honigbiene ist dunkelbraun gefärbt und am Körper leicht behaart; an den Hinterbeinen befinden sich Vorrichtungen zum Einsammeln von Blütenpollen. Sie haben einen Giftstachel, und ihre Mundwerkzeuge sind zu einer Art Saugrüssel geformt. Die ♂ (Drohnen) haben keinen Stachel. Körperlänge 15–21 mm. **Vorkommen:** Als Haustier des Menschen weit verbreitet und häufig; wilde oder verwilderte Bienen gibt es nur selten. **Nahrung:** Bienen und ihre Larven ernähren sich von Blütenpollen und Honig. **Entwicklung, Lebenweise:** Bienen leben in umfangreichen Bauten, die aus regelmäßig sechskantigen Zellen in Waben zusammengesetzt sind. Hier legt die Königin im Lauf ihres mehrjähigen Lebens zahllose Eier. Die Larven werden von den jungen Arbeiterinnen gepflegt und gefüttert. Ältere Bienen sind für das Eintragen der Nahrung zuständig; sie besuchen Blüten. Zur Aufzucht von Königinnen wird eine besondere Nahrung an die Larven verfüttert. Die Larven, die in größeren Zellen leben, entwickeln sich zu fruchtbaren ♀, während die Larven aus kleineren Zellen und gewöhnlicher Nahrung nur Arbeiterinnen (unfruchtbare ♀) ergeben. Die Drohnen entstehen aus unbefruchteten Eiern. Nach dem Schlüpfen der jungen Königin verläßt die alte Königin mit einem Schwarm den Bau. Die erste junge Königin tötet nun alle noch vorhandenen Königinlarven und begibt sich dann mit den Drohnen auf Hochzeitsflug, bei dem sie sich mit mehreren Drohnen paart. Im Herbst, wenn sich das Volk zur Überwinterung rüstet, werden dann alle Drohnen getötet. Bis weit über 50000 Bienen können ein einzelnes Volk bilden.

Feldhummel

Bombus agrorum. **Merkmale:** Recht große Tiere mit pelzig behaartem Körper und bunten Farben (Abb. M.). Die Mundwerkzeuge sind saugend. An den Hinterbeinen gibt es Sammelapparate für das Eintragen von Blütenpollen. Körperlänge 12–20 mm. **Vorkommen:** Hummeln findet man fast überall, die hier abgebildete besonders in offenem Gelände, auf Wiesen und Feldern, häufig und oft Blüten besuchend. Sie fliegen von Frühjahr bis Herbst. **Nahrung:** Sowohl die Hummeln als auch ihre Larven ernähren sich von Blütenpollen und Honig, zum Teil von eingetragenen Vorräten. **Entwicklung, Lebensweise:** Wie bei den Wespen kann nur ein befruchtetes ♀ überwintern. Es sucht im Frühjahr Löcher im Boden auf, zum Beispiel Mäuselöcher, und beginnt nun ein Nest (Abb. u.) anzulegen. Die ersten neuen Hummeln sind kleine Arbeiterinnen, die nun bei der Aufzucht weiterer Generationen helfen. Hummelfamilien sind nie sehr groß, sie erreichen höchstens einige hundert Mitglieder. Im Spätsommer kommt es dann zur Entwicklung von ♂ und ♀ Tieren. Es kommt zu einem Paarungsflug, und die ♀ suchen danach einen Überwinterungsplatz. ♂ und Arbeiterinnen sterben im Herbst.

Goldlaufkäfer

Carabus auratus. **Merkmale:** Ein recht großer und schlanker Käfer, der metallisch grün glänzt (»Goldschmied«) und auf seinen Flügeldecken Längsfurchen aufweist. Der Rand schimmert rötlich. Mit kräftigen Beinen, langen Fühlern und kräftigen Greifzangen. Körperlänge 20–27 mm. **Vorkommen:** Vor allem in Feldern und Wiesen findet man dieses Bodentier im Frühjahr und Sommer. Recht häufig und weit verbreitet. **Nahrung:** Käfer wie Larven leben räuberisch; Würmer, Schnecken und kleine Insekten werden gefangen. **Entwicklung, Lebensweise:** Als nächtliche Räuber laufen sie behende herum und verbergen sich tags im Boden. Die ergriffene Beute wird vor dem Mund verdaut und dann aufgesaugt. Werden sie angegriffen, so verspritzen sie einen übelriechenden Saft, der den Angreifer vertreiben soll. Die Larven streifen auf ihren Raubzügen frei umher.
Es gibt bei uns noch eine Reihe weiterer Laufkäfer von ähnlichem Aussehen, die sich in ihrer Lebensweise wenig unterscheiden.

Mistkäfer

Geotrupes-Art. **Merkmale:** Mistkäfer sind breite, abgerundete Tiere von schwarz glänzender Farbe und mit gefurchten Flügeldecken. Ihre Beine sind kurz und kräftig. Die Fühler sind kurz und am Ende durch dicht stehende Blättchen verdickt. Körperlänge 20–25 mm. **Vorkommen:** Mistkäfer gibt es in allen wärmeren Monaten auf Weiden, an Wegrändern – überall, wo Dung zu finden ist. Sie sind vor allem in der Dämmerung aktiv. **Nahrung:** Die Käfer suchen Dunghaufen auf, graben darunter eine Grube und ziehen den Dung hinein. Davon ernähren sich Käfer und auch Larven. **Entwicklung, Lebensweise:** Beim Dungeingraben arbeiten beide Geschlechter zusammen. Sie verbergen mehr Dung im Boden als gebraucht wird und fördern damit den Abbau solcher Stoffe. Die Larven, die von dem Dung leben, sind wohlversorgt und brauchen sich nur wenig zu bewegen. Sie gehören jenem Larventyp an, den man Engerling nennt.

Rosenkäfer

Cetonia aurata. **Merkmale:** Recht großer grünglänzender Käfer mit weißen Strichen auf den Flügeldecken und kupferroter Unterseite. Die Fühler tragen am Ende kleine Blattbüschel. Körperlänge 15–20 mm. **Vorkommen:** Nicht selten im Sommer vor allem um blühende Büsche fliegend und auf Blüten. Nur im Sonnenschein aktiv. **Nahrung:** Die Käfer fressen mit Vorliebe die Kronblätter der Blüten, insbesondere von Heckenrosen. Die Larven ernähren sich von modernden Pflanzenteilen in Baumstümpfen und Ameisenhaufen. **Entwicklung, Lebensweise:** Die Eier werden an passenden Stellen abgelegt, und die Larve lebt mehrere Jahre in ihrer Nahrung. Wegen des geringen Nährstoffgehalts dieses Materials dauert die Entwicklung so lange.

Marienkäfer

Anatis ocellata. **Merkmale:** Bei diesem Käfer sind die vielen schwarzen Flecken auf den Flügeldekken mit hellen Ringen umzogen. Körperlänge 10 mm. **Vorkommen:** Nicht so häufig und verbreitet wie die folgende Art. **Entwicklung, Lebensweise:** Auch hier werden Blattläuse bevorzugt, und die Entwicklung ist ähnlich. Die leuchtende Farbe der Käfer ist eine Warnfarbe und weist auf ihren bitteren Geschmack hin.

Siebenpunkt

Coccinella septempunctata. **Merkmale:** Kleine, runde Marienkäfer-Art mit hochgewölbtem Rükken; Flügeldecken rot mit schwarzen Flecken, Brust schwarz und weiß. Körperlänge 6–8 mm. **Vorkommen:** Fast das ganze Jahr weit verbreitet und häufig, besonders an Stellen mit zahlreichen Blattläusen. Zur Überwinterung auch in Wohnungen. **Nahrung:** Larve und Käfer jagen vorwiegend Blattläuse. **Entwicklung, Lebensweise:** Die Larven leben offen in Blattlauskolonien und können bei großem Bestand in wenigen Wochen eine neue Generation von Käfern erzeugen.

Kartoffelkäfer

Leptinotarsa decemlineata. **Merkmale:** Kleinere, rundliche Käfer mit hochgewölbtem Rücken und relativ kurzen Fühlern. Die nicht besonders kräftigen Beine erlauben nur langsame Bewegungen; die Tiere können aber gut fliegen. Ihre Färbung ist auffallend und soll auf ihre Ungenießbarkeit hinweisen. **Vorkommen:** Ursprünglich in Amerika zu Hause, ist die Art heute in unterschiedlicher Zahl in Europa auf Kartoffelfeldern zu finden. **Nahrung:** Käfer und Larven leben bei uns von Kartoffelkraut. **Entwicklung, Lebensweise:** Die Käfer überwintern, und Larven findet man im Frühsommer oft in großer Anzahl an Kartoffelpflanzen. Hier waren sie jahrweise sehr schädlich. Man hat sie deshalb auch intensiv bekämpft.

Schnellkäfer

Elater-Art. **Merkmale:** Kleinere Käfer von schmaler Gestalt, mit langen Fühlern. Ein besonderes Merkmal ist der Sprungmechanismus auf der Bauchseite. Körperlänge 10–20 mm. **Vorkommen:** Schnellkäfer findet man recht häufig im Sommer überall in der Vegetation. **Nahrung:** Die Käfer leben von Blüten und Säften, fressen aber auch andere Pflanzenteile. Unangenehmer bekannt sind ihre Larven, die Drahtwürmer, die an Samen und Pflanzen Schaden anrichten können. **Entwicklung, Lebensweise:** Die Larven leben unter der Erde und brauchen knapp 1 Jahr für ihre Entwicklung. Die Käfer selbst haben ihren Namen von dem Schnappmechanismus erhalten, mit Hilfe dessen sie aus der Rückenlage wieder auf die Beine kommen.

Weichkäfer

Cantharis-Art. **Merkmale:** Kleinere Käfer mit schmalem Körper und recht langen Fühlern. Flügeldecken und Körper sind sehr weich und haben der Gruppe den Namen gegeben. Dadurch unterscheiden sie sich auch von den ähnlichen Bockkäfern. Die Flügeldecken sind dunkel gefärbt, die übrigen Körperteile bräunlich. Körperlänge 10–15 mm. **Vorkommen:** Weichkäfer sind im Frühsommer recht häufig und weit verbreitet. Sie sind am Tage aktiv und fliegen und laufen auf Beutesuche in der Vegetation und auf Blüten herum. **Nahrung:** Larven und Käfer leben räuberisch von anderen Insekten. **Entwicklung, Lebensweise:** Die Larven überwintern und sind oft schon im zeitigen Frühjahr am Boden zu sehen, wo sie Beute jagen. Später findet man die Käfer besonders auf Doldenblüten, die sie nach Beute absuchen. Mit ihren kräftigen Kiefern fassen und zerlegen sie das Opfer. Die Nahrung wird bei den Larven von ausgeschiedenen Säften vor dem Mund verdaut und dann aufgesogen.
Es gibt eine Anzahl ähnlicher Arten, deren Lebensweise aber keine besonderen Unterschiede zeigt.

Zauneidechse

Lacerta agilis. **Merkmale:** Gesamtlänge meist 15–20 cm; davon entfallen etwa zwei Drittel auf den Schwanz. Schnauze stumpf, Auge braun, Trommelfell dunkelbraun und gut erkennbar. Rükken grau bis braun mit schwarzbraunen, weißkernigen Flecken. Beim ♂ im Frühjahr Grundfarbe der Rückenseite (seltener des ganzen Rückens) grün. Bauch beim ♂ grünlich, beim ♀ gelblich bis weißlich, schwarz gepunktet. Tiere mit einfarbig braun- bis ziegelroter Rückenmitte treten öfter, ganz schwarze selten auf. **Vorkommen:** Sonnige, bewachsene, trockene Stellen wie Feldränder, Böschungen, Hecken, Eisenbahndämme, Gärten, Parks, Wiesen- und Waldränder werden als Aufenthalt bevorzugt. Feuchte Wiesen, Moore, Sümpfe und dichte Wälder werden gemieden. Im Gebirge bis in Höhen von 1000 m. **Nahrung:** Würmer und Kerbtiere. **Lebensweise:** Zauneidechsen sind am Tag aktiv und lieben die Sonne. Sie klettern schlecht und halten sich daher fast nur auf dem Boden auf. Unterschlupf in Mauslöchern, kleinen Erdhöhlen u. ä. Paarungszeit IV–VI; Eiablage V–VII in lockerer Erde unter Steinen, Grasbüscheln und anderen feuchtwarmen Stellen. Die 3–14 haselnußgroßen Eier sind walzenförmig und pergamentschalig weiß. Nach 7–9 Wochen schlüpfen die ♀-farbenen, 3–4 cm langen, selbständigen Jungen. Ab X verkriechen sich die Zauneidechsen in frostfreie Verstecke (ca. 50 cm tief) zur Überwinterung bis III/IV.
Eidechsen können ihren Schwanz an einer vorgebildeten Bruchstelle bei Gefahr aktiv abstoßen. Das Tier sucht das Weite, während das Schwanzende sich noch eine Weile weiter bewegt und so den Feind beschäftigt! Der Schwanz wächst mehr oder weniger vollständig nach.

Turmfalke

Falco tinnunculus. **Merkmale:** Oberseits rotbraun, Handschwingen schwarzbraun. Langer, dunkler Backenbart. Unterseits auf lehmfarbenem Grund braune Längsstreifen. Beine gelb. Beim ♂ Oberkopf, Nacken, Backenbart und Bürzel blaugrau, Schwanz ebenso, mit breiter schwarzer Endbinde. Die beim ♂ grauen Partien sind beim ♀ rotbraun. Schwanz eng dunkelbraun quergebändert. Ungefähr taubengroß. **Vorkommen:** Über freien Flächen mit gar keiner oder kurzer Vegetation, wie Feldern, Weiden, Brachland. In Stadt und Land. **Nahrung:** Mäuse; wo diese fehlen, jagt er Kleinvögel, in Städten vor allem Spatzen (Notnahrung). Rütteljäger. **Fortpflanzung:** Brütet in Bäumen, Felsen, Gebäuden (besonderes hohen Türmen), offen oder in Höhlen. Gelege meist 4–6 Eier. Brutdauer 27–31, Nestlingszeit 27–38 Tage.

Rebhuhn

Perdix perdix. **Merkmale:** Ein kleines Feldhuhn, paarweise oder im Familienverband lebend. Fliegt erst unmittelbar vor dem Menschen mit durchdringenden Rufen auf und fällt nach kurzem, niedrigem Flug schnell wieder ein, um zu Fuß weiterzuflüchten. Oberseits braun gemustert, Schwanz rostbraun, Gesicht orangebraun. ♂ (Hahn) mit hufeisenförmigem, schokoladenbraunem Bauchschild; beim ♀ (Henne) nur angedeutet oder fehlend. **Vorkommen:** Bodenbewohner der Kultursteppe, d.h. auf Feldern und Wiesen; bevorzugt warme und trockene Böden. **Nahrung:** Grünzeug, Getreidekörner, Unkrautsamen, Insekten. Junge erhalten bis zur 4. Lebenswoche fast nur tierische Kost. **Fortpflanzung:** Bodenbrüter. Muldennest mit meist 10–20 Eiern. Brutdauer 24–26 Tage. Nestflüchter, flugfähig mit 13–14 Tagen. Die Jungen werden von beiden Eltern geführt und bleiben bis in den Winter bei ihnen.

Fasan

Phasianus colchicus. **Merkmale:** Großer, extrem langschwänziger Hühnervogel asiatischer Herkunft. ♀ (Henne) lehmfarben mit schwarzbrauner Fleckung. ♂ (Hahn) bunt: Gefieder kupferrot, die Einzelfeder blauschwarz gerändert; Kopf metallisch grün, das nackte Gesicht blutrot; manche ♂ mit weißem Halsring (Einschlag ostasiatischer Rassen). Hahn mit rauhem, schallendem Ruf. Junge ♀-farben und kurzschwänzig. **Vorkommen:** Deckungsreiche Kulturlandschaft, unterholzreiche Wälder (ursprünglicher Lebensraum). **Nahrung:** Jede Art pflanzlicher Nahrung, Kleintiere bis zu Mäusen und kleinen Schlangen. **Fortpflanzung:** Haremsbildung. Bodenbrüter. Gelege 6–12 Eier. Brutdauer 22–24 Tage. Nestflüchter, flugfähig mit 10–12 Tagen; das ♀ führt die Jungen bis zu ihrem 70.–80. Lebenstag.
Der Fasan hält sich in Mitteleuropa nicht ohne ständige alljährliche Nachzucht in Fasanerien.

Kiebitz

Vanellus vanellus. **Merkmale:** Ein taubengroßer, schwarz-weißer Vogel mit breiten, runden Flügeln, der durch seinen wuchtelnden Balzflug und Revierverteidigungsflug sowie seinen Ruf »chiewitt« sofort bestimmbar ist. Er trägt einen langen Nackenschopf; sein dunkles Gefieder hat metallisch purpurnen und grünen Glanz. **Vorkommen:** Flache, vegetationsarme bis -leere, großräumige Flächen: Wiesen, Äcker, Dünen, Brache. Zugvogel, schon in West- und Südeuropa überwinternd. **Nahrung:** Kleine Bodentiere aller Art, die durch Bodenklopfen hervorgelockt und dann aus dem Boden gebohrt oder aufgepickt werden. **Fortpflanzung:** Nest in selbstgedrehter Bodenmulde. 4 Eier. Brutdauer 26–29 Tage. Nestflüchter, die mit 30–42 Tagen flugfähig werden.

Unter den zahlreichen Watvögeln ist der Kiebitz mit Abstand der häufigste Binnenlandbrüter und zudem derjenige, der dem Laien am ehesten begegnen und auch auffallen wird. Außer beim schon erwähnten Balzflug zeigt der Kiebitz sein fliegerisches Können am besten, wenn sich ein möglicher Feind seinem Gelege nähert. Dabei greift er Menschen, auch Hunde, Füchse und selbst überlegene Luftgegner an. Führt dies nicht zum Erfolg, wendet er das sog. »Verleiten« an, das auch andere Bodenbrüter zeigen: Zum Greifen nah stellt er sich flügellahm, »verleitet« den Feind, ihm zu folgen, und lockt ihn so vom Nest weg.

Feldlerche

Alauda arvensis. **Merkmale:** Wie alle unsere Lerchen oberseits dunkelbraun gestreift und unterseits grauweiß. Kehle mit braunen Längsstreifen. Artkennzeichnend sind die weißen Außenfedern des Schwanzes. Etwas mehr als sperlingsgroß. **Vorkommen:** Charaktervogel der Kultursteppe, am häufigsten in Getreidefeldern, Wiesen und Marschen. Durch übermäßige und oft auch unnötige Beize des Saatgutes und achtlose Schädlingsbekämpfung sehr bedroht. Teilzieher. In schneearmen Lagen Nord- und Westdeutschlands überwintern vor allem ♂. **Nahrung:** Samen aller Art, Insekten, Spinnen, Würmer, Grünes. All das wird vom Boden aufgenommen. **Fortpflanzung:** Bodennest mit 3–5 Eiern. Brutdauer 11–14, Nestlingszeit 9–10 Tage, doch erst mit 3 Wochen flugfähig. 2 Jahresbruten.

Feldlerchen sind, wie auch die anderen beiden in Mitteleuropa brütenden Arten Hauben- und Heidelerche, ausgesprochene Bodenvögel. Ihren Gesang lassen sie jedoch während des Fluges ertönen. Dieser Balzflug führt senkrecht nach oben; gesungen wird (im Gegensatz zum Baumpieper, S. 49) also während der Aufstiegsphase – eine erstaunliche Leistung! Beendet wird der Singflug durch ein rasantes Abwärtsstürzen, das eigentlich mehr ein Fallen ist und erst kurz vor dem Boden durch Öffnen der Flügel abgebremst wird. Von den bei uns brütenden Lerchen ist nur die Feldlerche häufig und überall verbreitet. Verwechslung mit Hauben- und Heidelerche möglich.

Mauersegler

Apus apus. **Merkmale:** Braunschwarzes Gefieder; sichelförmige lange Flügel. Kurze schwache Füße. Etwas größer als Rauchschwalbe. Wenn wir in unseren Städten sommertags das schrille Geschrei der in reißendem Fluge dahinjagenden Mauersegler hören, dann haben wir bereits die typische Lebensweise dieses Vogels erkannt. Verwechslung mit Schwalben möglich; diese fliegen jedoch langsamer, schreien nicht und haben keine sichelförmigen Flügel. **Vorkommen:** Im Luftraum, bei schlechtem Wetter dicht über Boden und Wasser jagend. Zugvogel, in Afrika überwinternd. **Nahrung:** Fluginsekten. Fehlen sie, werden auch in der Brutzeit gewaltige Wanderungen unternommen. Die zurückgelassenen Nestlinge können bis zu 9 Tage lang hungern. Mauersegler kennen eine Art »Winterschlaf« bei Kälte. **Fortpflanzung:** Nest sehr hoch in Kaminen, Gebäuden in Stadt und Land. Gelege 2–3 Eier. Brutdauer 19–21, Nestlingszeit 40–60 Tage je nach Wetter.

Rauchschwalbe

Hirundo rustica. **Merkmale:** Oberseite glänzend stahlblau, auch das Kropfband; Stirn und Kehle braunrot, Unterseite rahmfarben. Gabelschwanz mit zwei langen Spießen, bei Jungen kürzer. Ungefähr sperlingsgroß. Zwitschert auf Freileitungen. **Vorkommen:** Im Flug jagend über Straßen, Häusern und jeglicher Landschaft, gern über Wasser. Zugvogel, überwintert im tropischen Westafrika und im Kongobecken. **Nahrung:** Fluginsekten im Fluge erbeutend. **Fortpflanzung:** Napfförmiges Nest mit 4–6 Eiern. Brutdauer 11–18, Nestlingszeit 18–23 Tage. 2 Jahresbruten häufig.

Die Rauchschwalbe hat sich ganz dem Menschen auf Gedeih und Verderb angeschlossen und brütet in Ställen, Dielen und Werkräumen. Wenn man eine feste Unterlage für ihr Nest anbringt, hat man ihr wirklich geholfen; denn ihr Bestand ist in den letzten Jahren besorgniserregend zurückgegangen.

Mehlschwalbe

Delichon urbica. **Merkmale:** Breiter, weißer Bürzel in metallisch schwarzer Oberseite. Unterseite schneeweiß. Schwanz nur schwach gegabelt. Ungefähr sperlingsgroß. Junge oberseits brauner. **Vorkommen:** In Städten und Dörfern, in den Alpen auch an Felsen. Luftjäger; jagt gewöhnlich in höheren Luftschichten als die Rauchschwalbe. Zugvogel, überwintert in Afrika südlich der Sahara. **Nahrung:** Fliegende Insekten. **Fortpflanzung:** Kugelrundes Nest mit kleiner Öffnung am oberen Rand, meist 3–6 Eier. Brutdauer 12–19, Nestlingszeit 24–28 Tage. 2 Jahresbruten möglich.

In unseren Dörfern und Kleinstädten findet man ihre Nester unter den überstehenden Dächern der Häuser, Bahnhöfe und Stallungen.

Schafstelze

Motacilla flava. **Merkmale:** Olivgrüner Rücken, ganze Unterseite leuchtend gelb; ♂ im Brutkleid mit grauem Scheitel. Ungefähr sperlingsgroß. Junge Schafstelzen sind grau und nicht leicht von jungen Bachstelzen (s. u.) zu unterscheiden. **Vorkommen:** Flachlandvogel in Wiesen, offener Akkerlandschaft, feuchter Heide, auf Kiesflächen. Zugvogel, überwintert in Westafrika vom Senegal bis Togo. **Nahrung:** Jegliches Kleingetier und fliegende Insekten, die in kurzen Jagdflügen gefangen bzw. am Boden gesucht werden. **Fortpflanzung:** Muldennest im Boden auf ebener Fläche. Gelege 5–6 Eier. Brutdauer 12–14, Nestlingszeit 12–13 Tage. 2 Jahresbruten möglich.
Es gibt zwei gelbe Stelzen in Mitteleuropa, die Schafstelze und die Gebirgsstelze (S. 152). Von der Schafstelze gibt es zudem noch mehrere Rassen, von denen wir die ♂ im Brutkleid an ihrer Kopffärbung (unsere zu 95% grauscheitelig) und -zeichnung unterscheiden können.

Bachstelze

Motacilla alba. **Merkmale:** Als häufigste Stelze wohnt die Bachstelze zugleich in unmittelbarer Nähe des Menschen. Im Brutkleid mit schwarzer Brust, Kehle und Hinterhaupt. Rücken grau; Stirn, Backen und Unterseite weiß. Im Winter Kehle weiß, und Brust nur mit schmalem, schwarzem Band. Junge verwaschen grau mit schwarzem Kehlband. Die ungefähr sperlingsgroßen Stelzen wippen mit den langen Schwänzen. **Vorkommen:** In der offenen, weiten Kulturlandschaft überall, wo es feucht oder wo Wasser in der Nähe ist. Gerne in der Nähe von Gebäuden, in deren Mauerwerk sie in Löchern brütet. Auf frisch gepflügten Äckern. Zugvogel, einige überwintern im wärmeren Westen unseres Verbreitungsgebietes. **Nahrung:** Insekten, Spinnen, Würmer und Schnecken, die vom Boden aufgenommen bzw. in der Luft geschnappt werden. **Fortpflanzung:** Nest steht 50 cm–3 m hoch in Höhlen von Gebäuden, Dämmen, knorrigen Bäumen und unter Brücken. Gelege meist 5–6 Eier. Brutdauer 12–14, Nestlingszeit 14–15 Tage. 2 Jahresbruten.

Neuntöter

Lanius collurio. **Merkmale:** Der Neuntöter ist unser kleinster Würger. Beim ♂ sind Rücken, Flügeldecken rotbraun, Kopf, Nacken, Bürzel grau, Unterseite cremefarben. ♀ oberseits braun, Rükken rostbraun, unterseits cremefarben mit feiner Halbmondzeichnung an Brust und Flanken. Die ♀-farbenen Jungen sind auch oberseits gebändert. **Vorkommen:** In trockener, offener Buschlandschaft, an Waldrändern, Bahndämmen, Schonungen. Liebt Dornenhecken. Zugvogel, überwintert in Ost- und Südafrika. **Nahrung:** Größere Insekten, aber auch Frösche, Kleinvögel, Mäuse. **Fortpflanzung:** Heckenbrüter. Nest mit 4–6 Eiern. Brutdauer 14–16, Nestlingszeit 12–15 Tage.

Goldammer

Emberiza citrinella. **Merkmale:** Einer unserer häufigsten Feldvögel, der den ganzen Sommer über unermüdlich sein einfaches Liedchen von einer Warte aus vorträgt. Das ♂ mit leuchtend zitronengelbem Kopf und ebensolcher Unterseite sowie rotbraunem Bürzel. Rücken und Flügel braun, gestreift. Beim ♀ ist das Gelb stumpfer, Scheitel und Kehle sind zudem gestreift. Junge ♀-farbig, noch dunkler und stärker gestreift. **Vorkommen:** Charaktervogel der mit Hecken bestandenen Feldwege, Ackerränder, Waldränder, Schonungen. Winterschwärme auf Feldern und Höfen. **Nahrung:** Sämereien, Boden-Kerbtiere, Nacktschnecken, Regenwürmer. **Fortpflanzung:** Nest verborgen am Boden oder in Bodennähe mit 3–5 Eiern. Brutdauer 11–14, Nestlingszeit 9–14 Tage. 2 Jahresbruten.

Stieglitz, Distelfink

Carduelis carduelis. **Merkmale:** Der Stieglitz (sein Ruf klingt »tiglitt«) oder Distelfink (er kann geschickt Samen aus Distelköpfen klauben) ist einer unserer farbenprächtigsten Vögel. Kopf weiß-schwarz mit roter Gesichtsmaske, Rücken braun, Bürzel weiß, Schwanz und Flügel schwarz, breite gelbe Flügelbinde. Junge graugrün-gelblich, braun gestreift. **Vorkommen:** Regional fehlend. In Gärten, Plantagen, Parks, auf Ödland. Betonter Kulturfolger. Außerhalb der Brutzeit überall dort, wo samenspendende Kräuter in offenem Gelände wachsen. Teilzieher. **Nahrung:** Samen von Korbblütlern, die er vom Boden und direkt abliest. Im Winter auch Baumsamen, im Sommer zusätzlich kleine Insekten. Distelsamen machen bis zu einem Drittel der Nahrung aus. **Fortpflanzung:** Nest in äußerer Astgabel von Obstbäumen in 3–10 m Höhe; 4–6 Eier. Brutdauer 11–13, Nestlingszeit 13–16 Tage. 2–3 Jahresbruten.

Feldsperling

Passer montanus. **Merkmale:** Beide Geschlechter gleich gefärbt. Wichtige Erkennungszeichen sind der schokoladenbraune Oberkopf und der schwarze Ohrfleck in der weißen Backe. **Vorkommen:** Baumbestandene Kultursteppe wie Dorfränder, Obstgärten, freistehende Bauernhöfe, Landwege, Alleen. **Nahrung:** Allesverwerter, der tierische und pflanzliche Kost jeder Art frißt. **Fortpflanzung:** Nest in Baumhöhlen, Nistkästen, Scheunen; Gelege 4–6 Eier. Brutdauer 11–14, Nestlingszeit 15–17 Tage. 3 Jahresbruten.

Der **Haussperling,** *Passer domesticus* (ohne Abb.), ist mit Abstand unser häufigster Vogel. In der Färbung ähnelt er sehr dem Feldsperling, jedoch fehlt ihm der Ohrfleck, und die ♂ tragen eine aschgraue Kopfplatte und einen großen, schwarzen Kehlfleck. Der Haussperling ist dank seiner großen Anpassungsfähigkeit überall in und in der Nähe von menschlichen Siedlungen zu finden. Nahrung und Fortpflanzung wie Feldsperling.

Elster

Pica pica. **Merkmale:** Das schwarze Gefieder dieses langschwänzigen großen Krähenvogels schillert purpurn, blau und grün. Weiß sind Schultern, Bauch und Flanken. Elstern sind wachsam und gewandt im »Sichverdrücken«. Ihr Schackern ertönt bei der kleinsten Beunruhigung. **Vorkommen:** Offene Kultursteppe mit hohen Bäumen, auch in der Stadt. Waldränder. Meidet enge Täler. **Nahrung:** Allesverwerter; tierische Kost überwiegt. Kerbtiere, Würmer, Schnecken, Frösche, Eidechsen, Mäuse, Nestlinge und Jungvögel, Aas, Abfälle, Früchte, Samen. Jungenfutter sind Insekten. **Fortpflanzung:** Überdachter, sperriger Horst in meist großer Höhe (bis 25 m); Gelege 5–8 Eier. Brutdauer 17–19, Nestlingszeit 22–30 Tage.

Rabenkrähe

Corvus corone. **Merkmale:** Die Rabenkrähe ist tiefschwarz, Nebelkrähe (s. u.) mit grauem Nakken, Rücken und Unterseite. Groß. **Vorkommen:** Baumbestandenes Kulturland und Wälder. Außerhalb der Brutzeit überall, auf Äckern, Müllabladeplätzen. **Nahrung:** Allesverwerter. Nahrung auf offenem Feld, an Wegen suchend. Tierische Kost überwiegt sehr. Vom Regenwurm bis zur Ratte, Abfälle, Aas, Obst, Grünzeug und Sämereien. **Fortpflanzung:** Horst hoch stammnah in Bäumen; Einzelbrüter. Gelege 4–6 Eier. Brutdauer 17–20, Nestlingszeit 31–36 Tage.

Die Art heißt eigentlich Aaskrähe und bildet zwei Rassen, die Raben- und die Nebelkrähe. Diese vertreten sich geographisch, und eine bis 60 km breite Mischzone trennt die Brutgebiete auf folgender Linie: deutsch-dänische Grenze – Fehmarn – Westmecklenburg – Mittel- und Oberelbe – Salzkammergut – Hochalpen – Seealpen – Riviera. Westlich davon brütet die Raben-, östlich davon die Nebelkrähe.

Saatkrähe

Corvus frugilegus. **Merkmale:** Typische Krähe mit grindigem Schnabelgrund (Altvögel) und langem, schlankem Schnabel. Gefieder schwarz. Verwechslung mit der Rabenkrähe (s. o.) möglich, aber diese mit enger, nicht weiter Befiederung des Fersengelenkes, mit höherem, kräftigerem und kürzerem Schnabel. Altvögel unverwechselbar durch das grindige Gesicht. **Vorkommen:** Akkersteppe der Tiefebene mit Feldgehölzen; Parks in Städten und Dörfern. Kulturfolger. Fehlt als Brutvogel in der Schweiz und Österreich. **Nahrung:** Im Winter mehr pflanzliche, im Frühjahr und Sommer mehr tierische Nahrung. Schadinsekten wie Engerlinge, Drahtwürmer, Eichenwicklerraupen, Rüsselkäfer; Feldmäuse, Nacktschnecken. Jagt auf dem Boden und in Bäumen. **Fortpflanzung:** Koloniebrüter, der als landwirtschaftlich nützlicher Vogel unbedingten Schutz braucht. Das Nest in Baumwipfeln enthält 3–5 Eier. Brutdauer 16–18, Nestlingszeit 30–36 Tage.

Wildkaninchen

Oryctolagus cuniculus. **Merkmale:** Stammform vom (und kleiner als das) Hauskaninchen. Kopf rund, Augen groß und braun, Ohren kürzer als der Kopf und stets aufrecht stehend. Hinterbeine nur wenig länger als die Vorderbeine; Schwanz kurz, wollig. Das dichte und wollige Fell ist oberseits graubraun, an den Flanken heller und unterseits hellgrau bis weiß. Farbabweichungen sind möglich. **Vorkommen:** Sehr anpassungsfähig; offene, aber deckungsreiche Landschaften. Große Wälder werden gemieden. Wichtig ist ein Boden, in dem sich gut graben läßt. **Nahrung:** Pflanzen aller Art, dazu Knospen, Blätter, Rinde, Früchte, Beeren, Pilze, gerne auch Feldfrüchte; nimmt manchmal tierische Beikost. **Lebensweise:** Hauptsächlich morgens und abends aktiv. Bewegt sich hoppelnd fort und ist bei Flucht zu schnellen Kurzstreckenläufen in der Lage. Lebt gesellig in Kolonien und wohnt in selbstgegrabenen, verzweigten Erdbauen. Zur Fortpflanzung werden besonders Satzbaue von ca. 150 cm Länge und 50 cm Tiefe gegraben. Die Vermehrungsrate der Wildkaninchen ist sprichwörtlich; jährlich (III–XI) erfolgen 5–6 Würfe mit je 1–15 nackten, blinden Jungen. Diese verlassen mit 4 Wochen endgültig den Bau, sind dann selbständig, und bereits mit 8–10 Monaten geschlechtsreif.

Feldhase

Lepus europaeus. **Merkmale:** Kopf länglich, Augen groß und gelbbraun, Ohren sehr lang (reichen nach vorn gelegt über die Nase). Hinterbeine erheblich länger als die Vorderbeine; Schwanz kurz. Das weiche und dichte Fell ist oberseits gelblichgrau mit schwarzen und weißlichen Haarspitzen; Flanken, Kehle und Brust sind rostgelblich, Bauch und Schwanzunterseite weiß. Schwanzoberseite und Ohrspitze zeigen schwarze Färbung. **Vorkommen:** Alle offenen Landschaften zwischen Meeresküste und Hochgebirge; Wiesen, Felder, auch Waldgebiete und Dünen. In den Alpen bis 2000 m Höhe. **Nahrung:** Pflanzen verschiedenster Art, dazu Zweige, Knospen, Rinde, Beeren, Früchte, Pilze; manchmal werden Kleintiere (z. B. Mäuse!) als Beikost genommen. **Lebensweise:** Einzelgänger; Haupttätigkeit in Dämmerung und Nacht. Als Ruheplätze (Sassen) werden flache, geschützte Mulden ausgescharrt. Feldhasen laufen schnell über weite Strecken, springen und schwimmen gut. Beim Laufen bergauf kommen ihnen die langen Hinterbeine zugute, so daß sie auch hier große Geschwindigkeiten entwickeln können. Verfolger werden durch das bekannte Hakenschlagen abgeschüttelt. Bei Erregung wird mit den Vorderfüßen auf den Boden getrommelt. Fortpflanzungszeit (Rammelzeit) I–VIII, Tragzeit 42–44 Tage (dabei häufig Überfruchtung, d. h. neues Trächtigwerden vor dem Setzen!). Jährlich (III–X) 3–4 Sätze mit je 2–4 voll behaarten und sehenden Laufjungen, die bereits mit 3–4 Wochen selbständig und mit 5–8 Monaten geschlechtsreif werden.

Schermaus, Wühlmaus

Arvicola terrestris. **Merkmale:** Feldmausartig, aber deutlich größer; Schwanz halb körperlang. Ohr klein und fast ganz im Fell verborgen. Oberseite gelb- bis schwarzbraun und schwarz, Unterseite weiß- bis dunkelgrau. **Vorkommen:** Wiesen, Weiden, Äcker, Gärten, Obstplantagen; auch gern an dicht bewachsenen Ufern träger Gewässer oder in Sümpfen. Im Gebirge bis 2000 m. **Nahrung:** Gräser, Kräuter, Strauch- und Baumwurzeln, Feldfrüchte, Gartenpflanzen. Hortet Wurzelstücke, Quecken und andere Pflanzenteile in Vorratskammern. **Lebensweise:** Einzelgänger; tag- und nachtaktiv. Schwimmt und taucht gut. Lebt in einem selbstgegrabenen System sehr flacher oder tiefer Gänge, die in Uferwänden auch als Galerien angelegt werden. In der Nestkammer, die oft unter einem flachen Erdhaufen liegt, jährlich (IV–X) 3–4 Würfe mit je 2–6 blinden, nackten Jungen; diese mit 2–3 Wochen selbständig und mit gut 2 Monaten geschlechtsreif.

Feldmaus

Microtus arvalis. **Merkmale:** Schwanz kurz. Fell glatt, oberseits bräunlichgrau, unterseits grau mit gelblichem Anflug. **Vorkommen:** In allen offenen Landschaften; Felder, Wiesen, Weiden, Parks. Im Gebirge bis 2300 m. **Nahrung:** Gräser, Kräuter, Getreide, Klee, Feld- und Hackfrüchte, Rinde. **Lebensweise:** Tag- und nachtaktiv. Gräbt weitverzweigte Gänge unter der Oberfläche mit vielen Schlupflöchern und Wechseln dazwischen, die unter Schnee mit Erde oder Gras übertunnelt werden. Gepolsterte Nester im Boden, unter Heuhaufen, Getreidegarben; auf feuchtem Grund in Grasbüscheln. Im Winter gern in Strohmieten und Feldscheunen. Meist gesellig in Kolonien, öfter Massenvermehrung. Fortpflanzung auch in milden Wintern, sonst III–XI. Jährlich 3–7 Würfe mit 4–13 nackten, blinden Jungen, die mit 3 Wochen selbständig werden. Die Geschlechtsreife tritt bei ♂ mit 28 Tagen ein, bei ♀ bereits mit 11 Tagen, so daß diese oft noch im Nest vom eigenen Vater gedeckt werden!

Erdmaus

Microtus agrestis. **Merkmale:** In Größe und Aussehen sehr ähnlich der Feldmaus, Unterseite jedoch schiefergrau. **Vorkommen:** Wiesen, Weiden, Brachland, auch Moore und Sümpfe, Feldgehölze, vergraste Schonungen, Waldränder und -lichtungen. Bevorzugt kühlere und feuchtere Plätze als die Feldmaus. **Nahrung:** Gräser, Kräuter, Schachtelhalm, Fichten- und Lärchennadeln, Rinde, weiches Holz junger Triebe. **Lebensweise:** Tag- und nachtaktiv; schwimmt gern. Lebt gesellig in einem verzweigten System flacher Erdgänge mit Vorrats- und Nestkammern sowie oberirdischer Wechsel im dichten Bodenbewuchs. Fortpflanzung ähnlich Feldmaus; ebenfalls Massenvermehrung möglich.

Steinmarder

Martes foina. **Merkmale:** Katzengroß; kurzbeinig. Kopf kurz dreieckig, Hals lang. Schwanz so lang wie der Körper und buschig. Fell weich, hellbraune Grannen über dichter, grauweißer Unterwolle; Kopf heller, Ohren weiß gesäumt, auf Kinn und Kehle ein weißer oder blaßgelber Fleck, der bis an die Vorderbrust und auf den Armansatz reicht. **Vorkommen:** Deckungsreiches Gelände mit vielen Schlupfwinkeln; auch in Städten (Siedlungsfolger). Im Gebirge bis 2000 m. **Nahrung:** Kerbtiere, Würmer, kleine Wirbeltiere, Kleinsäuger, Jungwild, Eier und Jungvögel, Hühner, Tauben, Ratten; Beeren und Obst. **Lebensweise:** Einzelgänger; in der Dämmerung und nachts aktiv. Bewegt sich meist in Sprüngen, klettert gut, jedoch weniger auf Bäumen. Lager in Fels- und Mauerspalten, Erd- und Baumhöhlen, Steinhaufen, auch auf Dachböden. Hinsichtlich der Fortpflanzung gleicht der Steinmarder weitgehend dem Baummarder (S. 61). Auch hier gibt es zwei Ranzzeiten (im Westen und Süden im II, im übrigen Gebiet im VII/VIII) und damit ähnliche Unterschiede in der Dauer der Tragzeit.

Mauswiesel

Mustela nivalis. **Merkmale:** Größe wie eine Hausratte; die ♂ sind um ein Viertel größer und schwerer als die ♀. Körper langgestreckt, Hals lang, Kopf flach. Oberseite hell- bis dunkelbraun, Unterseite weiß; Grenzlinie zwischen beiden meist unregelmäßig gezackt. Am Mundwinkel fast stets ein brauner Fleck. Schwanz einfarbig braun. **Vorkommen:** Alle offenen Landschaften mit genügend Schlupfwinkeln (und Mäusen), gern in Kulturlandschaft und in der Nähe von menschlichen Siedlungen, auch in lichten Wäldern; nasses Gelände und große Wälder werden gemieden. Im Gebirge bis 3000 m. **Nahrung:** Hauptbeute sind Mäuse, daneben andere Nagetiere bis Kaninchengröße, Kerbtiere, Kleinvögel, Eier und Eidechsen. **Lebensweise:** Einzelgänger; vorwiegend dämmerungs- und tagaktiv. Unterschlupf in Erd- und Baumhöhlen, unter Wurzeln, in Holz- und Steinhaufen. Fortpflanzung durch jährlich 2–3 Würfe mit je 4–9 (12) blinden, nackten Jungen, die mit 8–12 Wochen selbständig sind. ♀ werden mit 6 Monaten, ♂ mit 1 Jahr geschlechtsreif.

Das nahe verwandte **Hermelin,** *Mustela erminea* (ohne Abb.), ist deutlich größer als eine Wanderratte. Fell im Sommer oberseits braun, unterseits scharf abgesetzt weiß oder gelbweiß; Schwanzspitze etwas buschig, schwarz. Das Winterkleid ist ganz weiß; nur die Schwanzspitze bleibt schwarz. Das Große Wiesel, wie das Hermelin auch genannt wird, kommt im gleichen Lebensraum wie das Mauswiesel vor und ist im Sommer tag-, im Winter nachtaktiv. Die Tiere leben einzeln, zur Paarungs- und Jungenaufzuchtzeit paar- bzw. familienweise. Paarungszeit II–VIII, Wurfzeit V–VII. Die Tragzeit erstreckt sich stets über den Winter und kann deshalb über 12 Monate dauern, je nachdem, wann die Paarung erfolgte.

Igel

Erinaceus europaeus. **Merkmale:** Schnauze spitz, Augen klein, Ohren kurz und rundlich; Schwanz und Beine kurz. Körperoberseite mit spitzen, etwa 2,5 cm langen Stacheln von dunkler Färbung, aber mit hellen Spitzen. Unterseite weißgrau bis braun behaart. **Vorkommen:** Deckungsreiches Gelände; gern in der Nähe menschlicher Siedlungen. Im Gebirge bis 2000 m. **Nahrung:** Wirbellose, ab er auch kleine Wirbeltiere jeder Art; Eier, Aas, Beeren und Früchte. **Lebensweise:** Dämmerungs- und Nachttier. Trippelt geräuschvoll im Unterwuchs herum; kann auch schnell laufen. Bei Gefahr rollt er sich zu einer Kugel zusammen. Gepolstertes Lager in Gebüsch, Erd- und Mauerlöchern, Felsspalten, Reisighaufen, Scheunen und Ställen. Hält Winterschlaf. Während der Wurfzeit (V–IX) kommen ein- bis zweimal je 2–10 blinde Junge zur Welt, die anfangs weiche Stacheln haben. Selbstständig mit etwa 6 Wochen.

Maulwurf

Talpa europaea. **Merkmale:** Etwas größer als eine Feldmaus; Gestalt walzenförmig, Schwanz kurz, Schnauze rüsselartig. Vorderfüße als seitlich unmittelbar ansitzende, breite Grabschaufeln mit langen, platten Nägeln ausgebildet. Fell kurz, sehr dicht und weich, von grauschwarzer bis schwarzer Färbung. **Vorkommen:** Offene Landschaften, Gärten, auch Laubwälder. Im Gebirge bis 2000 m. **Nahrung:** Regenwürmer, Kerbtiere, Tausendfüßler, Schnecken, Kleinsäuger, Eier und Nestjunge von Bodenbrütern. **Lebensweise:** Unverträglicher Einzelgänger; lebt unterirdisch in selbstgegrabenem Gangsystem mit aufgeworfenen Erdhaufen und gepolsterter Nestkammer (Kessel). Paarungszeit III–V, Tragzeit ca. 4 Wochen. Jährlich meist 1 Wurf (seltener 2) mit 4–5 nackten, blinden Jungen, die mit 5 Wochen selbständig werden.

Mausohr

Myotis myotis. **Merkmale:** Größte (und häufigste) heimische Fledermaus; etwas kleiner als eine Hausmaus, Flügelspannweite knapp 40 cm. Die Flughaut verbindet Rumpf, Arme, Finger, Beine und Schwanz. Körperoberseite graubraun, Unterseite grauweiß, Flughaut rauchgrau. **Vorkommen:** Offene, baumbestandene Landschaften, auch Ortschaften. Sommerquartier in Dachstühlen, in Steinbrüchen, Baumhöhlen, Nistkästen; Winterquartier in Felshöhlen, Stollen. Im Gebirge bis 1700 m. **Nahrung:** Kerbtiere, die im Flug gefangen oder vom Boden (z. B. Käfer) aufgelesen werden. **Lebensweise:** Jagdflugbeginn nach Anbruch der Dunkelheit. Fliegt 5–8 m hoch, langsam und gerade. Winterschlaf einzeln oder zu mehreren in »Klumpen«. Paarungszeit Herbst und Frühjahr; Eibefruchtung immer im Frühjahr. Nach 60–70 Tagen Tragzeit 1 blindes, nacktes Junges, das sich im Fell der Mutter festkrallt und mit 6 Wochen selbständig wird.

Feuchtgebiete

Was hier mit einem zum Schlagwort gewordenen Begriff belegt wird, ist der Bereich der Binnengewässer, sind also die Lebensräume, die vom Süßwasser geprägt sind. Grundsätzlich kann man dabei stehende und Fließgewässer unterscheiden, wenn auch die Grenzen im wahrsten Sinn des Wortes fließend sind. Wir erfassen hier die Gräben, Bäche und Flüsse, die Tümpel, Weiher, Teiche und Seen sowie die Sümpfe und Moore. Sie alle sind in ihrem Fortbestand gefährdet, in ihrer Lebensfähigkeit bedroht durch Verschmutzung, Trockenlegung, Begradigung. Man hat lange Zeit vergessen, was man früher meinte, wenn man vom Lebenselexier Wasser und von den Lebensadern unserer Landschaft sprach. Wasser ist eben nicht nur zum Benützen da. Diese Erkenntnis ist nicht neu, aber man scheint nur zögernd danach handeln zu wollen.

Hängebirke

Betula pendula. **Merkmale:** Bis 20 m hoher Baum (Abb. o.r.). Krone zuerst schmal kegelförmig, spitz, aufrecht, später mit abgerundetem Wimpfel und lang überhängenden Zweigen. Junge Triebe klebrig, dann mit eingetrockneten Harzdrüsen. Im 1. und 2. Jahrzehnt entwickelt sich vom Stammgrund zur Krone und auf starke Äste übergehend eine schwarze, tiefrissige Borke. Blatt dreieckig-rautenförmig, Seitenecken nicht oder kaum verrundet, lang zugespitzt, am Grund breit keilig oder abgestutzt, scharf doppelt gesägt, kahl, jung klebrig, später meist mit Harzdrüsen. Blüte IV–V; ♂ Blütenstand lange herabhängende Kätzchen. ♀ Blütenstand wesentlich kleiner (Abb. o.l.), zunächst aufrecht, dann hängend. Fruchtzäpfchen ohne bewimperte Schuppen. **Vorkommen:** Meist der erste Besiedler von Neuland unter den Gehölzen. Meidet Kalk- und schwere Tonböden.

Nüßchenflug VII–VIII; bereits 2–3 Wochen danach keimen die Samen aus, so daß bereits im selben Jahr der 1. Höhentrieb beendet wird. In 100 Jahren »wandern« Birken – falls nicht von uns behindert – 30 km. Verwendung und Nutzung wie Moorbirke. Aufgrund der warzigen Harzdrüsen an den jungen Zweigen wird die Hängebirke oft auch Warzenbirke genannt.

Moorbirke, Haarbirke

Betula pubescens. **Merkmale:** Meist nicht über 20 m hoher Baum. Zweige steif, besenartig nach oben gerichtet, nicht überhängend. Oft von Hexenbesen, einer von einem Schlauchpilz verursachten Wucherung befallen (Abb.). Junge Triebe behaart, ohne Warzen; Rinde erst rotbraun, dann weiß bis grauweiß, durch abblätternde Schichten waagerecht grau bis braun gebändert; bald bildet sich eine dunkle Borke, zuweilen aber bis ins Alter tief herab weiß, wenn die schwarze Borkenbildung unterbleibt oder nur am Fuß auftritt. Blatt ei- bis rautenförmig, mit abgerundeten Seitenecken, kurz zugespitzt, am Grund abgerundet, manchmal schwach herzförmig oder breit keilförmig, ungleich und meist doppelt gesägt, anfangs fast zottig behaart, dann bis auf die Nervenwinkel unterseits verkahlend, Stiele behaart. Einjährige Zweige behaart, ohne oder mit wenig Wachsdrüsen. Blüte IV–V; Fruchtzäpfchen meist hängend, seine Schuppen gewimpert. **Vorkommen:** Liebt feuchte, moorige Lagen, recht lichtbedürftig.

Die im Frühling duftenden Blätter gaben ihr den Namen Ruchbirke, die flaumige Behaarung machte sie zur Haarbirke. Das Holz wird handwerklich verarbeitet, angezapfte Stämme liefern Haarwasser. Birken sind auch alte Heilpflanzen. Verwendet werden der frische Saft und ein Tee aus den Blättern, der stark harntreibend wirkt und daher verläßlich bei allen Erkrankungen hilft, die von unerwünschten Wasseransammlungen begleitet sind oder bei denen es auf die Ausscheidung von Giftstoffen ankommt. Äußerlich wird eine Abkochung von Blättern und Rinde zu Bädern bei langwierigen Hautleiden empfohlen.

Schwarzerle

Alnus glutinosa. **Merkmale:** bis 25 m hoher Baum, oft mehrstämmig, öfters auch strauchig. Krone ziemlich locker, mit bis zum Wipfel durchgehendem Stamm, von dem die Äste meist waagerecht abgehen und sich dann fein verzweigen. Triebe klebrig. Wurzeln treten in Bächen öfters rotgefärbt zutage. Blatt (Abb. M.) rundlich bis verkehrt-eiförmig, an der Spitze meist breit verrundet oder ausgerandet, mit 5–6 Nervenpaaren, jung sehr klebrig, grob doppelt gezähnt, unterseits meist rostfarben gebärtet, im Herbst lang grün. ♀ Kätzchen und später die Zapfen deutlich gestielt (Abb. o. r.), wie die ♂ (Abb. o. l.) violettrot, zuvor grün. Starker Wurzelausschlag. Nüßchen werden meist durch das Wasser verbreitet. **Vorkommen:** Verträgt von allen mitteleuropäischen Gehölzen die größte Feuchtigkeit, braucht fließendes bzw. bewegtes Bodenwasser und tiefgründige Böden; besonders in Auwäldern, Brüchen, an Bächen und Flüssen.

Wird meist nicht über 120 Jahre alt. Das Holz färbt sich an der Luft tief gelbrot, beim Trocknen wird es bräunlichrot; nur dauerhaft, wenn ständig im Wasser. In unserem Gebiet kommen ferner noch die Grünerle, ein bis 2,5 m hoher Strauch, und die Grauerle, ein bis 25 m hoher Baum vor.

Schwarzpappel

Populus nigra. **Merkmale:** Bis 30 m hoher Baum mit breit ausladender Krone (Abb. u. l.), Stamm oft mit dicken Knollen, Umfang bis 2 m. Die Äste sind stark, einjährige Triebe rund, gelblich bis gelbgrau, im 2. Jahr grau, Mark fünfzackig. Blatt rautenförmig bis dreieckig, am Grund keilig oder quer abgestutzt, kahl, lang zugespitzt, an den Seiten verrundet (Abb. u. r.), fein kerbig gesägt, am Rand mit deutlich abgesetztem durchsichtigen Saum, nicht gewimpert. Herbstfärbung gelb. Stiel abgeflacht, etwas kürzer als das Blatt, kahl und wie dieses ohne Drüsen. Blüte III–IV; ♂ Kätzchen grau, dann rötlich, ♀ grünlichweiß. **Vorkommen:** Bevorzugt lockere Sand- und Tonböden und ist deshalb besonders in Auwäldern, an Flüssen und sonstigen Gewässern zu finden.

Wird bis etwa 200 Jahre alt. Vielfach durch euroamerikanische Bastarde, die »Wirtschaftspappeln« (früher vielfach als *P. canadensis* bezeichnet) mit größerem Nutzungswert verdrängt, aber wie diese für handwerkliche Zwecke, Papier und Kunstfasern benutzt. Bemerkenswert ist bei allen Pappeln die Verbreitung ihrer Samen durch den Wind. Die Samen, die mit einem kleinen Haarschopf versehen sind, können wie kleine weiße Flöckchen über große Entfernungen durch die Luft getragen werden. Sie können sogar auf dem Wasser schwimmen, ohne unterzugehen. Für viele Samen ist die »Reise« jedoch nutzlos; dennoch sorgt die Natur durch diesen Mechanismus, bei dem Tausende von Samen verbreitet werden, für die Erhaltung der Art. Eine auffallende Form der Schwarzpappel ist die Italienische oder Pyramidenpappel mit säulenartigem Wuchs.

Silberweide

Salix alba. **Merkmale:** Baum, 6–25 m hoch und 1 m Stammdurchmesser, Krone stark verzweigt, jüngere Triebe an der Spitze überhängend; bei älteren Bäumen hängen auch Äste vielfach nach unten (Abb. o.). Stamm und Zweige braungrau bis dunkelgrau. Blatt lanzettlich, lang oder kurz zugespitzt, fein gesägt, oberseits dunkelgrün, unterseits immer dicht seidig behaart, Härchen parallel zur Mittelrippe. Vom Winde bewegt und gewendet leuchten sie silberig auf. Blütezeit IV–V. Blüten in ♀ und ♂ Kätzchen getrennt, die vor oder gleichzeitig mit den Blättern gebildet werden. Die ♂ Kätzchen bestehen aus Blüten mit zum Teil lebhaft gefärbtem Tragblatt. ♀ Blüten mit gelben Narben. Frucht eine Kapsel. **Vorkommen:** Besonders an Gewässern, liebt besonders feuchte, wenigstens ab und zu überschwemmte Sandböden. Lichtbaum der Ebene, geht nicht über 800 m.
Unsere häufigste Weide, wird meist nicht über 100 Jahre alt. Oft als »Kopfweide« gezogen und auch als »Trauerweide« wunderschön.

Korbweide

Salix viminalis. **Merkmale:** Auffällig durch ihre langen Ruten (Abb. M. r.), deren Blätter meist zehnmal so lang wie breit und unterseits, den Nervenrichtungen folgend, seidig-weiß behaart sind. **Vorkommen:** Auf stark feuchten, nährstoffreichen Böden, besonders in Auen und an Ufern. Vielfach angepflanzt.
Sowohl bei der Silberweide als auch bei der Korbweide ist es nicht die Qualität des Holzes, die diese Bäume für gewerbliche Nutzung interessant macht. Vielmehr sind es die langen, biegsamen Zweige, die schon seit alters her zur Herstellung von Körben (Name!) und anderen Flechtarbeiten genutzt wurden. Die Weidenrinde enthält darüber hinaus ein Glykosid, das der Salizylsäure sehr ähnlich ist, so daß sie bei allen fieberhaften Erkrankungen, gegen Rheuma und zur Schmerzlinderung eingesetzt wird.

Salweide

Salix caprea. **Merkmale:** Wird als Baum etwa 10 m hoch (Abb. M. l.), oft aber nur ein hoher Strauch. Blätter breit elliptisch, wenigstens unterseits dicht flaumig, oft mit vortretendem gelben Adernetz (Abb. u. r.). Blüte III–IV; Kätzchen (Abb. u. l.: ♂) und ihre Knospen groß, vor den Blättern. **Vorkommen:** Anspruchslos, wächst fast überall auf gut durchlüfteten Böden, besonders an Flüssen.
Trotz ihres Blütenbaus gehören die Weiden nicht zu den Windblütlern, sondern werden aufgrund der farbigen Tragblätter der ♂ Blüten oder der gelben und purpurroten Staubblätter von Insekten (hauptsächlich Bienen und Hummeln) besucht. Da die Weidenkätzchen zu den ersten Blühern im Jahr zählen, sind sie eine wichtige Bienenweide und sollten davon verschont bleiben, als »Ostersträuße« in die gute Stube zu wandern.

Astalge

Cladophora-Art. **Merkmale:** Häufige Grünalge, deren stark verzweigte Fäden oft dichte Büschel in Flüssen und Seen bilden. Die Chloroplasten (Zellfarbstoffträger) liegen als wandständiger Belag dicht unter der Zelloberfläche. Die Fäden sind mit einem Rhizoid am Grund festgeheftet. Häufig wattige, grüne Überzüge bildend. **Vorkommen:** In Fließgewässern, Seen und Weihern.
Manche *Cladophora*-Arten sind so außerordentlich wüchsig, daß man in den durchlichteten Uferzonen oft regelrechte Türme dieser Fadenbüschel im Wasser sehen kann. Durch Wind und Wellenschlag können Büschel abgerissen und in bestimmten Uferbereichen eines Gewässers zusammengetrieben werden (Abb. o.). Da das Algenwachstum auch vom Nährstoffreichtum des Gewässers abhängt, haben sich in vielen Gewässern die Fadenalgen stark ausgebreitet, nachdem diese zunehmend durch Abwässer belastet worden sind. Der Charakter dieser Gewässer wurde von nährstoffarm (oligotroph) zu nährstoffreich (eutroph) hin verschoben. Das Massenauftreten von Algen ist also heute oft indirekt vom Menschen verursacht.

Armleuchteralge

Chara-Art. **Merkmale:** Ästig verzweigte und meist auch recht ansehnliche Grünalge, die bis 20 cm lang wird. Obwohl diese Algen vielleicht auf den ersten Blick von der Gestalt her mit Blütenpflanzen zu verwechseln sind, stellen sie doch eine hochentwickelte Familie der Grünalgen dar. **Vorkommen:** Die verschiedensten Standorte in Süßgewässern. Meist stehen sie zusammen mit Laichkraut-Arten und anderen Formen in großen Herden in den Unterwasserwiesen, wo sie aber meist in größere Tiefen vordringen als die begleitenden Pflanzenarten.

Quellmoos, Brunnenmoos

Fontinalis antipyretica. **Merkmale:** Wegen der verschiedenen Lebensbedingungen, unter denen das Quellmoos vorkommen kann, ist das Aussehen dieses Mooses von Standort zu Standort sehr veränderlich. Es wächst in großen, flutenden Büscheln; die Stengel werden bis etwa 50 cm lang. Die Blätter stehen in 3 Reihen an den Stengeln, sind breit-eiförmig, zugespitzt und scharf gekielt. **Vorkommen:** Hauptsächlich in fließenden Gewässern. Ist regelmäßig als Begleitpflanze in den unterseeischen Wasserpflanzenbeständen in Seen anzutreffen. In Mitteleuropa ist das Quellmoos an vielen Stellen häufig und kommt von ebenen Lagen bis über die Waldgrenze in den Alpen aufsteigend vor.
In Fließgewässern bilden die Moosbüschel für viele Kleintiere einen gegen die Strömung relativ geschützten Aufenthaltsort. Eine Bachexkursion sollte also immer auch die Fauna dieses Klein-Biotops unter die Lupe nehmen.

Weiße Seerose

Nymphaea alba. **Merkmale:** Blütezeit VI–IX. Leicht zu erkennende Wasserpflanze mit großen, weißen, weit geöffneten Blüten und Schwimmblättern. Die Blütenkronblätter sind gleichlang oder etwas länger als die 4 Kelchblätter; neben 12–20 flachen Narbenstrahlen liegen zahlreiche freie Fruchtblätter vor, die nach und nach von Blütenachsengewebe umwuchert werden, so daß der Eindruck eines falschen Fruchtknotens entsteht. **Vorkommen:** Stehende oder höchstens sehr langsam fließende Gewässer (Seen, Teiche, Altwässer) bis maximal 3 m Tiefe.

Von den zahlreichen Anpassungen an das Wasserleben seien nur einige genannt: Die elastischen Blattstiele ermöglichen ein rasches Einstellen auf Veränderungen des Wasserstandes, die Schwimmblätter tragen die Spaltöffnungen für den Gasaustausch nur auf der Oberfläche, und die dort befindliche Wachsschicht verhindert eine vollständige Benetzung und fördert damit den Gasaustausch. Selbst die Verbreitung der Fortpflanzungseinheiten ist an das Wasserleben angepaßt. So bildet der äußere Teil der Samenschale einen Luftsack um den Samen herum aus. Damit wird eine Schwimmverbreitung im Wasser (Hydrochorie) gewährleistet.

Gelbe Teichrose

Nuphar luteum. **Merkmale:** Blütezeit VI–IX. Bei dieser Art wird im Gegensatz zur Weißen Seerose die Anlockungsfunktion nicht von den Blütenkronblättern, sondern von den 5 gelb gefärbten Kelchblättern übernommen (Abb. M. r.). Die eigentliche Blumenkrone bilden unscheinbare Nektarblätter. Die 4–6 cm großen Blüten sondern einen intensiven, alkoholartigen Duft ab. **Vorkommen:** Stehende, allenfalls langsam fließende Gewässer bis maximal 4 m Tiefe. Bis in Höhen von etwa 1100 m.

Teichrosen und Seerosen spielen eine wichtige Rolle bei der Verlandung von Gewässern. Im Normalfall kann eine typische Sukzession (Aufeinanderfolge bestimmter Pflanzengesellschaften) beobachtet werden, bis schließlich am Ende ein (Erlen-)Bruchwald entstanden ist.

Flutender Hahnenfuß

Ranunculus fluitans. **Merkmale:** Pflanze, die untergetaucht flutende Stengel ausbildet, die bis 6 m lang werden können. Entsprechend den Lebensbedingungen im Fließwasser ist die Blattform völlig anders gestaltet als bei Landformen: Das Blatt ist aufgelöst in lange, parallel gerichtete Zipfel. Schwimmblätter sind selten ausgebildet. Zwischen VI und VIII erscheinen über Wasser die bis 2 cm großen Blüten, die aus 5 grünen Kelch- und 5 weißen Kronblättern bestehen. Früchte können oft nicht gebildet werden, weil Überflutung eine Bestäubung durch Insekten unmöglich macht. **Vorkommen:** Zerstreut in Bächen und Flüssen.

Kleine Wasserlinse

Lemna minor. **Merkmale:** Eine der kleinsten Blütenpflanzen. Die »Linsen« – also die Sprosse – messen 2–3 mm im Durchmesser, sind flach und tragen auf der Unterseite nur eine Wurzel, wie alle 3 Arten der Gattung *Lemna.* **Vorkommen:** Bei uns auf stehenden Gewässern bis in 1800 m Höhe überall anzutreffen.

Wasserknöterich

Polygonum amphibium. **Merkmale:** Überwintert mit einem kriechenden Wurzelstock. Blütezeit VI–IX. Kommt in zwei Formen vor. Die Wasserform hat einen etwa 1 m langen Stengel, der von Luftkanälen durchzogen wird und langgestielte, elliptische Schwimmblätter, die dunkelgrün gefärbt sind und sich ledrig anfühlen. Demgegenüber hat die Landform kürzer gestielte, schmalere und weichhäutige Blätter. **Vorkommen:** Häufig in stehenden und langsam fließenden Gewässern; auch auf nassen Wiesen. Von der Ebene bis in Gebirgslagen um 2000 m.

Schwimmendes Laichkraut

Potamogeton natans. **Merkmale:** Auf dem Wasser lebende Pflanze mit eiförmig-länglichen Schwimmblättern. Charakteristisch für die Übergangszone Schwimmblattpflanzen/Unterwasserpflanzen. Blütezeit V–VIII. **Vorkommen:** In stehenden und langsam fließenden Gewässern bis in über 2000 m Höhe recht häufig.
Im Gegensatz zum Schwimmenden Laichkraut leben andere Arten untergetaucht.

Wasserschlauch

Utricularia-Art. **Merkmale:** Untergetaucht lebende Wasserpflanze, die je nach Art im Wasser schwimmt oder aber auch mit bleichen Erdsprossen im Schlamm verankert ist. Sie besitzt fein zerteilte Blätter, an denen Fangblasen (Abb. u. r.) sitzen, mit deren Hilfe sie Kleintiere aus dem Wasser herausfängt. Auffällige, gelbe Blüten (Abb. u. l.), die in gestielten Trauben stehen. Blütezeit VI–IX. **Vorkommen:** Nur in stehenden Gewässern, in Gräben, Altwässern; besonders aber in moorig-sumpfigen Gewässern und aufgelassenen Torfstichen.
Der Wasserschlauch gehört zu den sog. fleischfressenden Pflanzen. Seine bereits erwähnten Fangblasen arbeiten so, daß zunächst im Innern ein Unterdruck aufgebaut wird. Vorne ist die Blase durch eine Klappe verschlossen; in ihrer Nähe stehen einige Berührungsborsten. Gerät z. B. ein Wasserfloh an diese Borsten, springt die Klappe auf, und Wasser wird zusammen mit dem Beutetier eingesogen. Danach schließt sich die Klappe wieder, und das gefangene Tier wird verdaut. Bevorzugt und häufig gefangen werden vor allem Kleinkrebse, z. B. Wasserflöhe.

Fieberklee

Menyanthes trifoliata. **Merkmale:** 10–30 cm; Blütezeit IV–VI. Die mehrjährige Sumpf- bzw. Flachwasserpflanze bildet meist weiße, selten rosafarbene Blüten aus, die in aufrechten, pyramidenartigen Trauben angeordnet sind. Besonders charakteristisch sind die langen, weißen Haare auf der Oberfläche der zurückgerollten Kronblattzipfel und deren deutliche Bewimperung am Rand. Der Blütenschaft selbst ist blattlos; er entspringt, wie die langgestielten, am Grund scheidigen Blätter einer verzweigten, kriechenden Grundachse. Die großen, kleeartigen, dreizähligen Blätter sind sowohl in den wissenschaftlichen als auch in den deutschen Namen eingegangen. Die Samen entwickeln sich in einer Kapselfrucht. **Vorkommen:** Gräben, Sümpfe, Moore; Verlandungsbereiche von stehenden Kleingewässern wie Teichen, Weihern, Hülben oder Tümpeln; besonders auf zeitweise überschwemmten, kalkarmen Schlammböden. Im Gebirge bis in Höhen von etwa 1800 m.

Der Fieberklee ist eine typische Pflanze der Verlandungszonen von dystrophen (d. h. nährstoffarmen, humusreichen) Süßgewässern. Man findet ihn vergesellschaftet mit bestimmten Torfmoos-Arten *(Sphagnum)*, mit diversen Kleinseggen *(Carex)*, oft zusammen mit dem Sumpf-Blutauge *(Comarum)*. Die Ausbildung von Schwimmfrüchten unterstreicht die Anpassung an das Wasserleben (Wasserverbreitung, Hydrochorie). Der Fieberklee ist durch seine Heilwirkung bekannt (Name!).

Gelbe Schwertlilie

Iris pseudacorus. **Merkmale:** 50–120 cm; Blütezeit V–VII. Die vorliegende Art ist durch leuchtend gelbe Blüten gekennzeichnet, deren äußere Blütenhüllblätter breit, oval bis rundlich, an der Basis braun geadert und nicht bärtig sind (wichtiges Bestimmungsmerkmal!). Die inneren Blütenhüllblätter sind schmal-lineal sowie viel kürzer und schmaler als die Griffeläste. Die Blüten erreichen eine Länge von etwa 10 cm; grüne Hochblätter existieren. Die 10–30 mm breiten und ca. 1 m langen Blätter haben durch ihre Schwertform der gesamten Familie ihren Namen gegeben. Stengel rundlich bis elliptisch, im allgemeinen ein- bis fünfblütig. Als Fruchttyp entsteht eine Kapselfrucht. **Vorkommen:** Im Verlandungsbereich stehender und fließender Gewässer, im Schilfgürtel oder mit Großseggen vergesellschaftet; in Auenwäldern, Wald- und Wiesensümpfen, an Gräben. Nasse, schlammige und zeitweise überschwemmte Böden werden bevorzugt.

Die Gelbe oder Wasser-Schwertlilie ist eine wärmeliebende Lichtpflanze. Im Zusammenhang mit den Standortsangaben ist die Eigenschaft eines Nässezeigers offensichtlich. Spezielle Eigentümlichkeiten im Bau der Früchte ermöglichen eine Schwimmverbreitung. Sowohl die Blätter als auch die kriechenden Rhizome (Erdsprosse) enthalten Giftstoffe, die insbesondere dem Vieh abträglich sind.

Breitblättriger Rohrkolben

Typha latifolia. **Merkmale:** 1–2 m hohe Pflanze mit einem gegliederten, kriechenden Rhizom, aus dem mehrere bandförmige, 1–2 cm breite und oft mehrmals propellerartig gedrehte blaugrüne Blätter entspringen. Auf starren, blattlosen Stengeln sitzen 2–3 cm dicke Kolben, wobei jeweils der obere, gelbbräunliche Kolbenteil aus ♂ Blüten, der untere, schwarzbraune Teil aus ♀ Blüten (Abb.) besteht. **Vorkommen:** Bevorzugt in der Verlandungszone stehender Gewässer, wobei nährstoffreiche Standorte vorgezogen werden.

Sumpfbinse

Scirpus lacustris. **Merkmale:** Ein Sauergras mit recht kurzem Wurzelstock. Die Stengel können bis 3 m lang werden und stehen steif aufrecht. Sie werden von einer Art Scheide umschlossen, die von den nicht aus dem Wasser herausragenden Blättern gebildet wird. Die Blüten sind in mehreren Ährchen büschelig angeordnet. Blütezeit VI/VII. **Vorkommen:** Am Rande von Weihern und Seen gesellig wachsend. Bestände der Sumpfbinse bilden häufig die seewärtige Fortsetzung des Schilfgürtels.

Schilfrohr

Phragmites communis. **Merkmale:** Das Schilf besitzt einen weit verzweigten Wurzelstock, aus dem an verschiedenen Stellen die knotigen Halme aufsteigen, die 1–4 m hoch werden. Die Halme sind sehr biegsam. Die lanzettlichen und zugespitzten Blätter besitzen eine lange Scheide, die es ihnen ermöglicht, sich entsprechend den Windverhältnissen zu drehen. Die Blütenrispe wird über 40 cm lang, steht leicht einseitswendig und trägt zahlreiche Einzelblüten. Blütezeit VIII/IX. Die Früchte reifen jedoch erst im I, sind aber selten, so daß sich das Schilf meist auf ungeschlechtlichem Wege durch Wurzelstocksprosse vermehrt. **Vorkommen:** In Sumpfgebieten und auf vermoorten Wiesen, vor allem aber am Rande stehender und langsam fließender Gewässer überall häufig. Dringt bis in eine Wassertiefe von 1,50 m vor.

Das Schilf als aspektbestimmende Pflanze der Röhrichte an den Ufern von Weihern und Seen gestaltet einen ganzen Lebensraum. Doch verändert es diesen auch. Die Pflanze trägt nämlich wesentlich zur Verlandung der Gewässerufer bei. Zwischen den Halmen sammeln sich große Mengen eingeschwemmten Pflanzenmaterials, aber auch Schlamm- und Tonteilchen an, so daß Landpflanzen weiter vordringen können. Setzt sich dieser Prozeß fort, kann ein Weiher nach und nach verschwinden und in ein Flachmoor übergehen. Das Schilf ist auch in anderer Hinsicht von ökologischer Bedeutung, etwa als Laichrevier für Amphibien und Fische. Im Röhricht finden verschiedene Vogelarten Nistmöglichkeiten, vor allem die spezialisierten Rohrsänger (S. 152).

Sumpfdotterblume

Caltha palustris. **Merkmale:** 15–30 cm; Blütezeit III–VI. Mehrjährige, fleischige Pflanze mit fünfblättriger, leuchtend gelber Blütenhülle; Blütendurchmesser 15–45 mm. Stengel beblättert mit wechselständigen, herzförmig bis kreisrunden, gekerbten, kahlen Blättern. **Vorkommen:** Sumpfwiesen, Moore, Bäche, Gräben, Quellen; Bruch-, Auwälder.

Die Blüten der Sumpfdotterblume werden von Insekten bestäubt, die einerseits durch die sattgelbe Färbung der Blütenhülle, zum anderen durch spezielle Saftmale angelockt werden. Die Saftmale dienen als eine Art Wegweiser zum Nektar: Es handelt sich dabei meist um besondere Blütenzeichnungen und Farbflecke. Im Falle der Sumpfdotterblume sind diese Saftmale nur für Ultraviolett-empfindliche Insektenaugen erkennbar, dem menschlichen Auge erscheinen die Blüten einheitlich gelb.

Rundblättriger Sonnentau

Drosera rotundifolia. **Merkmale:** 5–15 cm; Blütezeit VI–IX. Die 3 in Mitteleuropa heimischen Sonnentau-Arten – alle sind Ernährungsspezialisten und verdienen deshalb besondere Beachtung – lassen sich leicht durch ihre Blattformen voneinander unterscheiden. Die hier beschriebene Art ist durch kreisrunde, 5–10 mm große Blattspreiten gekennzeichnet (Name!), während die beiden anderen Vertreter länglich-eiförmige bis keilförmige Blätter besitzen (Mittlerer und Langblättriger Sonnentau, *D. intermedia* und *D. anglica*). Der blattlose Blütenschaft trägt wenige, 5 mm lange, weiße Blüten; Kapselfrüchte. **Vorkommen:** Hoch-, Zwischen- und Flachmoore, Moorheiden auf sauren Böden; meist mit Torfmoosen *(Sphagnum)* vergesellschaftet. Bis in Höhen von 1500 m.

Der Sonnentau gehört zu den Carnivoren (tierfangende Pflanzen), im engeren Sinn sogar zu den Insectivoren. Da die Pflanzen im allgemeinen auf stickstoffarmen Substraten vorkommen, benötigen sie vielfach zusätzliche organische Stickstoffquellen (Eiweiß) zur optimalen Entwicklung. Als besondere Einrichtung für den Fang der Insekten fallen mit Drüsenköpfchen versehene Tentakel auf. Die Drüsenzellen sondern glitzernde Tröpfchen eines nach Honig duftenden, klebrigen Sekrets ab (Name!), die der Anlockung der Insekten dienen. Die Tiere bleiben kleben, berühren durch ihre Befreiungsversuche weitere Tentakel und haften umso fester an der »Leimrute«. Infolge des Reizes krümmen sich die Tentakel in Richtung Blattmitte, umschließen das Insekt von allen Seiten und sondern verdauende Sekrete ab, die die chemische Zersetzung der Körpersubstanzen einleiten. Absorptionshaare nehmen die eiweißreiche Nahrung auf. Voraussetzung für die Funktionsfähigkeit des Fangapparates sind Reizaufnahme und Reizleitung im Tentakelbereich. Die Wirksamkeit chemischer Reize (Eiweißstoffe) kann sogar experimentell mit Fleisch- oder Käsestückchen nachgewiesen werden.

Wiesenschaumkraut

Cardamine pratensis. **Merkmale:** 15–50 cm; Blütezeit IV–VII. Mehrjährige Wiesenpflanze mit weißen, oft auch rosaroten oder violetten Blüten, die in dichter Traube stehen. Kronblätter etwa dreimal so lang wie die Kelchblätter, Staubblätter gelb. Als Fruchttyp liegt eine geschnäbelte Schote vor. Charakteristisch sind ferner die gefiederten Blätter (obere mit lanzettlichen, untere mit eiförmigen Fiedern). Die rosettig angeordneten Grundblätter sind drei- bis elfzählig gefiedert, die Endfieder ist deutlich größer. Stengel hohl, rund. **Vorkommen:** Feuchte Wiesen, Moorwiesen, Auwälder, Ufer; in den Alpen bis in Höhenlagen von über 1700 m anzutreffen.

Das Wiesenschaumkraut bildet häufig einen Frühjahrsaspekt der Wiesen. Allgemein wird das mit der Jahreszeit wechselnde Aussehen einer Pflanzengemeinschaft als deren Aspekt bezeichnet. Zur Erfassung einer Pflanzengemeinschaft müssen alle Aspekte berücksichtigt werden. Die Aspektfolge einer typischen Glatthaferwiese wird beispielsweise im Zeitraum von III–VIII durch folgende Pflanzenarten bestimmt: Wiesenschaumkraut, Gänseblümchen, Löwenzahn, Scharfer Hahnenfuß, Wiesenbocksbart, Margerite, Wiesenkerbel, Wiesenpippau, Wiesenstorchschnabel und Bärenklau. Das Wiesenschaumkraut gilt als Nährstoffzeiger. Die Blüten werden von Insekten bestäubt; der Verbreitung der Früchte dient ein Schleudermechanismus.

Kuckuckslichtnelke

Lychnis flos-cuculi. **Merkmale:** 30–90 cm; Blütezeit V–VIII. Mehrjährige, verzweigte Pflanze mit fleischroten bis rosafarbenen Blüten, deren Kronblätter bis über die Mitte in 4 Zipfel gespalten sind. Blüten etwa 3 cm im Durchmesser. Der 6–10 mm lange Kelch ist meist rötlich gefärbt. Stengelblätter schmal-lanzettlich glatt, Grundblätter spatelförmig, oft gewimpert, gestielt. Stengel angedrückt-haarig. **Vorkommen:** Fett-, Sumpf- und Moorwiesen, feuchte Gebüsche; noch in Höhenlagen von 1400 m anzutreffen.

Die Kuckuckslichtnelke kann als typischer Feuchtezeiger aufgefaßt werden, die Standortsangaben spiegeln diese Tatsache wider. Die Blütenform entspricht wie bei den meisten Nelkengewächsen dem sogenannten Stielteller-Typus; die Bestäubung erfolgt hauptsächlich durch Tagfalter, die mit ihrem 2–4 cm langen Rüssel den Nektar am Grund der Blütenröhre erreichen können. Völlig unerklärlich erscheint zunächst der Artname – sowohl der deutsche als auch der wissenschaftliche. Betrachtet man mehrere Pflanzen, so läßt sich in der Mehrzahl der Fälle an den Stengeln ein speichelartiger Belag feststellen, in dem sich die Larve der Schaumzikade verbirgt. Aus ihren mit Luft vermischten Körperausscheidungen entsteht ein Schaumklümpchen, das Schutz vor Freßfeinden bietet. Früher faßte man dieses als Kuckucksspeichel auf und brachte dies im Namen der Pflanze zum Ausdruck.

Schlangenknöterich

Polygonum bistorta. **Merkmale:** 30–80 cm; Blütezeit V–VII. Blüten in verlängerten, dichtwalzlichen, 3–5 cm langen Scheinähren. Blütenhülle 4–5 mm lang, rötlichweiß. Spreite der Grundblätter eirundlänglich, zugespitzt, bis 15 cm lang, in den welliggeflügelten Stiel verschmälert; Oberseite dunkelgrün, Unterseite bläulichgrün. Obere Stengelblätter mit herzförmigem Grund sitzend. Stengel unverzweigt; Grundachse walzlich, dick, schlangenartig, gedreht. **Vorkommen:** Feuchte Wiesen, Auwälder, Ufer; Hochstaudenfluren der montanen Region; bis 1800 m.

Der Schlangenknöterich gehört zu den sehr tief wurzelnden Pflanzen und hat als Bienenweide und Futterpflanze eine gewisse praktische Bedeutung. Dem schlangenartig gewundenen Wurzelstock verdankt der Schlangenknöterich auch seinen lateinischen Artnamen *bistorta.*

Echter Baldrian

Valeriana officinalis. **Merkmale:** 50–150 cm; Blütezeit VI–VIII. Mehrjährige, kräftige Pflanze mit stark gefurchtem, glänzendem, kahlem (bisweilen rötlichem) Stengel. Dieser trägt 6–9 Blattpaare (ca. 20 cm lang). Die oberen Blätter sind sitzend, die unteren gestielt, alle setzen sich aus (schmal-) lanzettlichen Fiederblättchen zusammen. Blüten zwittrig, weiß-rötlich, mit 3 Staubblättern und leicht asymmetrisch. Zur Fruchtzeit entsteht aus dem Kelch eine Haarkrone (Pappus); die Frucht selbst ist länglich-oval, kahl und nicht über 5 mm lang. **Vorkommen:** Gräben und Ufer, feuchte Waldränder, Gebüsche, Waldlichtungen, Grasplätze. Im Gebirge bis etwa 2000 m.

Bereits aus den Standorten kann man ersehen, daß der Echte Baldrian zu den Lichtpflanzen, allenfalls zu den Halbschattenpflanzen zu rechnen ist. Der charakteristische Baldriangeruch entsteht durch die Produktion von ätherischen Ölen und Isovaleriansäure im Wurzelstock. Von daher rührt die große pharmazeutische Bedeutung dieser Art. Baldrian ist gewissermaßen das klassische Beruhigungsmittel. Er beruhigt die Nerven, hilft bei Schlafstörungen und wirkt allgemein krampflösend. Er ist bei allen Beschwerden nervösen Ursprungs einsetzbar und oft den sog. Psychopharmaka vorzuziehen. Allerdings kann Langzeiteinnahme eine Art Süchtigkeit hervorrufen. Schon in alten Zeiten wurde Baldrian als Zauberkraut verwendet, dessen Wurzel Böses zum Guten wenden sollte. Ferner wurde er auch für Liebeszauber und zum Schutz gegen die Unterirdischen gebraucht. Bekannt ist auch, daß der Geruch des Baldrian Katzen anzieht. Nah verwandte Arten sind der Kleine Baldrian, *Valeriana dioica,* der häufig auf Naßwiesen anzutreffen ist, und der auf Bergwiesen wachsende Berg-Baldrian, *Valeriana montana.* Letzterer wird bei den Alpenbewohnern in gleicher Weise wie der Echte Baldrian gebraucht. Ein weiterer verwandter Alpenbewohner ist der Echte Speik, *Valeriana celtica,* bis heute noch als Duftstoff für Seife verwendet.

Breitblättriges Wollgras

Eriophorum latifolium. **Merkmale:** 20–60 cm; Blütezeit IV–VI. Die zur Fruchtzeit durch ihre weißen »Wollschöpfe« am auffälligsten erscheinende, mehrjährige Pflanze wächst dichtrasig, bildet jedoch keine Ausläufer. Zum Verständnis des zunächst kompliziert erscheinenden Blütenbaus werden einige blütenökologische Bemerkungen vorangestellt: Betrachtet man die Familien der Liliengewächse, der Binsengewächse, Riedgräser sowie der Echten Gräser, so läßt sich deutlich eine fortschreitende Reduzierung des Schauapparates der Blüte (ausgeprägte, gefärbte Blütenkrone) erkennen. Parallel dazu werden Staubblätter und Narben vergrößert und leichter zugänglich. Beide Entwicklungstendenzen weisen auf den Übergang von der Insektenbestäubung zur Anemogamie (Windbestäubung) hin. Bei den Wollgräsern sind die Blütenblätter bereits zu Borsten reduziert und stark vermehrt worden, so daß ein haariges Perigon zustandekommt, das später in den Dienst der Fruchtverbreitung tritt! Die Blüten des Breitblättrigen Wollgrases stehen in 4–12 zur Reifezeit überhängenden Ährchen, deren Stiele eindeutig rauh sind. Die Perigonborsten erreichen eine Länge von etwa 25 mm. Im Unterschied zu nah verwandten Arten sind die 3–8 mm breiten Laubblätter zum überwiegenden Teil flach und nur an der Spitze dreikantig. Auch der stumpf-dreikantige Stiel ist für die genaue Bestimmung von Bedeutung. **Vorkommen:** Flachmoore, Sumpfwiesen; im Verlandungsbereich auf nährstoffarmen Torfböden. Die Wollgräser gehören zu den Torfbildnern. Im Gebirge kommen sie bis in Höhen von 1900 m vor.

Breitblättriges Knabenkraut

Dactylorhiza majalis. **Merkmale:** 15–60 cm; Blütezeit V–VII. In einem dichten Blütenstand stehen zahlreiche purpurrote bis lilafarbene, selten weiße Blüten. Die deutlich dreiteilige Lippe ist von breitkeilförmiger Gestalt und weist eine intensiv dunkelrote Zeichnung in Form von Schleifen auf. Ihre beiden Seitenlappen sind im allgemeinen herabgeschlagen. Von besonderer Bedeutung für die Bestimmung sind die 4–7 trüb-dunkelgrünen Blätter. Die Blattspreite der unteren ist in der Mitte am breitesten, die oberen sind dagegen lanzettlich und zugespitzt. Alle Blätter besitzen in der Regel dunkelbraune Flecken. Aus diesem Grunde wird die Art häufig mit dem Gefleckten Knabenkraut verwechselt, das jedoch 6–10 Blätter und einen längeren Sporn (etwa so lang wie der Fruchtknoten) aufweist. Die Blätter der hier beschriebenen Art sind ferner kurzscheidig und stehen schlaff ab. Auch der hohle, weitlumige Stengel unterscheidet sich von der markigen Achse des Gefleckten Knabenkrautes. Mehrere (allerdings lokal begrenzte) Unterarten variieren deutlich sowohl im Blatt- als auch im Blütenbereich und können in manchen Fällen die Bestimmung erschweren. **Vorkommen:** Feuchte Wiesen, Quellsümpfe, Flachmoore, Gräben; bis in Höhen von 1700 m.

Spitzschlammschnecke

Lymnaea stagnalis. **Merkmale:** Größte Art ihrer Familie; das hornfarbene Gehäuse kann bis zu 6 cm lang werden. Sie gehört damit zu den größten einheimischen Schnecken überhaupt. Das Gehäusegewinde ist fast so lang wie die Mündung; der letzte Umgang ist bauchig aufgetrieben. Die Form des Gehäuses wird sehr stark von Umwelteinflüssen wie Wassertemperatur, Wasserbewegung und Ernährungsverhältnissen geprägt. **Vorkommen:** Weit verbreitet in stehenden und fließenden Gewässern; meidet kalkarmes, huminsäurehaltiges Wasser und fehlt deshalb z. B. in Moortümpeln. **Nahrung:** Könnte als »Weidegänger« bezeichnet werden; mit Hilfe ihrer speziell konstruierten Zunge, die wie ein Reibeisen arbeitet, schabt sie den Algenbewuchs von Steinen und Wasserpflanzen ab. Sie nimmt auch Teile von Wasserpflanzen, bisweilen sogar Aas. **Lebensweise:** Schlammschnecken gleiten (ähnlich wie die Weinbergschnecken, S. 38) auf dem Gewässerboden dahin. Sie gehören zu den Wasserlungenschnecken und müssen immer wieder an die Oberfläche steigen, um Sauerstoff aus der Luft zu beziehen. Werden sie dabei gestört, pressen sie die aufgenommene Luft aus der Atemhöhle heraus und fallen wie ein Stein zu Boden. Die Tiere sind Zwitter; die von Gallerte umhüllten Laichschnüre werden an Pflanzen und Steine geheftet.

Posthornschnecke

Planorbarius corneus. **Merkmale:** Rotbraun gefärbtes, derbes und dickwandiges Gehäuse von bis 3 cm Durchmesser. Die Umgänge sind drehrund und nehmen rasch an Dicke zu. **Vorkommen:** In stehenden und langsam fließenden Gewässern mit Pflanzenwuchs häufig. Auch außerhalb des Wassers anzutreffen. **Nahrung:** Algen; Vorliebe für verrottendes Material und daher auch in verschmutzten Gewässern zu finden. **Lebensweise:** Wasserlungenschnecke wie die obige Art; Fortpflanzung ähnlich dieser. Kann durch Gehäuseverschluß lange Trockenzeiten überstehen.

Teichmuschel

Anodonta cygnaea. **Merkmale:** Schalenlänge bis 20 cm, Schalenumriß länglich-eiförmig. Schalen sehr dünnwandig, außen bräunlich, innen perlmutterglänzend. **Vorkommen:** Stehende und langsam fließende Gewässer. **Nahrung:** Ein Filtrierer, wie alle Muscheln, dem durch den Mantelraum strömenden Wasser werden die Nahrungspartikel, z. B. kleine Algen, entnommen. **Lebensweise:** Durchpflügt den Bodenschlamm mit ihrem breiten, keilförmigen Fuß und hinterläßt dabei lange Furchen. Bei der Fortpflanzung strudelt das ♀ die Samenzellen des ♂ in seinen Mantelraum ein, wo sie die Eier befruchten. Es entstehen Larven, die ins Wasser entlassen werden, dann 8–10 Wochen an der Flossenhaut von Fischen leben und sich danach zu kleinen Muscheln verwandeln.

Eintagsfliege

Merkmale: Schwachgebaute Tiere mit großen, dreieckigen Vorderflügeln und kleinen oder fehlenden Hinterflügeln. Die häutigen Flügel haben zahlreiche Adern und werden in Ruhestellung über dem Rücken zusammengeklappt (Abb. M.). Hinterleib mit (2–)3 langen Schwanzfäden; diese auch bei den Larven (Abb. o.) vorhanden. **Vorkommen:** Gewässer unterschiedlichster Art. **Nahrung:** Die erwachsenen Tiere haben verkümmerte Mundwerkzeuge und können daher nichts zu sich nehmen; die Larven ernähren sich von Algen und Pflanzenabfällen. **Entwicklung, Lebensweise:** Die Larven leben im Wasser und besitzen am Hinterleib Tracheenkiemen, durch die sie aus dem Wasser Sauerstoff aufnehmen. Sie machen in den 1–2 Jahren auf dem Weg zur Imago, dem »fertigen« Insekt, mehrere Häutungen durch. Schließlich legen sie ein Zwischenstadium, das der sog. Subimago, ein, das bei den verschiedenen Arten einige Minuten bis rund 30 Stunden dauern kann. Erst wenn sich diese Subimago zur Imago häutet, werden die Eintagsfliegen geschlechtsreif. Sie sitzen dann tagsüber in der Ufervegetation und in der Abenddämmerung beginnen ihre Paarungsspiele. Dabei tanzen Schwärme von ♂ über dem Wasser und warten auf vorbeifliegende ♀. Die Begattung erfolgt im Flug. Die ♂ sterben kurze Zeit später, die ♀ nach der Eiablage. Die Lebensdauer der geschlechtsreifen Tiere beträgt je nach Art nur wenige Stunden, meist 2–3 Tage (Name).

Die verschiedenen Eintagsfliegen-Arten besiedeln ökologisch unterschiedliche Gewässer, von Bächen mit starker Strömung bis zu Teichen mit Stillwasser. Sie sind nicht leicht zu unterscheiden. Für die Bestimmung wichtig sind Färbung, Flügeladern und die Zahl der Schwanzfäden. Unterschiedlicher sind hingegen die Larven, die in Anpassung an ihren Lebensraum sehr charakteristische Körperformen entwickelt haben. Die großen Mengen dieser Insekten bilden für Vögel und Fledermäuse eine willkommene Beute, und die toten Tiere bzw. Larven bilden eine wichtige Nahrung für Fische.

Blaupfeil

Orthetrum cancellatum. **Merkmale:** Flügel nur mit einem dunklen Fleck nahe der Spitze und ohne Dunkelfärbung an der Wurzel. Der Hinterleib ist blau mit schwarzem Ende und schwarzer Wurzel. Die Körperlänge beträgt rund 40 mm. Das ♀ ist unscheinbarer gefärbt als das ♂. **Vorkommen:** In der Nähe ruhiger Gewässer. **Nahrung:** Fliegende Insekten, die im Flug gefangen werden. Die Larve lebt in der Vegetation am Boden der Gewässer und fängt Würmer, Insektenlarven und andere Beute. **Entwicklung, Lebensweise:** Die Entwicklung kann sich über mehrere Jahre hinziehen, abhängig vom Nahrungsangebot und der Temperatur des Gewässers. Schließlich steigt die Larve aus dem Wasser und häutet sich zur Libelle (vgl. S. 134). Diese jagt in eigenartigem Flug.

Blaugrüne Mosaikjungfer

Aeschna cyanea. **Merkmale:** Körper lang und dünn, mit gelblicher und grüner Farbe und schwarzen Zeichnungen. Die Flügel sind glasig mit kleinen, dunklen Fleckchen nahe der Spitze. Körperlänge bis 80 mm. Die grün oder blau glänzenden Augen sind sehr groß und stoßen in Kopfmitte zusammen. Es gibt noch einige weitere ebenso große und verwandte Arten, die man durch Färbung und Zeichnung unterscheiden kann. **Vorkommen:** Weit verbreitet an stillen Gewässern, in denen die Larven (Abb. o. r.) leben. Die Libellen selbst findet man oft auch weitab davon, wo sie stundenlang in Lauerstellung fliegend auf Beute warten; VI–X. **Nahrung:** Libelle und Larve sind große Räuber, die sich aufgrund ihrer Größe auch an bedeutendere Beute wagen. **Entwicklung, Lebensweise:** Entsprechend der Größe des fertigen Insekts brauchen die Larven sehr viel Nahrung und benötigen oft mehrere Jahre für die Entwicklung. Die fertige Larve klettert dann ans Ufer, wo die Libelle aus der Larvenhaut schlüpft. Während ihr Hinterleib noch in der Larvenhaut steckt, hängt sie eine Zeit lang kopfabwärts völlig bewegungslos. Dann biegt sie sich nach oben, klammert sich mit den Beinen an die Larvenhaut und zieht den Hinterleib ins Freie. In die noch sehr kleinen, zusammengefalteten Flügel wird durch die Adern Blut eingepreßt und die Flügel zu voller Größe ausgedehnt (Abb. o. l.). Die noch sehr weichen Flügel brauchen einige Stunden, bis sie an der Luft gehärtet sind, und erst dann kann die Libelle fliegen (Abb. M.). Die so bunten Farben der Tiere brauchen hingegen mehrere Tage, bis sie voll entwickelt sind, und man kann aus der Färbung auf das Alter der Tiere schließen. Diese sind ausdauernde, ausgezeichnete Flieger, die blitzschnelle Bewegungen ausführen können. Ermöglicht wird dies durch die unabhängig voneinander beweglichen Flügel, die selbst ein Stehen in der Luft oder ein kurzes Rückwärtsfliegen erlauben.

Große Pechlibelle

Ischnura elegans. **Merkmale:** Körper ziemlich schlank; beim ♀ von unterschiedlicher Färbung, beim ♂ Brust sowie Hinterleibsanfang und -ende blau. Körperoberseite mit schwarzer Zeichnung. Flügel glasig, nahe der Spitzen mit je einem schwarzweißen Fleckchen. Körperlänge 35 mm. **Vorkommen:** Im Sommer (V–IX) an ruhigen Gewässern, meist über Schilf und Röhricht. **Nahrung:** Larven wie erwachsene Tiere sind Räuber. Die fertige Libelle lebt von kleinen, fliegenden Insekten und verzehrt auch Artgenossen! Die Larven gehen im Wasser auf Jagd. **Entwicklung, Lebensweise:** Vor der Paarung füllt das ♂ ein Begattungsorgan am 2. und 3. Hinterleibssegment mit Samen. Dann sucht es ein ♀ auf und ergreift es mit den Hinterleibszangen im Nacken. Das ♀ krümmt nun seinen Hinterleib nach vorn bis seine Geschlechtsöffnung auf das Begattungsorgan des ♂ trifft. Es entsteht das sog. Paarungsrad (Abb.).

Gebänderte Prachtlibelle

Calopteryx splendens. **Merkmale:** Die Tiere sind gekennzeichnet durch die metallische Färbung von Körper und Flügel, die beim ♂ in der Mitte ein breites blaues Band tragen, beim ♀ hingegen ganz grünlich sind. Wie bei allen Kleinlibellen ist der Körper sehr dünn; er mißt knapp 50 mm Länge. **Vorkommen:** Im Flachland weit verbreitet und häufig an ruhig fließenden Flüssen und Kanälen mit höherer Vegetation an den Ufern. **Nahrung:** Die Libelle jagt fliegende Insekten, die Larve im Wasser kleinere Tiere. **Entwicklung, Lebensweise:** Die Entwicklung dauert meist 2 Jahre. Die Lebensdauer der Libelle ist auf etwa 2 Wochen begrenzt. Sie fliegt in einem recht langsamen, flatternden Flug im Sonnenschein über den Gewässern und ruht auch gerne auf der Vegetation.
Es gibt noch eines sehr ähnliche, verwandte Art, die Blauflügel-Prachtlibelle, die Waldbäche bevorzugt und dort oft recht häufig ist. Bei ihr sind die Geschlechter ganz blau oder braun.

Steinfliege, Uferfliege

Merkmale: Die unscheinbar gefärbten Tiere haben lange Fühler und häutige Flügel, die in Ruhehaltung flach über dem Körper zusammengelegt werden (Abb. u.). Der Hinterleib trägt immer nur 2 Schwanzanhänge (vgl. Eintagsfliege, S. 133). Die Larven (Abb. M.) haben diese ebenfalls, jedoch keine Tracheenkiemen am Hinterleib (vgl. S. 133). **Vorkommen:** Die geflügelten Tiere leben recht versteckt an den Ufern sauberer Fließgewässer und haben eine Vorliebe für klare, schnellfließende Bäche. Die Larven sind im Wasser zu finden und halten sich meist auf der Unter- oder der der Strömung abgewandten Seite von Steinen, mitunter auch an überfluteten Wasserpflanzen auf. Steinfliegen waren früher weit verbreitet, gehen heute aber wegen ihrer Empfindlichkeit gegen Verschmutzung des Lebensraumes stellenweise sehr zurück. Ihr Fehlen zeigt also Wasserverschmutzung an. **Nahrung:** Die erwachsenen Tiere haben verkümmerte Mundwerkzeuge und nehmen keine Nahrung zu sich. Die Larven kann man hinsichtlich ihrer Ernährungsweise in 3 Gruppen einteilen. Die erste Gruppe enthält kleine Arten, die von Grün- und Kieselalgen sowie Pflanzenresten leben. In der zweiten Gruppe finden sich mittelgroße Formen, die sowohl Pflanzenmaterial als auch Kleintiere fressen. Die dritte Gruppe umfaßt die größten Arten; diese stellen die gefräßigsten Räuber unter den Kleintieren der Fließgewässer. **Entwicklung, Lebensweise:** Die Entwicklung der Larven dauert je nach Art 1–3 Jahre. Sie kriechen schließlich an Land und häuten sich zum geflügelten Insekt. Nach der Paarung erfolgt die Eiablage, und zwar im Flug; das ♀ taucht sein Hinterleibsende in das Wasser ein und entläßt die Eier.
Es gibt in Mitteleuropa etwa 125 Steinfliegen-Arten. Ihre genaue Bestimmung ist nur dem Spezialisten möglich. Alle Entwicklungsstadien stellen eine wichtige Fischnahrung dar, vor allem für Forellen.

Köcherfliege

Merkmale: Unscheinbar gefärbte Tiere; braune und graue Farbtöne herrschen vor, manchmal tritt eine Fleckung oder andere Zeichnung hinzu. Auffällig sind die langen Fühler, die in Ruhehaltung nach vorn ausgestreckt werden. Die häutigen Flügel weisen wenige Queradern auf und sind behaart; sie werden in Ruhe dachförmig über dem Körper zusammengelegt (Abb. o.). Damit entsteht eine gewisse Ähnlichkeit mit manchen Nachtfaltern, und in der Tat sind Köcherfliegen mit Schmetterlingen verwandt. Diese haben jedoch immer beschuppte Flügel und ihre Mundwerkzeuge sind saugend (Rüssel). Köcherfliegen haben kauende Mundwerkzeuge, die aber meist funktionslos sind. Sie unterscheiden sich zudem von ähnlichen Tieren anderer Ordnungen (Eintagsfliegen, S. 133 und Steinfliegen, S. 135) durch die fehlenden Hinterleibsanhänge. Die Larven fertigen aus den verschiedensten Materialien, je nach Lebensraum Sandkörner (Abb. M. r.), kleinste Kiesel, Zweigstückchen, Teile von Blättern (Abb. M. l.) u. a., tragbare Köcher an (Name), die den weichen Hinterleib schützen. **Vorkommen:** Immer in der Nähe von Gewässern verschiedenster Art (die Larven im Wasser); tagsüber in der Vegetation, abends und nachts fliegend. **Nahrung:** Je nach Art fressen die Larven Pflanzenteile und andere Kleintiere. Bestimmte Arten bauen in Fließgewässern Fangnetze in die Strömung, in denen Nahrungspartikel hängen bleiben. **Entwicklung, Lebensweise:** Am Ende des Larvenstadiums häutet sich die Larve ähnlich wie bei Schmetterlingen zur Puppe. Im Gegensatz zu diesen ist die Puppe jedoch sehr beweglich; nach 2–3 Wochen steigt sie zur Wasseroberfläche oder geht an Land und entläßt das geflügelte Insekt.
Auch bei den vielen verschiedenen Köcherfliegen-Arten ist die Unterscheidung schwierig und meist nur dem Spezialisten möglich. Etwas leichter ist die Bestimmung der Larven anhand der unterschiedlichen Köcherform und -beschaffenheit.

Wasserläufer

Gerris lacustris. **Merkmale:** Mittelgroße, dunkel gefärbte Tiere mit sehr langen Beinen, die das Tier auf der Wasseroberfläche tragen. Sonst mit allen bei Wanzen vorkommenden Merkmalen. Für die Arten der Gattung auffallend sind die von den anderen Beinpaaren weit entfernten Vorderbeine. Körperlänge 12 mm. **Vorkommen:** Auf ruhigen Gewässern weit verbreitet und meist in größeren Gruppen. **Nahrung:** Räuberisch lebende Tiere, die ihre Beute von der Wasseroberfläche aufsammeln. Meist werden kleine Insekten erbeutet. **Entwicklung, Lebensweise:** Die Tiere gleiten auf ihren Beinen rasch über die Wasseroberfläche, wobei der Vortrieb hauptsächlich mit dem mittleren Beinpaar erfolgt, während die Hinterbeine steuern und die Vorderbeine zum Ergreifen der Beute dienen. Erwachsene Tiere können gut fliegen und besiedeln auf diese Weise alle neu entstehenden, geeigneten Gewässer.

Rückenschwimmer

Notonecta glauca. **Merkmale:** Die Tiere sind deutlich breiter als Wasserläufer, mit verlängerten Hinterbeinen, die seitlich Borstenfransen tragen und als Ruderbeine wirken. Die Art lebt im Wasser und schwimmt immer mit dem Rücken nach oben. Sie besitzt wie die meisten Wanzen Flügel und kann gut fliegen. Körperlänge 15 mm. **Vorkommen:** Weit verbreitet und fast das ganze Jahr über recht häufig in vielen stehenden Gewässern. **Nahrung:** Die Tiere leben räuberisch und erbeuten verschiedene Kleintiere im Wasser, aber auch von der Wasseroberfläche. Die Beute wird ergriffen, mit dem Rüssel ausgesaugt. **Entwicklung, Lebensweise:** Die Entwicklung ist die bei Wanzen übliche. Im Wasser atmen die Tiere aus einer Luftblase auf der Bauchseite des Hinterleibs und müssen öfter an die Oberfläche, um den Luftvorrat zu erneuern. Ruhend hängen sie mit den Beinen und der Hinterleibsspitze unter der Wasseroberfläche. Sie stechen zur Abwehr sehr schmerzhaft; man nennt sie daher auch Wasserbienen.

Gelbrandkäfer

Dytiscus marginalis. **Merkmale:** Ein großer Käfer von ovaler, flacher Gestalt mit Hinterbeinen, die durch Reihen von Borsten zu Ruderbeinen umgewandelt sind. Die Art ist dunkel olivgrün gefärbt und weist gelbe Streifen am Körperrand auf. Die ♂ Tiere haben glatte Flügeldecken und Saugscheiben an den Vorderbeinen, die ♀ gefurchte Flügeldecken und einfache Beine. Körperlänge 30–35 mm. **Vorkommen:** Man findet die Käfer das ganze Jahr in ruhigen Gewässern, wo sie unter Wasser umherschwimmen. **Nahrung:** Alle Wassertiere geeigneter Größe, einschließlich Kaulquappen, Fischen. **Entwicklung, Lebensweise:** Die Käfer (Abb. u.) sind genau wie die bis 6 cm großen Larven (Abb. M.) gefräßige Räuber. Während die Käfer die Beute mit den Mundwerkzeugen packen und fressen, gehen die Larven etwas anders vor: Sie packen die Beute mit der großen Oberkieferzange, durchbohren sie und spritzen ein Verdauungssekret in das gefangene Tier, das dadurch zersetzt wird. Die Larve braucht es dann nur noch aus der Körperhülle herauszuschlürfen. Man hat einmal ausgerechnet, daß Gelbrand-Larven während ihrer sechswöchigen Entwicklung, in der 3 Häutungen stattfinden, rund 20 Kaulquappen pro Tag fressen. Zur Verpuppung kriecht die Larve an Land, wo sie sich in den Boden eingräbt, um ihn nach rund 2 Wochen als fertiger Käfer zu verlassen. Interessant ist noch zu erwähnen, daß Larve wie Käfer zu ihrem Wasserleben Luftsauerstoff benötigen. Deshalb sieht man die Käfer immer wieder an die Wasseroberfläche steigen, unter den Flügeldecken einen Luftvorrat aufnehmen und dann wieder abtauchen. Die Larven müssen ebenfalls in Abständen zur Wasseroberfläche auftauchen, um ihr Tracheensystem über ein Stigmenpaar am Körperende zu füllen. Die Käfer können gut fliegen und erreichen auf diese Weise neue Wasserstellen.

Bachforelle

Salmo trutta f. *fario.* **Merkmale**: Torpedoförmiger, seitlich etwas abgeflachter, je nach Wohngewässer mehr oder weniger hochrückiger Körper mit stumpfschnauzigem Kopf. Sogenannte Fettflosse zwischen Rücken- und Schwanzflosse. Schuppen klein. Mundspalte weit, reicht bis hinter die Augen. Färbung je nach Wohngewässer stark wechselnd; Rücken meist grün- bis bräunlich, Seiten heller, Bauch weiß- bis gelblich. Dunkle sowie längs und unterhalb der Seitenlinie rote, hellumrandete Flecken auf den Flanken. Mittellänge 25–40 cm; in nahrungsarmen Gewässern oft nur 15–20 cm lang (»Steinforelle«). **Vorkommen**: In kühlen, sauerstoffreichen Fließgewässern und Seen mit Kies- und Geröllgrund. **Nahrung**: Die Jungtiere ernähren sich von Kleintieren aller Art, wie Insektenlarven, Kleinkrebse und Fluginsekten, nach denen sie springen; größere Forellen jagen auch nach Kaulquappen und kleinen Fischen, wobei sie auch ihre Artgenossen nicht verschonen. **Lebensweise**: Vor allem ältere Tiere besetzen ein bestimmtes Revier mit einigen Versteckplätzen und Unterständen, das sie gegen Eindringlinge verteidigen. Laichzeit IX–II (meist X–I). Das Ablaichen erfolgt in der Strömung auf Kiesgrund.

Hecht

Esox lucius. **Merkmale**: Langgestreckter, seitlich nur wenig abgeflachter Körper mit weit nach hinten verlagerter Rückenflosse, die der ebenfalls kurzen Afterflosse gegenübersteht. Langer Kopf mit flacher, entenschnabelförmiger Schnauze und weiter Mundspalte. Starke Bezahnung. Färbung je nach Alter und Wohngewässer variabel; Rükken bräunlich oder grünlich, Seiten heller mit dunklen Querbinden, Bauch weiß- bis gelblich. ♀ bis 150 cm, ♂ bis 100 cm lang. **Vorkommen**: In Flüssen und Seen, auch im Brackwasser der Ostsee. **Nahrung**: Wirbellose Tiere, Fische, Amphibien, Wasservögel, Kleinsäuger. **Lebensweise**: Standfisch der Uferzone. Laichzeit II–V, je nach Wohngewässer.

Rotfeder

Scardinius erythrophthalmus. **Merkmale**: Seitlich abgeflachter, je nach Alter und Wohngewässer mehr oder weniger hochrückiger Körper mit gekielter Bauchkante zwischen Bauchflossen und After. Mundspalte eng, steil nach oben gerichtet. Iris goldglänzend. Bauchflossen, After- und Schwanzflosse außen hellrot, an der Basis bräunlich bis grau. Mittellänge 20–30 cm, max. bis 40 cm lang. **Vorkommen**: In stehenden und langsam fließenden Gewässern weit verbreitet; in der Krautregion der Uferzone. **Nahrung**: Wasserpflanzen (Laichkraut, Wasserpest, Tausendblatt u. a.) doch ebenso Kleintiere der Uferregion. **Lebensweise**: Schwarmfisch nahe der Wasseroberfläche. Laichzeit IV–VI.

Schleie

Tinca tinca. **Merkmale**: Kräftig gebauter, gedrungener Körper mit hohem Schwanzstiel und kleinen, tief in die dicke, schleimige Oberhaut eingebetteten Schuppen. Mundspalte klein, endständig; jederseits 1 Bartfaden an den Mundwinkeln; Alle Flossen abgerundet; Schwanzflosse nur schwach eingebuchtet. Rücken meist dunkelgrün oder -braun; Flanken heller, mit Messingglanz; Bauchseite gelblich-weiß. Mittellänge 20–30 cm, max. bis 60 cm lang. **Vorkommen**: Bevorzugt werden meist langsam fließende Gewässer und flache, wärmere Seen und Teiche mit dichten Pflanzenbeständen und Schlammgrund. **Nahrung**: Überwiegend kleine Bodentiere (Würmer, Insektenlarven, Weichtiere), die aus dem Schlamm gewühlt werden; daneben auch Wasserpflanzen und halbverrottete Pflanzenteile. **Lebensweise**: Die vorsichtige, lichtscheue Schleie hält sich tagsüber meist in Bodennähe verborgen; erst mit Beginn der Dämmerung wird sie lebhafter und sucht nach Nahrung. Laichzeit V–VII, je nach Wasserwärme; meist bei 19–20° C.

Döbel, Aitel

Leuciscus cephalus. **Merkmale**: Spindelförmiger, im Querschnitt fast drehrunder Körper mit breitem, dicken Kopf. Mundspalte weit. Rand der Afterflosse nach außen gewölbt. Große, derbe Schuppen. Rücken graubraun mit Grünglanz; Flanken silbrig, oft mit Goldglanz; Bauch weißlich. Schuppen dunkel umrandet (Netzzeichnung). Bauchflossen und Afterflosse rot. Mittellänge 30–50 cm, max. bis 60 cm lang. **Vorkommen**: In Fließgewässern, seltener in Seen. **Nahrung**: Jungfische ernähren sich von Würmern, Kleinkrebsen, Insektenlarven, Luftinsekten, Weichtieren und bisweilen auch von Pflanzenkost; kapitale Döbel stellen jedoch anderen Fischen, Fröschen, frischgehäuteten Krebsen und selbst Kleinsäugern nach. **Lebensweise**: Häufiger Oberflächenfisch, der in der Jugend gesellig lebt, mit zunehmendem Alter aber immer mehr zum Einzelgänger wird. Laichzeit IV–VI.

Brachsen, Blei

Abramis brama. **Merkmale**: Hochrückiger, seitlich stark abgeflachter Körper mit kurzer Rücken- und doppelt so langer Afterflosse. Rücken bleifarben (Name!) bis schwärzlich, meist mit Grünglanz; Flanken heller, metallisch glänzend; Bauch weißlich. Mittellänge 30–50 cm, max. bis 75 cm lang. **Vorkommen**: In größeren, nährstoffreichen Seen und langsam fließenden Gewässern. **Nahrung**: Würmer, Insektenlarven, kleine Weichtiere, die aus dem Boden gewühlt werden. **Lebensweise**: Jungfische in kleinen Rudeln in der Uferzone, Erwachsene im tieferen Wasser; erst nachts kommen sie zur Nahrungssuche ins Flachwasser. Laichzeit V–VII. Die Laichschwärme suchen flache, pflanzenreiche Uferstellen auf.

Elritze

Phoxinus phoxinus. **Merkmale:** Langgestreckter, fast drehrunder Körper, der nur am Schwanzstiel seitlich abgeflacht ist. Mund endständig. Schuppen klein. Grundfärbung je nach Wohngewässer sehr variabel; Rücken meist braungrün; Flanken heller, silberglänzend; Bauchseite weißlich. Mittellänge 7–10 cm, max. bis 14 cm; die ♀ werden etwas größer als die ♂. **Vorkommen:** Bevorzugt in klaren, sauerstoffreichen Fließgewässern und Seen mit Kiesgrund; in den Alpen bis in über 2000 m Höhe. **Nahrung:** Kleintiere des Bodens und des freien Wassers; Fluginsekten. **Lebensweise:** Sehr anpassungsfähiger Schwarmfisch, der sich oft in großer Zahl nahe der Wasseroberfläche aufhält. Laichzeit IV–VII.

Bitterling

Rhodeus sericeus. **Merkmale:** Kleine, hochrükkige, seitlich abgeflachte Fische mit großen Schuppen. Mundspalte klein, endständig. Rücken graugrün bis schwärzlich; Flanken heller, silberglänzend, mit einer blaugrün schillernden Längsbinde von der Seitenmitte bis zur Schwanzflosse; Bauchseite weiß, oft mit rosafarbenem Schimmer. ♂ im Hochzeitskleid mit roter Kehle, Brust und vorderer Bauchpartie; Rücken und Hinterkörper schillern dann bläulichgrün. ♀ in der Laichzeit mit einer mehrere Zentimeter langen Legeröhre (Abb.). Mittellänge ca. 5–6 cm (2.–3. Lebensjahr), max. bis 9 cm lang. **Vorkommen:** In der pflanzenreichen Uferzone stehender und langsamfließender Gewässer mit Schlamm- und Sandgrund, in Gesellschaft von Teich- oder Malermuscheln. **Nahrung:** Überwiegend Wasserpflanzen, daneben auch Kleintiere aller Art (Würmer, Kleinkrebse, Insektenlarven). **Lebensweise:** Der Bitterling lebt gesellig; Laichzeit IV–VI. Eiablage in den Kiemenraum der o. g. Muscheln; dort Entwicklung der Jungen bis zur Schwimmfähigkeit!

Karpfen

Cyprinus carpio. **Merkmale:** Die Stammform, der Schuppenkarpfen (Abb.), besitzt einen gestreckten, seitlich etwas abgeflachten Körper. Mund vorstülpbar, endständig, mit 4 Bartfäden an der Oberlippe. Schwanzflosse deutlich zweizipfelig. Rücken meist braungrün bis schwärzlichgrün; Flanken bräunlichsilbern; Bauch weißlich. Flossen graugrün. Bis 120 cm lang (25–30 kg). **Vorkommen:** Bevorzugt warme, stehende oder langsamfließende Gewässer mit Sand- oder Schlammgrund und reichen Pflanzenbeständen. **Nahrung:** Kleintiere der Ufer- und Bodenregion (Würmer, Kleinkrebse, Insektenlarven, kleine Weichtiere) und Pflanzenkost; große Tiere jagen auch Kleinfische und Molche. **Lebensweise:** Tagsüber meist an tiefen, geschützten Stellen, unter überhängenden Uferböschungen und Wasserpflanzen; erst in der Dämmerung wird er lebhafter. Laichzeit V–VII, je nach Wasserwärme (18–20° C).

Quappe, Rutte, Trüsche

Lota lota. **Merkmale:** Langgestreckter Körper mit breitem, flachem Kopf und weiter, leicht unterständiger Mundspalte. Schuppen klein, zart. Am Kinn 1 langer Bartfaden, 2 sehr kurze an den Nasenlöchern. 1. Rückenflosse kurz, 2. und Afterflosse sehr lang. Bauchflossen kehlständig. Schwanzflosse abgerundet. Grundfärbung braun, gelboliv oder grünlich, mit dunkleren, undeutlichen Marmorierungen; Flanken heller; Bauch weißlich. Mittellänge 30–60 cm, max. bis 1 m lang. **Vorkommen:** Vom Brackwasser der Flußmündungen und Haffe bis in über 1200 m Höhe in den Alpen. **Nahrung:** Für Jungfische Würmer, Kleinkrebse, Insektenlarven und kleine Weichtiere; für Erwachsene Fischlaich und -brut. **Lebensweise:** Als einzige Dorschfischart im Süßwasser bevorzugt die Quappe klares, kühles Wasser und steigt als Bodenfisch bis in die Forellenregion auf. Dämmerungs- und nachtaktiv. Laichzeit XI–III (Winterlaicher!).

Flußbarsch

Perca fluviatilis. **Merkmale:** Je nach Wohngewässer mehr oder weniger hochrückiger, mit kleinen Kammschuppen bedeckter Körper. 1. Rückenflosse mit 13–17 Stachelstrahlen und einem schwarzen Fleck am Hinterrand. Kiemendeckel mit starkem Dorn. Rücken dunkelgrau bis bläulich oder olivgrün; Bauch heller. 6–9 dunkle Querbinden oder gegabelte Streifen auf den Seiten. Bauchflossen und Afterflosse rötlich. ♂ lebhafter gefärbt. Mittellänge 15–30 cm, max. bis 45 cm lang. **Vorkommen:** In fließenden und stehenden Gewässern bis in 1000 m Höhe weit verbreitet; auch im Brackwasser der Ostsee. **Nahrung:** In der Jugend Krebschen und andere Kleintiere, später überwiegend kleine Fische. **Lebensweise:** Standfisch, vorzugsweise in klaren Gewässern ohne starke Strömungen mit hartem Grund; anfangs Schwarmfisch, alte Exemplare oft ausgesprochene Einzelgänger. Laichzeit je nach Gewässer III–VI. Eier in langen Gallertbändern.

Dreistachliger Stichling

Gasterosteus aculeatus. **Merkmale:** 3 einzeln stehende, bewegliche Stacheln auf dem Rücken. Bauchflossen mit kräftigem Stachel. Rücken blaugrau bis olivgrün; Flanken erzfarben; Bauch weißlich. Zu Laichzeit ♂ mit blaugrünem Rücken, roter Kehle und Brust, silberblau glänzender Iris und dunkler Rücken- und Afterflosse. Meist bis 8 cm, marine Wanderformen bis 11 cm lang. **Vorkommen:** In Küsten- und Binnengewässern. **Nahrung:** Würmer, Kleinkrebse, Insektenlarven, Fischlaich und -brut. **Lebensweise:** Lebhafte, kleine Fische. Laichzeit III–VII. Das ♂ baut am Boden ein Nest aus Pflanzenfasern, die durch ein klebriges Nierensekret verfestigt werden. Das Gelege und ca. 1 Woche lang auch die Brut werden vom ♂ bewacht und betreut.

Bergmolch

Triturus alpestris. **Merkmale:** Gesamtlänge ♂ bis 8 cm, ♀ bis 11 cm. Schwanz körperlang, seitlich zusammengedrückt. Haut feinkörnig bis glatt. ♂ zur Paarungszeit (Abb.) mit niedrigem, glattrandigem Kamm von den Schultern bis zur Schwanzspitze und -unterseite; oberseits schiefergrau bis schwärzlich, unterseits orangegelb bis zinnoberrot. ♀ ohne Kamm und weniger bunt. Landtracht nach der Paarungszeit oberseits fast schwarz, Kammrückbildung beim ♂. **Vorkommen:** Stehende und fließende Gewässer, vor allem des bewaldeten Hügel- und Berglandes, im Gebirge bis 3000 m. **Nahrung:** Im Wasser und an Land Kleintiere wie Würmer, Schnecken, Kerbtiere und deren Larven. **Lebensweise:** Landbewohner in Wassernähe, zur Fortpflanzungszeit (III–V) im Wasser. Interessantes Paarungszeremoniell; das ♂ setzt den Samen in kleinen Paketen auf dem Grund ab, die das ♀ mit der Kloake aufnimmt. Das ♀ heftet bald darauf die befruchteten Eier an Wasserpflanzen; die Larven schlüpfen nach ca. 2 Monaten und verwandeln sich nach weiteren 3 Monaten bei etwa 3 cm Länge in Jungtiere.

Teichmolch

Triturus vulgaris. **Merkmale:** Gesamtlänge ♂ bis 11 cm, ♀ bis 9,5 cm. Oberseite unterschiedlich braun mit dunkelbraunen Rundflecken, die beim ♀ eher undeutliche Tüpfel sind. Unterseite seitlich weißlich, in der Mitte hell- bis orangegelb. ♂ mit sehr hohem, welligrandigem Rückenkamm und Schwanzsaum sowie breiten Hautsäumen an den Hinterfußzehen; am Kopf 5 dunkle Längsstreifen. Landtracht ohne Kamm und Hautsäume. **Vorkommen:** Kleinste bis größere stehende Gewässer, im Gebirge bis 1000 m. **Nahrung:** Wie Bergmolch. **Lebensweise:** Verläßt bei günstiger Witterung bereits im II sein Winterquartier. Fortpflanzung wie Bergmolch.

Gelbbauchunke, Bergunke

Bombina variegata. **Merkmale:** Körperlänge 5 cm. Oberseite olivgrau, mit oder ohne dunkle Flecke; zahlreiche Warzen mit stachligen Höckern. Unterseite blaugrau mit großen hell- bis dunkelgelben Flecken. **Vorkommen:** Altwässer, Gräben und Tümpel, selbst kleinste Pfützen; vorwiegend im Hügel- und Bergland bis 1800 m. **Nahrung:** Kleintiere aller Art. **Lebensweise:** Haupttätigkeit in der Dämmerung und nachts. In der Paarungszeit (IV–VIII) typische »Unk-unk«-Rufe der ♂ (Name). Charakteristische Schreckstellung durch Bauchzeigen (Warnfarbe, da Hautsekret giftig). Ablaichen von kleinen Eierklumpen an Wasserpflanzen. Die Kaulquappen verwandeln sich im VIII/IX in Jungtiere, die dann das Wasser verlassen.
Die oberseits ähnlich gefärbte Rotbauchunke ist unterseits schwarzbläulich mit einzelnen weißen Punkten und großen karminroten Flecken. Sie vertritt die Gelbbauchunke im Tiefland (bis 250 m).

Erdkröte

Bufo bufo. **Merkmale:** Körperlänge ♂ bis 8 cm, ♀ bis 13 cm. Körper plump, Kopf breit und abgerundet; Hinterkopf beiderseits über dem Ohr mit großer, ungefähr halbmondförmiger Drüse. Iris goldgelb bis kupferrot, Pupille waagerecht. Körperoberseite mit großen, dichtstehenden Warzen, braun mit unscharfen, dunklen Flecken; Unterseite schmutzig weiß, meist graubraun gefleckt. **Vorkommen:** Anspruchslos; in den verschiedensten Landschaften. Im Gebirge bis zur oberen Baumgrenze. **Nahrung:** Kleintiere wie Würmer, Schnekken, Spinnen, Asseln, Insekten. **Lebensweise:** Dämmerungs- und Nachttier, in der Paarungszeit auch tagaktiv. Unterschlupf und Winterschlaf (ab X) in Bodenverstecken. Paarungszeit III–IV, Paarung im Wasser. ♂ umklammert ♀ von hinten und besamt die als 3–5 m langen, bis 6800 Eier enthaltenden, austretenden Laichschnüre, die um Wasserpflanzen gewickelt werden. Die Kaulquappen verwandeln sich mit 3 cm Größe im VI in Jungkröten, die das Wasser verlassen.

Wechselkröte

Bufo viridis. **Merkmale:** Körperlänge 8–9 cm, ♀ kaum größer als ♂. Gestalt wie Erdkröte, Kopf jedoch schmaler; Ohrdrüsen birnen- bis nierenförmig. ♂ mit kehlständiger Schallblase. Oberseite mit vielen schwachen Warzen, weißlich hell- bis dunkelgrau mit hell- bis dunkelolivgrünen, unregelmäßigen Flecken; Unterseite hellgrau, mit oder ohne dunkle Flecken. **Vorkommen:** Wie Erdkröte wenig anspruchsvoll; wenig empfindlich gegen Trockenheit und Wassersalzgehalt. **Nahrung:** Wie Erdkröte. **Lebensweise:** Ähnlich der Erdkröte; kann auch gut klettern und graben. Fortpflanzung wie Erdkröte; Paarungszeit IV–V, lange Eischnüre mit 10000–12000 Eiern.

Wasserfrosch, Teichfrosch

Rana esculenta. **Merkmale:** Körperlänge beim ♂ 5–7,5 cm, ♀ bis 10 (12) cm. Gestalt und Körpermerkmale wie Grasfrosch (S. 144). Oberseite grasgrün oder hellbraun mit schwärzlichen Flekken und oft hellem, meist gelbgrünlichem Aalstrich; Bauch weißlich, grau gefleckt. ♂ zur Paarungszeit mit 2 äußeren, weißlich- bis hellgrauen Schallblasen. **Vorkommen:** Kleine bis größere Gewässer mit reichem Wasser- und Uferpflanzenwuchs im Tiefland und bis in mittlere Gebirgslagen. **Nahrung:** Kleine Wirbellose und Wirbeltiere im und am Wasser bis Eidechsen-, Jungvogel- und Mausgröße; sehr gefräßig. **Lebensweise:** Aufenthalt im und am Wasser. Mehr dämmerungs- und nacht- als tagaktiv. ♂ zur Paarungszeit (V) mit charakteristischem Quaken. Laichabgabe in Klumpen mit je einigen hundert Eiern, insgesamt je ♀ 5000–10000. Die Kaulquappen verwandeln sich nach etwa 4 Monaten bei ca. 2,5 cm Länge in Jungfrösche. Überwinterung im Gewässergrund.

Grasfrosch

Rana temporaria. **Merkmale**: 6–10 cm lang. Oberseite gelb-, rot- bis schwarzbraun, meist dunkel gefleckt oder getüpfelt, selten heller Aalstrich. Schläfen mit großem, schwarzem Keilfleck. Bauch weißlich bis gelblich, beim ♂ grau, beim ♀ braunrötlich gefleckt oder marmoriert. **Vorkommen**: In verschiedensten Natur- und Kulturlandschaften wie Sümpfen, Feuchtwiesen, Feldern, Parks; nur zur Laichzeit auf Gewässer angewiesen. Im Gebirge bis 2500 m. **Nahrung**: Verschiedene Wirbellose wie Würmer, Nacktschnecken und Insekten, die mit der klebrigen Zunge gefangen werden. **Lebensweise**: Vorwiegend nachts tätig. Überwinterung am Grund von Gewässern. Paarungszeit II–IV; während dieser Zeit lassen die ♂ ein lautes, dumpfes Knurren hören, auch unter Wasser. Eiablage in großen Laichballen mit 3000–4000 Eiern. Nach 2–3 Monaten (mit 4 cm), verwandeln sich die Kaulquappen in Jungfrösche und verlassen das Wasser; sie überwintern an Land.

Waldeidechse, Bergeidechse

Lacerta vivipara. **Merkmale**: 14–16 cm lang; Gestalt wie Zauneidechse. Oberseite braun mit 1 (oft unterbrochenen) dunkelbraunen Mittelstreif und meist jederseits 1 breiten, ebensolchen Seitenband; dazu gelbliche und schwarze Tupfen. Unterseite des ♂ orangegelb, schwarz getupft, des ♀ ungefleckt gelblichweiß oder grau. Jungtiere fast schwarz. **Vorkommen**: Feuchtes, sonniges Gelände in Wassernähe, Moore, Sümpfe, Feuchtwiesen; aber auch Dünen, Geröllhalden, Böschungen. Im Gebirge bis 3000 m. **Nahrung**: Würmer und verschiedenste Insekten. **Lebensweise**: Wie Zauneidechse; klettert, schwimmt und taucht gut. Paarungszeit V, 3–10 Junge im VII/VIII, die bei der Eiablage sofort die Eihülle durchbrechen.

Ringelnatter

Natrix natrix. **Merkmale**: Meist 60–90 cm lang, alte ♀ bis 1,50 m. Oberseite in Grautönen, 4–6 Längsreihen schwarzer Flecke. Kopfoberseite schwarzbräunlich, Hinterkopf jederseits mit weißem oder hell- bis orangegelbem, halbmondförmigem und anschließendem schwarzen Fleck. Kehle weiß, Unterseite schwärzlich und weiß gewürfelt. **Vorkommen**: Sumpfwiesen, Moore, pflanzenwuchsreiche Gewässerränder; aber auch Waldränder, Parks und Gärten. **Nahrung**: Vorwiegend Frösche. Die Beute wird lebend und im ganzen verschlungen. **Lebensweise**: Tagaktiv, klettert gut und schwimmt und taucht ausgezeichnet. Zur Abwehr von Feinden bläht sie sich auf, zischt und stößt auch zu, beißt allerdings selten (keine Giftzähne!). Dabei wird auch ein stinkendes Sekret aus den Afterdrüsen abgegeben. Paarungszeit IV/V, auch später. Eiablage VII/VIII unter Steinen, Laub, in feuchter Erde, Dung, Kompost. Aus den 10–40 Eiern schlüpfen nach 7–10 Wochen 16–19 cm lange Junge.

Haubentaucher

Podiceps cristatus. **Merkmale**: Der Haubentaucher ist der häufigste von 5 in Mitteleuropa lebenden Lappentauchern. Sie alle leben auf und im Wasser und sind durch torpedoartigen Körperbau, am Steiß als Ruder ansetzenden Beinen, spitzen Schnäbeln und extrem kurzem Schwanz hervorragend an ihre Lebensweise, die Unterwasserjagd, angepaßt. Im Brutkleid leicht kenntlich an der rotbraun-schwarzen Halskrause. Ferner weisen sowohl ♂ als auch ♀ während dieser Zeit eine schwarze, zweizipfelige Haube auf (daher der Name). **Vorkommen**: Auf größeren stehenden Gewässern. Während des Zuges und im Winter auch an der Küste und auf fließenden Gewässern. **Nahrung**: Vorwiegend Fische, Wasserinsekten, Krebse, Kaulquappen. **Fortpflanzung**: Das Nest steht am Gewässerrand bevorzugt in Rohrkolben; Schwimmnest. Es enthält meist 4 Eier. Brutdauer 25–29 Tage. Die Nestflüchter werden 10–11 Wochen von ihren Eltern geführt; die Eltern teilen sich die Jungenzahl auf.
Haubentaucher zeigen ein charakteristisches Balzverhalten mit ganz speziellem Zeremoniell, das zur Paarbildung führt.

Schwarzhalstaucher

Podiceps nigricollis. **Merkmale**: Ein kleiner Taucher mit im Brutkleid schwarzem Hals. Die goldgelben Federohren hängen herab. Schnabel kurz und aufwärts gebogen. Im Schlichtkleid wie die anderen Taucher oberseits grauschwarz und unterseits weiß, doch mit gleitendem Übergang von Schwarz und Weiß auf den Kopfseiten. **Vorkommen**: Vegetationsreiche, sehr flache Seen im Flachland. Im Winter auch an der Küste. Zugvogel. **Nahrung**: Insekten; auch Muscheln, Krebse. **Fortpflanzung**: Saisonehe, evtl. mehrjährig. Koloniebrüter. 3–4 Eier im Gelege. Brutdauer 20–21 Tage. Führungszeit der Jungen noch unbekannt, beide Eltern führen. Es werden »Kindergärten« gebildet.

Zwergtaucher

Podiceps ruficollis. **Merkmale**: Unser kleinster Taucher. Ein rundes Federbällchen mit kurzem Hals und dickem Schnabel. Im Brutkleid oberseits dunkelbraun, unterseits heller graubraun; Wangen, Halsseiten und Kehle kastanienbraun. Artkennzeichnend der weißgelbliche Schnabelwinkel. Im Schlichtkleid unauffällig; dunkelbraun oberseits, grauweiß unterseits, Wange, Hals, Körperseiten gelblichbraun. **Vorkommen**: Auf Gewässern jeder Größe, wenn sie nur sehr flache und schlickige, an Wasserpflanzen reiche Partien haben. Während des Zuges und im Winter auf jedem wellenfreien Wasser. **Nahrung**: Insekten, Krebse, Kaulquappen, im Winter kleine Fische. **Fortpflanzung**: Wahrscheinlich lebenslange Einehe. Nest ein Haufen von Pflanzenteilen. Gelege 4–6 Eier. Brutzeit 20–21 Tage. Führungszeit 6–7 Wochen, beide Eltern führen. 2 Jahresbruten.

Graureiher

Ardea cinerea. **Merkmale:** Ein großer hellgrauweißer Schreitvogel mit schwarzen Abzeichen, langem, im Fluge S-förmig gekrummtem Hals und blaßgelbem Dolchschnabel. **Vorkommen:** In den seichten Uferzonen aller Gewässer von der Meeresküste bis zum Wassergraben am Bahndamm. Im Spätsommer auf Feldern zur Mäusejagd. Teilzieher. **Nahrung:** Schleich- und Ansitzjäger mit unerschöpflicher Geduld. Hauptnahrung sind Fische; daneben alle Tiere, die er antrifft und bewältigen kann, wie Frösche, Schlangen, Mäuse, Insekten. **Fortpflanzung:** Koloniebrüter in den Wipfeln von hohen Waldbäumen. Die imposanten Knüppelhorste enthalten 3–5 Eier. Brutdauer 25–28 Tage. Die selten mehr als 3 Jungen sind Nesthocker und verlassen die Kolonie endgültig im Alter von 8–9 Wochen.

Der Fischreiher hat unter der rapiden Reduzierung der Feuchtgebiete und durch menschliche Störungen in seinen Brutkolonien fast so stark gelitten wie der Storch. Jede Annäherung veranlaßt die scheuen Vögel, vom Gelege aufzufliegen und Krähen greifen sich in Windeseile die verlassenen Eier.

Weißstorch

Ciconia ciconia. **Merkmale:** Im Kinderlied heißt es treffend von Freund Adebar »Er hat ein schwarzweiß Röckchen an und trägt rote Strümpfe«. Junge Störche haben schwarze, später braune Schnäbel. **Vorkommen:** Sümpfe, feuchte Wiesen und flache Gewässer in offener Landschaft. Zugvogel, der auf zwei festen Routen – über die Straße von Gibraltar bzw. über den Bosporus ins süd- und ostafrikanische Winterquartier zieht. Die Zugscheide liegt etwa auf der Höhe von Weser und Ems und verläuft von dort über Osthessen nach Schweinfurt. Jungstörche aus einem Nest in einem breiten Mischgebiet seitlich dieser Zugscheide können in beide Richtungen abziehen. **Nahrung:** Mäuse, Insekten, Regenwürmer; weniger Frösche, Krebse, Eidechsen, Schlangen, Fische, auch Aas. Wenn die Vögel aus dem Winterquartier heimkommen, sind sie anfangs (bis zu 90%) auf Regenwürmer angewiesen. Im Winterquartier sind Heuschrecken Hauptnahrung. **Fortpflanzung:** Der mächtige Horst steht frei und hoch auf Gebäuden, Türmen, Schornsteinen und Bäumen. Brutdauer für die 3–5 Eier 33–34 Tage. Nestlingsdauer 54–63 Tage. Bis zur 4. Lebenswoche hält einer der Eltern ständig Wache am Nest. Erst danach ist ein Elternteil imstande, die Jungen alleine großzuziehen. Kunsthorste werden gerne angenommen.

Der Weißstorch leidet nicht nur unter der Zerstörung seines Lebensraumes. Die fast immer tödlichen Unfälle beim Anfliegen an freistehende Leitungen und die Gefahren der heutigen chemischen Schädlingsbekämpfung lassen unserem beliebtesten Vogel kaum noch eine Überlebenschance. In den letzten zwanzig Jahren hat der Bestand erschreckend abgenommen!

Höckerschwan

Cygnus olor. **Merkmale:** Ein weißer Schwan mit rotem Höckerschnabel. Schwarz sind Schnabelwurzel, -nagel und Stirnhöcker. Beim ♂ ist der Höcker besonders ausgeprägt. Junge mit graubraunem, schmutzigweißem Gefieder und bleigrauem Schnabel ohne Höcker; im 2. Jahr Hökkerbildung und umfärbend in Gelbrot. Im Flug erzeugen die Flügelschläge ein lautes Singen. **Vorkommen:** Charaktervogel der Binnengewässer; oft künstlich angesiedelt. An den Küsten Nichtbrüter und Wintergast. **Nahrung:** Unterwasserpflanzen, die er mit seinem langen Hals gut erreicht; Gras. Zur Verdauungshilfe Steinchen und Erde. Kein Fischereischädling. **Fortpflanzung:** Lebenslange Ehe. Geschlechtsreif im 3. (♀) bzw. 4. (♂) Lebensjahr. Das große, mächtige Nest wird auf trockenem Boden nahe am Gewässer gebaut. Es enthält 5–8 Eier. Brutdauer 35–38 Tage. Die Jungen werden monatelang geführt.

Graugans

Anser anser. **Merkmale:** Graugänse wirken silbergrau. Der große Schnabel der westlichen Rasse ist rein sattgelb mit hell-fleischfarbenem Nagel, der der östlichen Rasse kräftig rosa. Augenlider wie Schnabel gefärbt. Flachstirnig. Füße fleischfarben. **Vorkommen:** Brutvogel östlich der Elbe und am Neusiedler See; in großen Flachmooren und an Binnenseen. Während Zug und Winter auf Weiden, Äckern, Brachland. Teilzieher. **Nahrung:** Vegetarier; Gräser, Kräuter, Stauden, Wurzeln, Samen, Knollen. **Fortpflanzung:** Lebenslange Einehe. Geschlechtsreif mit Ende des 2. Lebensjahrs. Bodenbrüter. Gelege 3–14, meistens 4–9 Eier. Brutdauer 28–29 Tage. Nestflüchter, flugfähig mit 10 Wochen. Die Familie bleibt bis zum Frühjahr zusammen.
Graugänse sind die Stammeltern unserer Hausgänse.

Stockente

Anas platyrhynchos. **Merkmale:** Der tiefblaue Flügelspiegel ist weiß eingefaßt. Beine orangerot. Beim Erpel (♂) im Prachtkleid (VIII–VI) Kopf dunkelgrün, durch weißen Halsring von der dunkelbraunen Brust getrennt. ♂ im Ruhekleid und ♀ braun gefleckt, Schnabel grünoliv. Junge wie ♀, aber Schnabel rötlich hornfarben und Beine gelb bis orangegelb. **Vorkommen:** Auf allen Gewässern in Stadt und Land. Teilzieher. **Nahrung:** Jahreszeitlich wechselnd. Von Spätherbst bis Vorfrühling fast nur pflanzlich (Samen, Wintertriebe); zur Brutzeit und im Frühsommer überwiegend Weichtiere und Insekten. **Fortpflanzung:** Saisonehe. Boden- und Baumbrüter von größtem Einfallsreichtum; offene und Höhlennester mit meist 7–11 Eiern. Brutdauer 24–32 Tage. Das ♀ führt die Jungen bis zur Flugfähigkeit mit 8 Wochen.
Stockenten sind die Stammeltern unserer Hausenten; Bastarde sind nicht selten.

Spießente

Anas acuta. **Merkmale:** Beim ♂ im Prachtkleid Kopf und Hinterhals braun, mit stilettförmigem Fortsatz der weißen Halsfärbung. Schwarze, lange Schwanzspieße. Flanken und Oberkörper grau. ♀ hellbraun gestreift. Schnabel beider bleigrau. Flügelspiegel grün, beim ♀ undeutlich rostbräunlich. Größe wie Stockente. **Vorkommen:** Auf großen vegetationsreichen Seen, Mooren, Heiden und Dünen. Auf dem Zug und im Winter in Flußmündungen, Lagunen und an der Meeresküste. Teilzieher. **Nahrung:** Jahreszeitlich wechselnd wie bei der Stockente. Nahrungssuche in flachen Binnenseen und im Watt. **Fortpflanzung:** Bodenbrüter in möglichst trockenem Gelände, meist offen auf Weiden und in Saatfeldern. Gelege 7–11 Eier. Brutdauer 21–23 Tage. Das ♀ führt die Jungen bis zur Flugfähigkeit mit 7 Wochen.

Krickente

Anas crecca. **Merkmale:** Unsere kleinste Ente; gedrungen, mit dunklen Beinen und schwarzgrauem Schnabel. Flügelspiegel grün. Der graue Erpel (♂) im Prachtkleid (X–VII) mit kastanienbraunem Kopf, geschwungenen, grünen Augenbrauen, weißem Flankenstreif und orangefarbenen Feldern am schwarzen Hinterkörper (Abb.). Im Ruhekleid (nur VIII–IX) wie ♀ mit brauner Oberseite und Brust, weißem Bauch. **Vorkommen:** Auf Flachwassern mit Schlick und Sand jeder Art. **Nahrung:** Im Frühling und Sommer vorwiegend Insekten und Weichtiere; im Herbst, Winter hingegen kleine Samen, wenig Schlicktiere. **Fortpflanzung:** Saisonehe. Bodenbrüter mit einfallsreichen Verstecken bis 1 km vom Wasser entfernt, selbst im Wald. Gelege 8–11 Eier. Brutdauer 21–23 Tage. Das ♀ führt die Jungen 1 Monat lang; diese spätestens mit 44 Tagen flugfähig.

Die **Knäkente,** *Anas querquedula* (ohne Abb.), ähnelt der Krickente in Größe und Aussehen; besonders die ♀ sind nicht leicht zu unterscheiden. Deutlich verschieden sind die Erpel (♂); die der Knäkente haben im Prachtkleid einen breiten, weißen Überaugenstreif auf rotbraunem Kopf.

Kolbenente

Netta rufina. **Merkmale:** Eine kompakte, kleine Tauchente mit dickem Kopf. Erpel (♂) mit lackrotem Schnabel und hellrotem Auge. Im Prachtkleid (X–VI) Kopf fuchsrot, Hals und Brust schwarz; Flügelbug weiß (Abb.). Im Flug Hinterflügel weiß. Im Ruhekleid (VI–X) Gefieder wie ♀. Ente (♀) oberseits dunkelbraun, unterseits hellbraun, mit weißgrauen Wangen; Schnabel graubraun, Auge braun, im Brutkleid rotbraun. **Vorkommen:** Große Seen mit Schilfbewuchs. Zugvogel. **Nahrung:** Armleuchteralgen, daneben andere Wasserpflanzen und ein wenig Wassergetier. **Fortpflanzung:** Saisonehe. Bodenbrüter, Nest wassernah in dichtester Vegetation. Gelege 8–10 Eier. Brutdauer 26–28 Tage. Das ♀ führt Junge 45–50 Tage.

Tafelente

Aythia ferina. **Merkmale:** Beim ♂ (Abb.) im Prachtkleid Kopf und Hals rotbraun, Brust und Körperende schwarz, Flanken und Rücken grau. ♀ dunkelbraun, Flanken und Rücken grau, fein dunkel quergewellt. Kleiner als Stockente. **Vorkommen:** Nahrungsreiche ruhige Gewässer von höchstens 1 m Tiefe mit Rohrgürtel. Außerhalb der Brutzeit verstärkt auf Kunstseen. Teilzieher. **Nahrung:** Tierische und pflanzliche aller Art, von kleinsten Mückenlarven bis zu 8 cm langen Pflanzenteilen. **Fortpflanzung:** Saisonehe. Bodenbrüter, Nest im Röhricht oder in der Ufervegetation; wassernah. 6–9 Eier. Brutdauer 23–28 Tage. Das ♀ führt die Jungen 50–55 Tage.
Tafelente, Kolbenente (S. 148) und die folgende Reiherente gehören zur Gruppe der Tauchenten. Sie können in tieferem Wasser Nahrung suchen als die in ufernahen Bereichen gründelnden Schwimmenten (S. 147, 148).

Reiherente

Aythia fuligula. **Merkmale:** Gelbäugig. Spiegel weiß. Erpel (♂) im Prachtkleid (IX/X–VI) schwarz mit weißen Flanken (Abb.). Kopf purpurviolett schimmernd, mit Federbusch am Hinterkopf. ♀ und Junge schwarzbraun. Das ♀ im Ruhekleid mit schmalem, weißem Schnabelgrund, Erpel von VI–X düsterer braun. Kleiner als Stockente. **Vorkommen:** Brutvogel an bis 6 m tiefen Seen und Teichen und an der Ostseeküste. Außerhalb der Brutzeit auch auf langsam fließenden Gewässern. Teilzieher. **Nahrung:** Vor allem Weichtiere, besonders die Wandermuschel *(Dreissena polymorpha).* **Fortpflanzung:** Saisonehe; Bigamie kommt vor. Nest auf Inselchen am Boden, meist gut versteckt, auch in Höhlungen. Gelege 5–12 Eier. Brutdauer 23–25 Tage. Das ♀ führt die Jungen 6 Wochen lang; flugfähig mit 9 Wochen.

Bläßhuhn

Fulica atra. **Merkmale:** Eine an das Wasserleben und Tauchen angepaßte Ralle; pechschwarz mit weißem Stirnschild und Schnabel. Farbe der Lappenfüße variabel von Bleigrau bis Gelb. Auge bei Jungen braun, bei Altvögeln rot. Kleiner als Stockente. **Vorkommen:** Stehende und langsam fließende, nahrungsreiche Gewässer von über 100 m² Fläche mit flachen, bewachsenen Ufern; auch Parkteiche. Vertrauter Wintergast auf den Seen und Flüssen unserer Städte. **Nahrung:** Pflanzen und Tiere am Ufer, auf und unter Wasser. Es überwiegen Wasserpflanzen, kleine Weichtiere und Wasserinsekten. Hauptnahrung an vielen Plätzen die Wandermuschel *(Dreissena polymorpha).* **Fortpflanzung:** Saisonehe, evtl. länger haltend. Nest in dichter Ufervegetation im Wasser. Gelege 5–10 Eier. Brutdauer 22–24 Tage. Nestflüchter, die mit ca. 8 Wochen flugfähig werden; von beiden Eltern geführt. Zweitbruten als Einzelfälle bekannt.

Teichhuhn

Gallinula chloropus. **Merkmale:** Schnabel und Stirnschild lackrot. Gefieder düster grauschwarz mit dünnem, weißem Flankenstrich. Beine grün. Der unterseits weiße Schwanz wird meist hochgestellt. Kleiner als Stockente. **Vorkommen:** Sumpfige und schlammige Uferzonen auch kleinster Binnengewässer. Liebt dichte, üppige Vegetation. **Nahrung:** Jahreszeitliche Unterschiede. Pflanzen und Tiere der Uferzone unter und über dem Wasser, im Winter auch Gras. **Fortpflanzung:** Einehe unterschiedlicher Dauer. Nest normalerweise versteckt am Boden, in Büschen und selbst in Bäumen; in den städtischen Parks auch völlig frei stehend. Gelege 5–11 Eier. Brutdauer 17–24 Tage. Nestflüchter, die mit rund 35 Tagen flugfähig sind. Der Familienverband bleibt länger bestehen. 2 Bruten sind üblich, maximal 4.

Sowohl Teichhuhn als auch Bläßhuhn (S. 149) werden fälschlicherweise im deutschen Namen als Hühner bezeichnet. Sie haben jedoch mit diesen nichts zu tun, sondern gehören zu einer ganz anderen Familie, den Rallen.

Flußregenpfeifer

Charadrius dubius. **Merkmale:** Oberseite sandbraun, unterseits weiß. Lerchengroß. Vom Sandregenpfeifer (S. 167) unterschieden durch den gelben Augenring, den schwarzen Schnabel, einen weißen Streif zwischen schwarzem Stirnband und brauner Stirnplatte sowie das Fehlen eines weißen Flügelspiegels. Beine blaßgelblich. **Vorkommen:** Vertritt den Sandregenpfeifer im Binnenland. Auf Schotter-, Kies- und Sandflächen in Wassernähe, auch in Kiesgruben. Zugvogel, überwintert in der Sahelzone und den Savannen Afrikas. **Nahrung:** Insekten, Spinnen. Die Regenpfeifer suchen mit Auge, Ohr und durch Bodenklopfen. **Fortpflanzung:** Saisonehe. Nestmulde auf Kies-, Schotter- und Geröllböden. Brutdauer 22–28 Tage. Das ♂ führt die Jungen länger als das ♀, 34–44 Tage; flugfähig mit 24–32 Tagen. 1, seltener 2 Jahresbruten.

Bekassine

Gallinago gallinago. **Merkmale:** Eine langschnäblige, drosselgroße Schnepfe. Flügel uniform dunkelbraun, Bauch weiß, ungezeichnet. Die hellen Streifen am Oberkopf laufen in Längsrichtung. »Meckert« beim Balzflug vibrierend mit den Schwanzfedern. **Vorkommen:** In Sümpfen, Gräben, nassen Wiesen. Zugvogel, südwärts bis ins tropische Afrika, Südasien überwinternd. **Nahrung:** Sondiert und bohrt mit dem sensiblen Schnabel im weichen Boden und verzehrt die Beute, ohne den Schnabel herauszuziehen. Alle kleinen Bodentiere, Samen. **Fortpflanzung:** Saisonehe, aber mit ständigen »Seitensprüngen«. Gut im Gras verstecktes Bodennest an feuchtem Ort. Brutdauer 18–20 Tage. Beide Eltern führen die Jungen etwa 4–5 Wochen lang.

Großer Brachvogel

Numenius arquata. **Merkmale:** Der Große Brachvogel ist mit Lachmöwengröße der größte europäische Schnepfenvogel. Gefieder gelb- und dunkelbraun gestreift, Bauch weiß. Der Oberkopf ist fein dunkelbraun gestreift wie das übrige Kopf- und Halsgefieder. Lange Beine und langer, abwärts gebogener Schnabel. Die Schnabellänge variiert beim erwachsenen Großen Brachvogel von 95–185 mm. **Vorkommen:** Auf Hochmooren, Heide, Flachmooren, weiten Wiesen. In der Bundesrepublik leben nur noch etwa 3500 Paare. Zugvogel. **Nahrung:** Kleine Tiere des Bodens aller Art, vom Regenwurm bis zu Mäusen; Insekten bilden jedoch die Hauptnahrung. Die Nahrung wird aufgelesen, aufgepickt und aus dem weichen Boden hervorgeholt. **Fortpflanzung:** Saisonehe, die durch Brutplatztreue mehrjährig sein kann. Bodennest. Brutdauer 27–39 Tage. Meistens führt nur das ♂ die Jungen bis zum Flüggewerden mit 5 Wochen; das ♀ zieht eher ab (schon ab VI).

Diese herrlichen Vögel sind bei uns durch naturschutzfeindliche Flurbereinigungen, die weiträumigen und sehr oft überflüssigen Entwässerungen von Mooren und Wiesen und Umwandlung in Äcker gefährdet. Sie bleiben zwar aus Heimattreue am angestammten Brutplatz, viele ihrer Küken aber sterben, weil Bodenfeinde auf trockenen Böden leichter die Eier rauben können und weil sie sich an die gänzlich veränderte Umwelt schlecht anpassen können.

Die Schnepfenvögel bilden eine nicht unbedeutende Vogelgruppe mit mehreren Familien und vielen z. T. sehr schwer unterscheidbaren Arten. Man nennt sie auch Watvögel oder Limikolen. Weitere Arten sind Kiebitz (S. 109), Flußregenpfeifer, Bekassine (S. 150), Austernfischer (S. 166), Sandregenpfeifer, Rotschenkel, Säbelschnäbler (S. 167).

Lachmöwe

Larus ridibundus. **Merkmale:** Eine taubengroße, weiße Möwe mit schwarzen Flügelspitzen und artkennzeichnendem, weißem Flügelvorderrand im Fluge. Im Winterkleid weiß mit dunklem Hinterohrfleck, im Sommerkleid Kopf schokoladenbraun mit weißem Augenring. Schnabel und Beine tiefrot. Jungvögel zeigen eine braune Fleckung des Flügels und Hinterkopfes und eine schwarze Schwanzendbinde. Schnabel dunkel und Beine fleischfarben. **Vorkommen:** Brutvogel nahrungsreicher Binnengewässer. Außerhalb der Brutzeit an allen Gewässern, an der Küste und in Städten. **Nahrung:** Kleintiere aller Art, Mäuse, menschliche Abfälle. **Fortpflanzung:** Saisonehe. Koloniebrüter auf geschützten Inseln. Bodennest mit meist 3 Eiern. Brutdauer 21–27, Nestlingszeit 2–3 Tage; mit 5 Wochen flügge.

Geringe Scheu und große Anpassungsfähigkeit haben es der Lachmöwe ermöglicht, die besonderen Nahrungsquellen unserer Städte – schwimmende Abfälle und fütterungswillige Menschen – in steigendem Umfange allwinterlich zu nutzen.

Rohrammer

Emberiza schoeniclus. **Merkmale:** Spatzengroß, dickschnäblig. Beim ♂ im Brutkleid (Abb.) Kopf, Kehle schwarz, Halsband, Bartstreif weiß; im Ruhekleid diese Teile grau, da die Federn noch nicht abgewetzt sind. Rücken und Flügel in beiden Geschlechtern braun, beim ♂ Schultern rotbraun. Beim ♀ Kopf braun, Scheitel gestreift, schwarzer Bartstreif, Brust und Flanken dunkelbraun gestreift. Beide mit grauem Bürzel und weiß gefaßten äußeren Schwanzfedern. **Vorkommen:** Lebt im gleichen Biotop wie der Teichrohrsänger. In sumpfigem Gelände mit Schilf und Büschen, an Gewässerrändern, in hochwüchsigen, nassen Wiesen. Während des Zuges auch in Kulturland. **Nahrung:** Samen von Sumpfpflanzen, Gras, Stauden. Im Sommerhalbjahr viele Insekten aus Schilf und Büschen; Schnecken, Würmer. **Fortpflanzung:** Bodennest im Schilf und Gras, in Brombeerhecken und Baumstümpfen. Gelege 4–5 Eier. Brutdauer 12–14, Nestlingszeit 10–13 Tage. 1–2 Jahresbruten.

Gebirgsstelze

Motacilla cinerea. **Merkmale:** Eine gelbe, sehr langschwänzige Stelze mit grauem Rücken. ♂ im Brutkleid mit schwarzer Kehle, ♀ sowie beide im Ruhekleid mit weißlicher Kehle, ♂ dann mit bräunlicher Vorderbrust. Das Gelb der Unterseite ist bei ♀ zudem blasser und bei einigen sogar auf die Unterschwanzdecken beschränkt. Junge oberseits rein grau, unterseits weißgrau mit gelben Unterschwanzdecken. **Vorkommen:** Lebt paarweise an flachen, rasch fließenden, schattigen Gewässern in Wäldern und Schluchten. **Nahrung:** Kleingetier des offenen Ufersaums. Fliegende Insekten am und über dem Wasser. **Fortpflanzung:** Nest in einer Höhlung nahe des Wassers mit meist 5–6 Eiern. Brutdauer 11–14, Nestlingszeit 12–13 Tage. 2 Jahresbruten.

Teichrohrsänger

Acrocephalus scirpaceus. **Merkmale:** Der Teichrohrsänger ist oberseits ungestreift dunkelbraun, unterseits gelblichweiß. Überaugenstreif rahmfarben. Knarrende Stimme. **Vorkommen:** Im Schilf und Weidengebüsch am Ufer. Zugvogel, überwintert im tropischen Afrika. **Nahrung:** Kleine bis kleinste Insekten. **Fortpflanzung:** Hängenest an Schilfhalmen. Gelege 3–5 Eier. Brutdauer 11–14, Nestlingszeit 11–14 Tage. 2 Jahresbruten üblich. Bekannter Kuckuckswirt.

Die Unterscheidung der Rohrsänger gelingt leicht anhand ihrer ausgeprägten Gesänge, schwer oder gar nicht beim Beobachten. Es gibt 6 in Mitteleuropa brütende Rohrsänger-Arten. Alle sind Spezialisten, die an das Leben in den Schilfbeständen hervorragend angepaßt sind. Eine Besonderheit ist ihre Nestbauweise, da eine tragende Unterlage fehlt und nur eine seitliche Befestigung an den Schilfhalmen erfolgt.

Bisamratte

Ondatra zibethicus. **Merkmale:** Größe fast wie ein Wildkaninchen, Gestalt ähnlich einer Wühlmaus (zu deren Familie sie auch gehört). Augen klein, Ohren fast im Fell verborgen. Hinterfüße groß, Zehen mit Schwimmborstensäumen. Schwanz lang, nackt, seitlich zusammengedrückt. Das feine, weiche Fell ist oberseits braun bis schwarzbraun, unterseits braun- bis weißgrau. **Vorkommen:** Aus Nordamerika 1905 in Böhmen eingeführt, von wo sie sich rasch ausbreitete. Heute fast im ganzen Gebiet heimisch; meist an ruhigen Gewässern mit viel Wasser-, Sumpf- und Uferpflanzen. **Nahrung:** Pflanzen aller Art; auch Muscheln und Krebse, selten Fische. **Lebensweise:** Hauptsächlich in Dämmerung, Nacht und am frühen Morgen aktiv. Schwimmt und taucht viel. Wohnt gesellig, sommers in gegrabenen Uferhöhlen, winters in schwimmenden Seggen-, Schilf- oder Binsenburgen. Jährlich (V-X) 3–4 Würfe mit 5–9 nackten, blinden Jungen, die mit 30 Tagen selbständig und bereits mit 3–5 Monaten geschlechtsreif sind.

Iltis

Mustela putorius. **Merkmale:** In Gestalt und Größe zwischen Hermelin und Steinmarder (S. 116). Schwanz halb körperlang, buschig. Fell mit langen, dunkel- bis schwarzbraunen Grannen und durchscheinender gelber Unterwolle. Vorderschnauze, Überaugenstreifen und Ohrrand weiß (Gesichtsmaske). **Vorkommen:** In allen dekkungsreichen Landschaften; besonders in Gewässernähe. Siedlungsfolger. **Nahrung:** Kleine Säugetiere, Bodenbrüter, Eier, Kriechtiere, Lurche, Fische, Würmer, Kerbtiere, Früchte. **Lebensweise:** Dämmerungs- und Nachttier. Tagsüber in selbstgegrabenen Bauen (auch von Dachs, Fuchs, Kaninchen), Felsspalten, Mauerlöchern, unter Holzstapeln. Klettert wenig, schwimmt gern, gräbt gut. Ranzzeit (S. 61) II–III. Jährlich 1 Wurf mit 1–12 blinden, fast nackten Jungen, die mit 3 Monaten selbständig werden.

Wasserspitzmaus

Neomys fodiens. **Merkmale:** Größe etwa wie eine Hausmaus, Schwanz fast körperlang. Kräftige Hinterfüße mit langen Schwimmborsten. Oberseite dunkel bis schwarz; Unterseite silberweiß, seltener schwarzbraun. **Vorkommen:** Immer an oder in der Nähe von ruhig fließenden Gewässern, auch an Fischteichen. **Nahrung:** Kleinkrebse, Würmer, Schnecken und Wasserinsekten; greift gelegentlich auch Fische und Frösche an. **Lebensweise:** Meist während der Nacht, aber auch tagsüber aktiv. Schwimmt viel und gut, taucht sehr geschickt und läuft am Grund des Gewässers. Bewohnt die Gänge anderer Kleinsäuger, gräbt sich ihren Bau aber auch selbst; Nest ein großer, fester Ball aus Laub, Grashalmen und Moos. Fortpflanzung IV–IX; 2–3 Würfe mit je 4–8 blinden Jungen, die nach 7 Wochen selbständig werden.

Strand und Küste

Das Meer ist der größte Lebensraum der Erde, unüberschaubar groß auch noch dann, wenn wir uns im folgenden auf Nordsee und Ostsee beschränken. Dabei ist uns vor allem die Strand- und Küstenregion relativ leicht zugänglich. Am interessantesten ist wohl die Gezeitenzone mit ihrem (in der fast abgeschlossenen Ostsee kaum wahrnehmbaren) Wechsel von Ebbe und Flut. Hier im Watt leben ungeheure Mengen von Organismen, die an den periodischen Wechsel von Überflutung und Trockenfallen angepaßt sind. Zigtausende von Vögeln finden sich zur Nahrungssuche im Watt ein. Das Wattenmeer ist in Gefahr, durch großangelegte Eindeichungsmaßnahmen auf riesigen Flächen zerstört zu werden. Noch leidet es »nur« unter Verschmutzung. Sie kommt allerdings von zwei Seiten, vom Land und vom Meer. Denn das Meer ist nicht nur der größte Lebensraum – wir haben es auch zum größten Mülleimer gemacht.

Knotentang

Ascophyllum nodosum. **Merkmale:** Der Knotentang ist eine Braunalge, die bis 1,50 m lang werden kann. Ähnlich wie der Blasentang besitzt auch sie runde, gasgefüllte Schwimmblasen im Pflanzenkörper, die es ihr ermöglichen, an der Wasseroberfläche zu treiben. **Vorkommen:** Nordsee bei Helgoland; sonst angetrieben im flachen Wasser der Küsten.
Der Knotentang siedelt in einem schmalen Band über dem Sägetang, aber noch unter dem Blasentang. Diese Zonierung entsteht dadurch, daß zunächst die Brandung die Sporen aller Arten über die ganze Küste verstreut, die einzelnen Tange sich dann aber nur dort durchsetzen, wo sie in einer bestimmten Umwelt den anderen Arten an Lebenskraft überlegen sind.

Sägetang

Fucus serratus. **Merkmale:** Bandförmiger, durch eine Mittelrippe versteifter, lederiger, gabelig verzweigter Pflanzenkörper, der mit einer Haftscheibe dem Untergrund aufsitzt. **Vorkommen:** Nordsee und Ostsee; dicht über der Nippniedrigwasserlinie. Er taucht also immmer nur für kurze Zeiten aus dem Wasser.
Benötigt zu seinem Gedeihen ein tägliches Trokkenfallen und sieht dann unansehnlich schwarz aus. Unter seinen dichten Vorhängen überstehen verschiedene zartere Algen und Meerestiere die Zeit des Trockenfallens.

Rote Hornalge, Horntang

Ceramium rubrum. **Merkmale:** Büschelig wachsende Rotalge, die durch den Besitz roter und violetter Farbstoffe gekennzeichnet ist. Der ebenfalls vorhandene grüne Pflanzenfarbstoff (Chlorophyll) wird von ihnen überdeckt. **Vorkommen:** Nordsee und Ostsee; im Flachwasser, vor allem aber auch in den Prielen.

Queller

Salicornia herbacea. **Merkmale:** Pflanze bis 60 cm hoch, fleischig, einfach oder stark verzweigt; grün, zum Herbst hin sich rot verfärbend. Sehr unscheinbare Blüten im VIII/IX. **Vorkommen:** Nordsee und Ostsee; gedeiht in einer Zone von 10 cm unter bis 10 cm über der mittleren Hochwasserlinie. Tritt häufig als Erstbesiedler stark salzhaltiger Böden auf.
Charakteristisch für den Queller ist die Tatsache, daß er nicht nur eine hohe Salzkonzentration im Boden verträgt und benötigt, sondern auch eine tägliche Überflutung mit Meerwasser wünscht. Im Bereich von Quellerbeständen wird die Schlickablagerung stark gefördert, und damit werden die Wattflächen relativ schnell erhöht. Keine andere Landpflanze außer den Seegräsern wagt sich so weit in das Wattenmeer vor.

Strandnelke, Grasnelke

Armeria maritima. **Merkmale:** Staude mit rosettenförmigen Grundblättern. Blätter fleischig und linealisch-ganzrandig. Die blaßrosa Blüten stehen in köpfchenförmigen Blütenständen, die von häutigen, 4–7 mm langen Hüllblättern umgeben sind. Blütezeit V–IX. **Vorkommen:** Nordsee und Ostsee; nicht auf die Meeresküste beschränkt, sondern auch auf Weiden und Heidewiesen verbreitet. Liebt immerfeuchte, wintermilde, sog. »atlantische« Lagen.

An Standorten, die dem Wind ausgesetzt sind, heben sich die Blütenköpfe kaum über die Blattrosette, in Dünentälern dagegen werden sie bis 30 cm hoch.

Strandflieder

Limonium vulgare. **Merkmale:** Die 20–40 cm große Salzpflanze besitzt lange, ganzrandige, verkehrteiförmige Blätter, die sich allmählich in den Stengel verschmälern. Immergrün. Die blauvioletten Blüten mit einem weißlichen bis hell lilafarbenen Kelch bilden einen rispigen, dichten Blütenstand, der von Hüllblättern umgeben ist. Blütezeit VII–IX. **Vorkommen:** Nordsee, seltener Ostsee; auf Salzwiesen, ferner auch auf Küstenfelsen und auf Schlick verbreitet.

Strandaster

Aster tripolium. **Merkmale:** Zweijährige Staude mit nahezu kahlem, fleischigem und häufig rot überlaufenem Stengel. Die dunkelgrünen Blätter sind ebenfalls fleischig, ungezähnt und lanzettlich. Die 1–3 cm breiten Blütenköpfe setzen sich aus orangegelben Röhrenblüten und zartlila oder weißlichen Strahlenblüten zusammen. Blütezeit VII–IX. **Vorkommen:** Nordsee und Ostsee; auf nassen Salzwiesen und -sümpfen. An der Küste verbreitet. Im Binnenland tritt diese Pflanze ebenfalls, jedoch sehr selten auf.

Strandhafer

Ammophila arenaria. **Merkmale:** Ein Süßgras, das 60–100 cm hoch wird, und dessen spitze, graugrüne Blätter oberseits gerippt und meist eingerollt sind. Von anderen Gräsern am gleichen Standort unterscheidbar durch seine langen, auseinandergezogenen Ährenrispen. **Vorkommen:** Nordsee und Ostsee; auf den Dünen. Im Binnenland gelegentlich angepflanzt.

Der Strandhafer ist eine der Pionierpflanzen, die den harten Lebensbedingungen im Dünensand widersteht. Bei trockener Witterung rollen sich seine Blätter zusammen, womit die Verdunstungsfläche verkleinert und Wasser gespart wird. Wird der Strandhafer vom Treibsand verschüttet, so wachsen seine Sprosse so lange, bis sie wieder ans Licht stoßen. Er eignet sich deshalb gut zur Dünenbefestigung.

Seenelke

Metridium senile. **Merkmale**: Höhe bis 30 cm, Breite der Mundscheibe bis 20 cm. Der Körper der festsitzenden Tiere ist glatt und kann verschieden gefärbt sein. **Vorkommen**: In der Nordsee und westlichen Ostsee in Ufernähe auf Steinen, ab 1 m unter der Niedrigwasserlinie. **Nahrung**: Kleine Meerestiere. **Lebensweise**: Wie bei allen Nesseltieren wird die Beute mit Hilfe der Nesselkapseln auf den Tentakeln gefangen und mit deren Hilfe zur Mundöffnung transportiert. Fortpflanzung geschlechtlich, oder ungeschlechtlich durch Abschnüren eines Teils der Fußscheibe, aus dem sich wieder ein selbständiges Tier entwickelt.

Purpurrose, Pferdeaktinie

Actinia equina. **Merkmale**: Durchmesser meist 3–4, aber auch bis 6 cm. An hellen Orten prachtvoll rot gefärbt, im Schatten olivfarben bis graugrün. **Vorkommen**: In der Nordsee in der Gezeitenzone auf Steinen. Bei Niedrigwasser sieht man sie an den feuchten Klippen hängen. **Nahrung**: Kleinlebewesen. **Lebensweise**: Beutefang wie Seenelke. Fortpflanzung durch Gebären fertiger kleiner Aktinien mit 12 Tentakeln.

Kompaßqualle

Chrysaora hyoscella. **Merkmale**: Scheibendurchmesser bis 30 cm. Schirm als flache Glocke ausgebildet, mit kleinen Randlappen und dicken Randtentakeln; in der Mitte 4 lang ausgezogene Mundlappen. Im Gegensatz zu vertrockneten Tieren, die man im Sand findet (Abb. M. l.), bieten schwimmende Kompaßquallen einen zauberhaften Anblick (Abb. M. r.). **Vorkommen**: In der Nordsee im Sommer und Frühherbst häufig. **Nahrung**: Kleine und mittelgroße Tiere. **Lebensweise**: Treibt im Wasser oder bewegt sich durch Kontraktion der Glocke. Fortpflanzung ähnlich der Ohrenqualle (s. u.).

Ohrenqualle

Aurelia aurita. **Merkmale**: Scheibendurchmesser bis 40 cm. Randtentakel zu einem Saum kurzer, dichter Fransen reduziert. **Vorkommen**: In der Nordsee und Ostsee besonders im Sommerhalbjahr häufig in großen Mengen in Küstennähe. **Nahrung**: Tiere kleinster bis mittlerer Größe. **Lebensweise**: Besonders interessant ist die Fortpflanzung. Die auf geschlechtlichem Weg entstehenden Larven setzen sich bald fest und bilden das Polypenstadium, das ähnlich lebt wie Seenelke oder Purpurrose. Die Polypen wachsen heran und schnüren schließlich von der Mundseite her Scheiben ab, die zu neuen Quallen werden. Es wechseln also geschlechtliche Fortpflanzung mit ungeschlechtlicher Vermehrung, ein freischwimmendes mit einem festsitzenden Stadium ab.

Köderwurm, Pierwurm

Arenicola marina. **Merkmale**: Bis zu 25 cm lang. Kopf mit ausstreckbarem Rüssel, mittlere Körperregion mit 13 Paaren roter Kiemenbüschel. **Vorkommen**: In der Nordsee und westlichen Ostsee im Sand- und Schlickwatt. **Nahrung**: Bodenfresser, der den noch sehr wäßrigen Schlick in großen Mengen einschlürft und das Verdauliche aufnimmt. **Lebensweise**: Der Pierwurm lebt in U-förmigen Wohnröhren, die bei Ebbe durch ein Kothäufchen am Hinter- und einen Einsturztrichter am Vorderende sichtbar werden. Wird als Köder beim Fischfang verwendet (Name).

Posthörnchenwurm

Spirorbis borealis. **Merkmale**: Gehäuse posthornförmig gewunden, Durchmesser 2–3 mm. Wurm mit Tentakelkrone; ein Strahl davon zu einem Deckel umgewandelt, mit dem das Gehäuse verschlossen werden kann. **Vorkommen**: In der Nordsee und westlichen Ostsee festgewachsen auf Steinen, Muschelschalen, Holz und Tang. **Nahrung**: Filtrierer, der mit seinen Tentakeln organische Schwebstoffe und Plankton aus dem Wasser holt. **Lebensweise**: Neben der Ernährungsweise ist noch die Fortpflanzung erwähnenswert. Die Tiere sind Zwitter, die sich gegenseitig befruchten. Die Larven führen nur kurze Zeit ein freies Leben im Wasser und setzen sich bald fest.

Miesmuschel

Mytilus edulis. **Merkmale**: 3–10 cm lang, bis 3,5 cm breit. Schalen länglich, abgerundet, dreieckig, stark gewölbt; Farbe blau- bis braunschwarz, innen perlmutterartig bläulichweiß. **Vorkommen**: In der Nordsee und Ostsee im Watt auf Felsen und Steinen. **Nahrung**: Filtriert Schwebstoffe und Plankton aus dem Wasser. **Lebensweise**: Bildung großer Kolonien, wobei sich die Tiere auf der Unterlage und auch gegenseitig aneinander mit den sogenannten Byssusfäden (aus einem im Wasser erhärtenden Sekret) festheften. So entstehen dicke Lagen von oft mehreren hundert Muscheln pro Quadratmeter. Ihre Schalen schließen besonders dicht, so daß sie die tägliche Trokkenheit bei Niedrigwasser überstehen. Miesmuscheln sind ein geschätztes Nahrungsmittel.

Eßbare Herzmuschel

Cardium edule. **Merkmale**: Etwa 5 cm groß. Schalen oval, gewölbt, mit etwa 24 dicken Rippen; die geschlossene Muschel in der Frontsicht herzförmig. Farbe variabel. **Vorkommen**: In der Nordsee und Ostsee im Flachwasser auf Schlicksandböden. **Nahrung**: Plankton, das aus dem Wasser filtriert wird. **Lebensweise**: Vergraben im Sand, etwa 2–4 cm tief. Sehr beweglich; mit Hilfe des großen gekrümmten Fußes sind selbst Sprünge möglich. Eßbar.

Sandklaffmuschel

Mya arenaria. **Merkmale:** Schalen oval, 8 (–12) cm lang; beim lebenden Tier von einer bräunlichen Schicht überzogen, die später nur noch an den Rändern erhalten bleibt. Leere Schalen, die man findet, sind meist kalkig weiß. Am oberen Schalenrand ist dann auch der löffelförmige Schloßapparat zu erkennen. Die geschlossenen Schalenhälften der lebenden Tiere klaffen an den Enden etwas auseinander (Name). **Vorkommen:** Nordsee und westliche Ostsee; im Sand- und Schlickwatt in Küstennähe. **Nahrung:** Schwebstoffe und kleinste Organismen, die aus dem Wasser filtriert werden. **Lebensweise:** Die Tiere sitzen für Muscheln ungewöhnlich tief, oft viermal tiefer als die Schalenlänge, im schon verfestigten Sediment. Zwischen den klaffenden Schalen ragt nach oben der Sipho, ein von runzeliger Haut umhüllter »Schornstein« mit 2 Röhren, die eine für ein-, die andere für ausströmendes Wasser. Damit wird dem Körper Nahrung und Sauerstoff zugeführt.

Gemeine Strandschnecke

Littorina littorea. **Merkmale:** Kegelförmiges, dickwandiges Gehäuse von bräunlicher Färbung. 2–3 cm hoch; davon macht die letzte Windung mehr als die Hälfte aus. Je nach Lebensraum können Größe und Gestalt erheblich variieren. **Vorkommen:** Nordsee und westliche Ostsee; mit Vorliebe im Flachwasser, wo sie sich auf Steinen, Algen oder auf dem Schlickboden aufhält. **Nahrung:** Vorwiegend Algen. **Lebensweise:** Strandschnecken sind an das Leben in der Brandungszone und im Flachwasser hervorragend angepaßt; mit ihren dickwandigen Schalen widerstehen sie der Brandung und sie ertragen auch Schwankungen im Salzgehalt des Wassers (stärkere Konzentration oder Aussüßung). Auf dem Wattboden kann man ihre etwa 7 mm breiten Kriechspuren sehen.

Wellhornschnecke

Buccinum undatum. **Merkmale:** Gehäuse dickwandig, bis 10 cm hoch. Die Windungen tragen feine Rillen und wellenförmige Querfalten. Schale bei lebenden Tieren von einer hellbraunen Haut überzogen. **Vorkommen:** Nordsee und westliche Ostsee; auf Hart- und Weichböden meist im tieferen Wasser, nach Stürmen auch im Watt. **Nahrung:** Kleinlebewesen und andere Weichtiere; häufig jedoch Aas, das mit Hilfe des hervorragenden Geruchssinnes gefunden wird. **Lebensweise:** Legt ihre bis zu 1000 Eier in zu großen Klumpen vereinten gelblichen Eikapseln ab. Darin befinden sich jedoch nur etwa 10 richtig befruchtete Eier, die sich zu Embryonen entwickeln; alle anderen dienen diesen als sog. Nähreier. Die Jungschnecken sind beim Schlüpfen mit Gehäuse etwa 3 mm groß. Leere Laichballen, mit schwammförmigem Aussehen und pergamentartiger Beschaffenheit, findet man nicht selten im Spülsaum.

Gemeine Seepocke

Balanus balanoides. **Merkmale.** Kegel aus zahnartig harten und dicht verschließbaren Kalkplatten; Durchmesser bis 1,5 cm. Äußere »Mauerkrone« nur aus 6 Platten bestehend, bei der ähnlichen Art *Eliminius modestus* (Abb.) aus 4 Platten. **Vorkommen:** Nordsee und westliche Ostsee; in der Gezeitenzone auf Steinen, Pfählen, Muschel- und Schneckenschalen, und selbst auf den Panzern größerer Krebse (Abb. u.). **Nahrung:** Plankton. **Lebensweise:** Die Seepocken gehören zu den Rankenfußkrebsen und sind mit ihrer Entwicklung zu einer festsitzenden Lebensweise übergegangen. Dafür zahlten sie mit dem Verlust der freien Beweglichkeit. Bei Flut öffnen sie die Deckelplatten ihrer Gehäuse und fischen mit ihren Rankenfüßen nach Nahrung. Zur Paarungszeit strecken die Seepocken einen Arm aus dem Gehäuse und tasten damit die Umgebung ab. Nur Tiere, die in Reichweite eines anderen siedeln, haben eine Chance zur Befruchtung. Allerdings sind sie Zwitter, und das verdoppelt die Chancen.

Sandgarnele

Crangon crangon. **Merkmale:** Länge bis 7 cm; große Antennen (Fühler) fast so lang wie der Körper. Färbung variabel; je nach Untergrund phantastische Verbergetracht (Abb.), die sie nahezu unsichtbar macht. **Vorkommen:** Massenhaft auf den Sandgründen der Nordsee und Ostsee, auch im Flachwasser und den Fluttümpeln der Gezeitenzone. **Nahrung:** Algen, Kleinkrebse und Würmer. **Lebensweise:** Die Tarnfärbung genügt offenbar nicht als Schutz; denn die Art ruht im Sand vergraben, so daß nur noch die gestielten Augen und die Antennen herausragen. Nachts geht sie schwimmend auf Nahrungssuche.

Die Garnelen haben große wirtschaftliche Bedeutung; denn sie sind Gegenstand der Krabbenfischerei, die über rund 10 m tiefem Grund und in den Prielen erfolgreich ist. Die üblicherweise gebrauchte Bezeichnung »Krabbe« ist also eigentlich falsch; sie wird von Biologen für eine ganz andere Gruppe der Krebse gebraucht (s. u.).

Strandkrabbe

Carcinus maenas. **Merkmale:** Vorderkörper (das Kopfbruststück) von einem panzerartigen Gebilde überdeckt; bis 6 cm lang und ebenso breit. Der kleine Hinterkörper wird unter ihn geschlagen. Färbung variabel; grüngelb, rotbraun, olivfarben. Von den 5 Paar Schreitbeinen tragen die 3 vorderen Scheren; am größten sind die des ersten Beinpaares. **Vorkommen:** Nordsee und Ostsee; häufig im Watt, im Flachwasser, im Spülsaum. **Nahrung:** Würmer, Weichtiere, Krebschen. **Lebensweise:** Um Austrocknung zu vermeiden, graben sich die Tiere bei Ebbe im Watt ein oder halten sich zwischen Tang auf. Nachts sind sie unterwegs, auch an Land. Sie schwimmen wenig und laufen sehr flink, meist seitwärts.

Taschenkrebs

Cancer pagurus. **Merkmale:** Wie die Strandkrabbe (S. 161) ein Zehnfußkrebs und deshalb von ähnlicher Gestalt. Panzer queroval, am Rand gekerbt; bis 30 cm breit. Farbe variabel; grünlich, bräunlich, bläulich, manchmal auch gefleckt. Sehr große und kräftige Scheren am ersten Beinpaar. **Vorkommen:** Nordsee, vom Flachwasser an bis in größere Tiefen auf Sandboden und zwischen Felsen. **Nahrung:** Muscheln, andere Krebse, Stachelhäuter und Fische. **Lebensweise:** Interessant ist die Fortpflanzung. Da die ♂ nur mit frischgehäuteten ♀ kopulieren, werden sie von diesen etwa 1 Woche vor der Häutung gefangen und solange unter dem Körper hängend mitgetragen. Die 3 Millionen Eier werden vom ♀ herumgetragen, bis nach 8 Monaten die winzigen Larven schlüpfen. Diese schwimmen dann etwa 2 Monate lang frei und verwandeln sich schließlich zu 2,5 mm breiten Jungtieren.

Gemeiner Seestern

Asterias rubens. **Merkmale:** Durchmesser bis 30 cm. Meist 5 Arme, die relativ plump wirken, abgerundet und zur Spitze hin verjüngt sind. Farbe variabel; gewöhnlich rot- aber auch gelblichbraun, grün oder violett. **Vorkommen:** Nordsee und westliche Ostsee; auf Hartböden von der Niedrigwasserlinie an bis in recht große Tiefen. **Nahrung:** Kleine Seeigel, Schnecken, Muscheln, vor allem Miesmuscheln (S. 159). **Lebensweise:** Stachelhäuter, zu denen auch der Seestern (und der Seeigel) gehört, besitzen ein kompliziertes Gefäßsystem, das verschiedenen Zwecken dient. Im Zusammenhang damit stehen viele Saugfüßchen, die zur Fortbewegung eingesetzt werden, aber auch beim Nahrungserwerb eine Rolle spielen. So machen Seesterne z. B. einen hohen »Katzenbukkel« über einer Miesmuschel und ziehen mit den Füßchen die Schalen auseinander. Dann stülpen sie ihren Magen in den entstandenen Spalt. Er umhüllt das Gewebe der Muschel, zersetzt es und nimmt die entstehende Nährbrühe auf. Seesterne zeigen eine besondere Form der Wundheilung; bei Verlust eines Armes kann dieser regeneriert werden.

Eßbarer Seeigel

Echinus esculentus. **Merkmale:** Schale kugelig, auf der Unterseite leicht abgeflacht; Durchmesser bis 16 cm. Färbung meist rötlich bis violett, Stacheln mit purpurner Spitze. **Vorkommen:** Nordsee; auf festem Grund vom Flachwasser an bis in große Tiefen. **Nahrung:** Algen, Würmer und andere kleine Tiere. **Lebensweise:** Fortbewegung und Nahrungserwerb ähnlich dem Seestern (s. o.); bei letzterem tritt jedoch noch ein besonderer Kauapparat in Aktion. Sehr große Keimdrüsen (die früher gegessen wurden; Name) entlassen im Sommer riesige Wolken von Millionen von Eiern bzw. Samenzellen ins freie Wasser.

Atlantischer Hering

Clupea harengus. **Merkmale:** Schlanker, im Querschnitt ovaler Körper mit 1 kurzen Rückenflosse. Unterkiefer vorstehend. Beginn der Bauchflossen hinter dem Vorderende der Rückenflosse. Bauchkante gekielt. Rücken dunkelgrau oder -grün, Bauchseite silberig. Max. bis 40 cm lang. **Vorkommen:** Nordsee, Ostsee. Überwiegend im küstenfernen Freiwasser, bis in 200 m Tiefe. **Nahrung:** Plankton. **Lebensweise:** Tagsüber meist in tieferen Bereichen, steigt nachts zur Oberfläche empor. Die Nahrungsaufnahme erfolgt vorwiegend bei Tag. Eier und Samen werden frei ins Wasser abgegeben; die Eier sinken zu Boden, wo sie festkleben. Die Larven (7–9 mm) steigen zur Oberfläche empor.

Dorsch, Kabeljau

Gadus morhua. **Merkmale:** Langgestreckter Körper mit abgerundeten, dicht beieinanderstehenden 3 Rücken- und 2 Afterflossen. Oberkiefer vorstehend; Kinnfaden lang und kräftig. Seitenlinie bis zum Ansatz der 3. Rückenflosse gebogen, dann gerade. Beginn der 1. Afterflosse unter oder etwas hinter dem Ansatz der 2. Rückenflosse; Schwanzflossenrand gerade. Grundfärbung je nach Wohngebiet verschieden (»Rot-, Gras-, Sanddorsch«), meist grünlich, bräunlich oder rötlich mit Fleckenmuster; Bauchseite meist schmutzig-weiß. In der Nordsee um 80 cm lang (6–10 Jahre alt); Rekordgröße 2 m (ca. 190 Pfund, Nordwestatlantik). **Vorkommen:** Nordsee, Ostsee; von der Küste bis 600 m Tiefe (und mehr). **Nahrung:** Allesfresser. **Lebensweise:** Die meisten Stämme laichen im Frühjahr (bei 4–6° C). Eizahl 500 000–5 000 000! Eier und Samen werden frei ins Wasser abgegeben, wobei sich ♂ und ♀ eng aneinanderschmiegen.

Schellfisch

Melanogrammus aeglefinus. **Merkmale:** Mit deutlich getrennten 3 Rücken- und 2 Afterflossen. Oberkiefer vorstehend; Kinnfaden sehr kurz; Seitenlinie nur schwach gebogen. Beginn der 1. Afterflosse unter dem Beginn der 2. Rückenflosse; Hinterrand der Schwanzflosse eingebuchtet. Rücken dunkel purpurfarben bis schwarz, manchmal auch olivgrün; Flanken dunkel silberglänzend; Bauch weißlich. Seitenlinie schwarz. Über der Brustflosse ein deutlicher, schwarzer Fleck. Max. bis 100 cm lang (12 kg). **Vorkommen:** Nordsee (im südlichen Teil nur vereinzelt), westliche Ostsee. In 10–300 m Tiefe meist dicht über dem Grund. **Nahrung:** Bodentiere, kleine Fische und Fischlaich (u. a. Heringslaich). **Lebensweise:** Laichzeit III–VI. Während der Wintermonate ziehen die laichreifen Tiere zu ihren Laichplätzen bei Südwestisland, den Faröern u. a. in 60–200 m Tiefe. Eizahl 100 000–1 000 000! Eier und Larven treiben frei im Wasser. Im Herbst gehen die 7–15 cm langen Jungfische zum Leben in Bodennähe über.

Aal

Anguilla anguilla. **Merkmale:** Schlangenförmiger Körper mit schleimiger Haut, in die die winzigen, länglich-ovalen Schuppen sehr tief eingebettet sind. Rücken-, Schwanz- und Afterflosse bilden einen Flossensaum. Bauchflossen fehlen. Ansatz der Rückenflosse weit hinter der Spitze der Brustflossen. ♂ bis 50 cm, ♀ bis 150 cm lang (6 kg). **Vorkommen:** Nord- und Ostseegebiet; in Flüssen und Seen mit Zugang zum Meer. Heute vielerorts durch Besatzmaßnahmen verbreitet. **Nahrung:** Würmer, Kleinkrebse, Insektenlarven, kleine Weichtiere, Kleinfische, Frösche. **Lebensweise:** Dämmerungsaktiver Bodenfisch, dessen Biologie noch weitgehend unerforscht ist. Nach 4–10 Jahren Aufenthalt im Süßwasser beginnt die Umwandlung zum »Wanderaal«, die in 3–4 Monaten abgeschlossen ist (»Blankaal«). Die Laichplätze liegen vermutlich im Gebiet der Sargasso-See, da man dort die kleinsten Aal-Larven findet.

Großes Petermännchen

Trachinus draco. **Merkmale:** Langgestreckter, seitlich abgeflachter Körper mit großem Kopf und weiter, schräg nach oben gerichteter Mundspalte. Die Augen liegen hoch am Kopf und sind nach oben gerichtet. Kiemendeckel mit langem Giftstachel. 1. Rückenflosse kurz, mit 5–7 Giftstacheln; 2. Rücken- und Afterflosse sehr lang; Bauchflossen kehlständig. Rücken gelblich-braun, Bauchseite heller, Flanken mit Querstreifung; 1. Rückenflosse schwarz. Mittellänge 20–30 cm, max. bis 42 cm lang. **Vorkommen:** Nordsee, westliche Ostsee. Über Sandgrund in 5 m (selten) bis 150 m Tiefe. **Nahrung:** Garnelen, Grundeln und Leierfische. **Lebensweise:** Tagsüber bis zu den Augen und den Giftstacheln der 1. Rückenflosse im Sand vergraben, nachts auch im freien Wasser. Kann mit seinen Giftstacheln sehr schmerzhafte Stichwunden hervorrufen. Laichzeit VI–VIII.

Roter Knurrhahn

Trigla lucerna. **Merkmale:** Kegelförmiger Körper mit stark gepanzertem Kopf, 2 Rückenflossen und großen Brustflossen, deren untere 3 Stacheln frei und fingerähnlich beweglich sind (Tast- und Schreitorgane). Schnauze spitz. Grundfärbung je nach Wohngebiet sehr unterschiedlich; Rücken rot, gelblich oder braun; Flanken rötlich oder gelblich; Bauchseite weißlich oder rosafarben. Brustflossen mit hellblauem Saum, die Unterseite mit blauen Punkten und einem blauschwarzen Fleck, die Oberseite mit hellblauen Punkten. Mittellänge 25–50 cm, max. bis 75 cm lang. **Vorkommen:** Nordsee. Über Schlamm-, Sand- und Geröllgrund in 5–300 m Tiefe. **Nahrung:** Fische und Krebstiere. **Lebensweise:** Bodenbewohner, der als gewandter Schwimmer jedoch häufig auch im freien Wasser angetroffen wird. Laichzeit Winter bis Frühsommer, je nach Vorkommen. Eier und Larven treiben frei im Wasser.

Steinbutt

Psetta maxima. **Merkmale:** Fast kreisrunder Körper, auf der Augenseite schuppenlos, jedoch mit großen, unregelmäßig verteilten Knochenhökkern. Linksäugig. Mundspalte groß; Unterkiefer vorstehend. Färbung der Augenseite graubraun bis dunkel schokoladenbraun, mit gelblichen, hell- oder dunkelbraunen, schwärzlichen oder grünlichen Punkten. Blindseite weißlich. Meist bis 80 cm, max. bis 100 cm lang (ca. 12 kg). ♂ kleiner als ♀. **Vorkommen:** Nordsee, Ostsee. Über Sand-, Schlamm- und Geröllgrund, vom Flachwasser bis in ca. 80 m Tiefe. Geht auch ins Brackwasser. **Nahrung:** Kleine Bodenfische, Krebse und Muscheln. **Lebensweise:** Laichzeit IV–VIII. Bei einer Länge von 2,5 cm, im Alter von 4–6 Monaten, gehen die Jungfische im flachen Küstenwasser zum Bodenleben über.

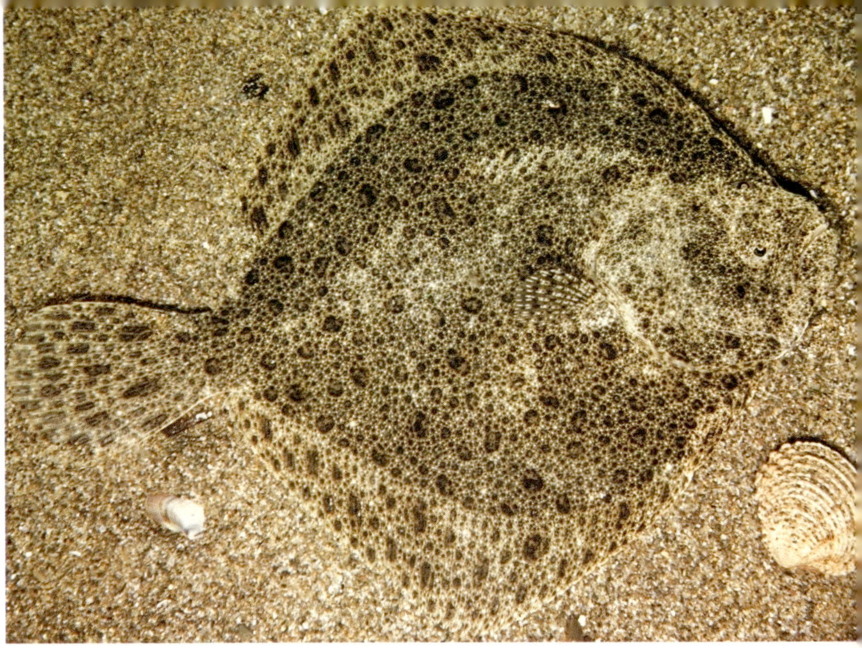

Flunder

Platichthys flesus. **Merkmale:** Ovaler Körper; in der Regel wie die Scholle rechtsäugig; Mundspalte endständig, reicht nicht bis unter die Augen. Schuppen klein, glatt; dornige Hautwarzen entlang der Seitenlinie und an der Basis der Rücken- und Afterflosse. Häufig Bastarde zwischen Scholle und Flunder (»Blendlinge«). Färbung der Augenseite grünlich oder bräunlich, gelegentlich mit hellen und dunklen Flecken, stellenweise auch mit schmutzig-orangefarbenen Punkten. Blindseite weißlich. Meist bis 30 cm, max. bis 50 cm lang. **Vorkommen:** Nordsee, Ostsee; von der Gezeitenzone bis in etwa 50 m Tiefe, im Sommer auch im Brackwasser und weit flußaufwärts, im Winter tiefer. **Nahrung:** Kleine Bodentiere, auch Fische. **Lebensweise:** Laichzeit II–V (südliche und südöstliche Nordsee in 20–40 m, westliche Ostsee in 40–100 m Tiefe). Die Larven gehen mit 7–10 mm Länge im Flachwasser zum Bodenleben über.

Scholle, Goldbutt

Pleuronectes platessa. **Merkmale:** Ovaler Körper; Mundspalte endständig, reicht bis zum vorderen Augendrittel. Schuppen klein, glatt; ein Kamm von Knochenhöckern (4–7 Warzen) von den Augen bis zum Beginn der Seitenlinie. Färbung der Augenseite braun, mit rötlichen oder orangegelben, bei älteren Tieren hell gesäumten Flecken. Mittellänge 25–40 cm, max. bis 90 cm lang (7 kg, ca. 50 Jahre alt). **Vorkommen:** Nordsee, westliche Ostsee. Dringt auch ins Brackwasser ein. **Nahrung:** Jungfische ernähren sich von kleinen Würmern und Krebsen, Erwachsene von großen Borstenwürmern, dünnschaligen Muscheln und Flohkrebsen. **Lebensweise:** Laichzeit I–VI (Nordsee in 20–40 m, westliche Ostsee in 60–90 m Tiefe), bei Temperaturen um 6° C. Engbegrenzte Laichgründe. Die Larven gehen mit 1–2 Monaten bei 12–14 mm Länge im Flachwasser zum Bodenleben über.

Brandgans

Tadorna tadorna. **Merkmale:** Eine gansähnliche und fast so große Ente; schwarzgrün, weiß und satt rostfarben; Flügelspiegel grün. Beine blaß fleischfarben. Schnabel im Brutkleid lackrot, im Ruhekleid fleischrosa, ♂ mit großem Höcker über der Schnabelwurzel, im Ruhekleid Höcker angedeutet. **Vorkommen:** Sandige und schlammige Küsten. **Nahrung:** Gründelt im Watt, Schlick und seichten Wasser nach Weichtieren, Insekten, Krebsen. **Fortpflanzung:** Lebenslange Ehe die Regel. Geschlechtsreif mit 22 Monaten. Höhlenbrüter (Kaninchenbaue). Gelege 8–12 Eier. Brutdauer 28–30 Tage. Führungszeit in »Kindergärten« 6 Wochen.

Eiderente

Somateria mollissima. **Merkmale:** Durch ihren eigenartig hohen Schnabel, der stufenlos in die flache Stirn übergeht, unterscheidet sich die fast gänsegroße Eiderente von allen anderen Arten, die bei uns regelmäßig vorkommen. Das ♀ zeigt das übliche Entenbraun und eine kleine, weiße Flügelbinde, der Erpel (♂) schwarzen Bauch und Flanken und weiße Oberseite. Je nach Alter und Mauserstadium sind Kopf und Hals entweder weiß mit schwarzer Kopfplatte und grünem Hinterkopf (1. Prachtkleid; IX–VII) oder schokoladenbraun (Ruhekleid, VII–IX; 2. Prachtkleid). **Vorkommen:** Brutvogel der Friesischen Inseln (2700 Paare). Äußerst gefährdet durch Ölpest und Umweltgifte. **Nahrung:** Taucht, gründelt und sammelt Weichtiere, Krebse, Stachelhäuter. **Fortpflanzung:** Saisonehe mit »Seitensprüngen« des ♂. Geschlechtsreif spätestens mit 3 Jahren. Bodenbrüter in Meeresnähe, gerne kolonieweise. Gelege 3–6 Eier. Brutdauer 25–28 Tage. Das ♀ führt 2 Monate; Junge flugfähig mit 9–11 Wochen.

Austernfischer

Haematopus ostralegus. **Merkmale:** Von Kiebitz-Gestalt, aber schwarz-weißes Federkleid und kräftige rote Beine und Schnabel. Im Ruhekleid und Brutkleid Einjähriger in stumpfem Schwarz, mit weißem Halsring, grauer Schnabelspitze, fleischfarbenen Beinen. Augen ab 3. Lebensjahr leuchtend rot, vorher bräunlich-orange. Junge ohne Halsring, Auge braun, Schnabel dunkelbraun. **Vorkommen:** Küsten, küstennahes Tiefland. Brutvogel Norddeutschlands bis zum Niederrhein. Auf kahlen und Kurzrasen-Flächen in Wassernähe. **Nahrung:** Gräbt in weichem Schlick Muscheln aus, frißt auch Schnecken, Krebse, Ringelwürmer. Herzmuschel und Miesmuschel bilden die Hauptnahrung. Im Binnenland Regenwürmer, Insekten. **Fortpflanzung:** Lebenslange Einehe. Geschlechtsreif mit 3.–5. Lebensjahr. Muldennest auf freiem Boden, aber Abweichung möglich. Brutdauer 26–28 Tage. Lange Führungszeiten beider Eltern; 8–26 Wochen je nach Lernpensum der Jungen.

Sandregenpfeifer

Charadrius hiaticula. **Merkmale:** Vom sehr ähnlichen Flußregenpfeifer (S. 150) unterscheidbar durch die weiße Flügelbinde (im Flug), den dunklen Augenring, das Fehlen eines weißen Streifens zwischen schwarzem Stirnband und brauner Kopfplatte und im Brutkleid durch den orangegelben Schnabel mit schwarzer Spitze. Beine dann orangerot. Charakteristisch sind die schwarzen und rötlichgelben Endbinden der Rückenfedern und der weiße Überaugenstreif. **Vorkommen:** Brutvogel der Küste, der Unterelbe, Bremens. **Nahrung:** Pickt Insekten, Ringelwürmer, Weichtiere, Spinnen auf. **Fortpflanzung:** Lebenslange Einehe. Nestmulde zwischen Spülsaum und Strandbewuchs, bevorzugt auf Kies- sowie Muschelstrand. Brutdauer 21–28 Tage. Beide Eltern führen die Jungen; Flugfähig mit 3–4 Wochen. 1–2 Jahresbruten.

Rotschenkel

Tringa totanus. **Merkmale:** Ein drosselgroßer, brauner Wasserläufer mit roten Beinen und rotem Schnabel mit schwarzer Spitze. Im Fluge ist der weiße Hinterflügel artkennzeichnend. Rücken, Bürzel weiß, Oberschwanzdeckeln braun quergebändert. Im Brutkleid (II–VIII) unterseits auf weißem Grund auf Kehle, Brust, Flanken braun längsgestreift und drosselfleckig. Der Bauch kann weiß oder braun gestreift sein. **Vorkommen:** Auf baumfreien, offenen Graslandschaften mit Wasser und feuchten Böden. **Nahrung:** Sammelt und pickt auf, pflügt mit offenem Schnabel durch den Schlick; im Watt Würmer, Weichtiere und Krebschen, an Land Insekten, Weichtiere, Regenwürmer. **Fortpflanzung:** Saisonehe, die durch Brutplatztreue zur langjährigen Ehe werden kann. Gut verstecktes Bodennest z. B. in hohem Gras, meist überdacht. Brutdauer 22–29 Tage. Führung der Jungen bis zum Flüggewerden mit 27–35 Tagen; das ♀ verläßt die Familie schon vorher.

Säbelschnäbler

Recurvirostra avosetta. **Merkmale:** Krähengroß. Ein schwarzweißer Vogel mit überlangen, blaugrauen Beinen und aufwärts gebogenem, langem Schnabel. Beim ♂ ist das Auge rot oder rotbraun, beim ♀ braun. **Vorkommen:** Auf Außendeichsland an Nord- und Ostsee und am Neusiedler See. Vom Salzwasser abhängig und wärmeliebend. Zugvogel, überwintert südwärts bis zur Linie Gambia–Tschadsee. **Nahrung:** Mit leicht geöffnetem Schnabel wird der Schlick seitwärts durchsäbelt und dabei werden Borstenwürmer, Krebse und Insektenlarven gefangen. Pickt auch auf und sucht im Wasser. **Fortpflanzung:** Saisonehe. Geschlechtsreif mit 2 Jahren. Offenes Muldennest in Wassernähe auf meist freiem Boden. Brütet meist in kleineren Kolonien. Brutdauer 23–28 Tage. Führungszeit der Jungen bis zum Flüggewerden 32–42 Tage.

Heringsmöwe

Larus fuscus. **Merkmale:** Bussardgroß. Gelbe Beine; Mantel dunkel schiefergrau. Auge blaß schwefelgelb. Im Ruhekleid Kopf, Hinterhals dunkelbraun längsgefleckt. Die braunen Jungen im 1. Winterkleid von gleichaltrigen Silbermöwen nicht, im 2–4. Winterkleid gut zu unterscheiden. Beine fleischfarben, was insbesondere im 3. und 4. Winterkleid mit Mantelmöwen verwechseln läßt. **Vorkommen:** In Mitteleuropa wenige auf den Friesischen Inseln; sonst Durchzügler und Gast an der Küste, nicht selten. Zugvogel, überwintert in Afrika südlich der Sahara und in Südwest-Asien, selten bei uns. **Nahrung:** Stoßtauchen nach Fischen, daneben Allesfresser auf See und am Strand. **Fortpflanzung:** Dauerehe. Geschlechtsreif mit 3–5 Jahren. Koloniebrüter. Bodennest; Gelege 2–3 Eier. Brutdauer 24–28 Tage. Platzhokker, flügge mit etwa 32 Tagen.

Silbermöwe

Larus argentatus. **Merkmale:** Bussardgroß. Beine fleischfarben (die Mittelmeerrasse und die osteuropäische Rasse haben gelbe Beine). Mantel hell blaugrau (»möwenblau«) mit schwarzen Handschwingen; wie bei Herings-, Mantel- und Sturmmöwe weiße Fenster an den Spitzen (Abb. M.). Im Ruhekleid (Abb. u. l.) Kopf, Hals graubraun längsgefleckt. Auge blaß gelb. Junge im 1. Winterkleid (Abb. u. r.) nicht von gleichaltrigen Heringsmöwen zu unterscheiden: Schnabel schwarz (mit fleischfarbener Wurzel), Gefieder braun mit hellbraunen Federsäumen oberseits; Handschwingen, Schwanz dunkelbraun. Beine dunkel fleischfarben. Auge braun. Im 2. Winterkleid unterscheidbar: Silbermöwe mit möwengrauem Rücken, unterseits heller, sonst wie im 1. Winterkleid. Auge heller. Heringsmöwe bleibt hingegen oberseits schwarz-braun, Kopf, Unterseite weitgehend weiß, Brust, Flanken braun gefleckt; Schnabel braungelb mit schwarzer Spitze; Auge hellbraun; Beine gelb werdend. Im 3. Winterkleid beide fast wie alte Silbermöwen noch mit braunen Streifen im etwas dunkleren Mantel, Schwanz weiß mit meist unterbrochener schwarzbrauner Endbinde; Kopf, Unterseite weiß mit grauer Strichelung; Schnabel gelblich olivbraun bis schwefelgelb, hinter den Nasenlöchern hornbraunes Band. Bei der Heringsmöwe ebenfalls noch braune Streifen im schwarzen bzw. schiefergrauen Mantel; Schwanzende braun marmoriert; Brust, Flanken mitunter leicht gefleckt. Im 4. Winterkleid bei beiden Arten evtl. noch einzelne Schwanzfedern dunkel marmoriert, Schnabel etwas fahler, aber meist mit rotem Unterschnabelfleck. **Vorkommen:** Häufig an der Nordseeküste, einzelne am Unterlauf großer Flüsse. **Nahrung:** Allesfresser, Hauptnahrung aber Herzmuschel und Strandkrabbe. Im Winter an Müllplätzen, Fischfabriken. **Fortpflanzung:** Dauerehe. Geschlechtsreife mit 3–5 Jahren. Koloniebrüter. Bodennest; Gelege 3 Eier. Brutdauer 25–27 Tage. Platzhocker, flügge mit 6–8 Wochen, selbständig mit 8–9 Wochen.

Sturmmöwe

Larus canus. **Merkmale:** Arttypisch sind gelbgrüne Beine und Schnabel (ohne roten Fleck). Im Ruhekleid Oberkopf und Nacken mit graubraunen Strichen. Größer als Lachmöwe (S. 151). **Vorkommen:** Nach der Lachmöwe die nächsthäufige Binnenlandmöwe, aber vornehmlich Küstenvogel. **Nahrung:** Alle Arten von Bodentieren bis zur Größe von Wühlmäusen, Fröschen und Jungvögeln. Aas, menschliche Abfälle. **Fortpflanzung:** Saisonehe. Geschlechtsreif mit 3 Jahren. Koloniebrüter mit Bevorzugung des westlichen Ostseeraumes. Siedelt jetzt auch im Binnenland in Mooren und Brachland. Bodennest mit 2–3 Eiern. Brutdauer 24–29 Tage. Führungszeit bis zum Flüggewerden 5 Wochen.

Küstenseeschwalbe

Sterna paradisaea. **Merkmale:** Kleiner als Lachmöwe (S. 151). Oberseite bläulich aschgrau, Unterseite heller grau; schwarze Kopfkappe. Beine rot, Schnabel blutrot (ohne schwarze Spitze, im Gegensatz zur Flußseeschwalbe). Im Ruhekleid Beine und Schnabel schwärzlich. **Vorkommen:** Brutvogel an Nord- und Ostsee. Zugvogel, Rekordwanderer; überwintert in den antarktischen Gewässern. **Nahrung:** Fischchen, Krebse, Kopffüßer, die durch Stoßtauchen gefangen werden. **Fortpflanzung:** Saisonehe. Geschlechtsreif mit 3 Jahren. Koloniebrüter in Küstennähe. Bodennest mit 2–3 Eiern. Brutdauer 20–22 Tage. Platzhocker, flügge mit 3–4 Wochen, Familie bleibt länger zusammen.

Seehund

Phoca vitulina. **Merkmale:** Torpedoförmig, Gesamtlänge 1,5–1,8 m. Kopf rund, Schnauze kurz mit langen Tastborsten, Augen groß, dunkelbraun, Ohr- und Nasenlöcher verschließbar. Gliedmaßen flossenförmig, Schwanz ein kurzer Stummel. Fell dicht anliegend, hell- bis gelbgrau, mit schwärzlicher, unterseits schwindender Flekkung. **Vorkommen:** Nord- und Ostsee; Flachküsten sowie Flußmündungen mit Watten, Sandbänken oder Flachfelsen. Landaufenthalt bei Ebbe unmittelbar an der Wasserkante. **Nahrung:** Tagräuber auf Fische, im Watt gern Plattfische. Junghunde fressen nach ihrer Entwöhnung wochenlang Garnelen. **Lebensweise:** Gesellig in kleineren bis größeren, lockeren Rudeln. Ausdauernder Schwimmer und Taucher (Tauchdauer bis ¾ Stunde möglich); Fortbewegung an Land »robbend«. Wenig lautfreudig, läßt nur manchmal ein kurzes, klagendes Bellen hören. Paarungszeit VII–VIII. Wurfzeit VI/VII; die Geburt erfolgt an Land. Meist kommt 1 sehendes, vollbehaartes, schwimmfähiges Junges zur Welt; manchmal Zwillinge, davon wird einer von der Mutter abgelehnt und verhungert dann normalerweise (echter »Heuler«). Das Junge wird 4–6 Wochen gesäugt und ist mit 8 Wochen selbständig. Geschlechtsreife mit 3 Jahren.

Alpen

Im Gegensatz zu den ersten drei Lebensräumen und mehr noch als Strand und Küste sind die Alpen eine geographisch begrenzte Region. Vom Vorland und den Tallagen bis hinauf zu den Gipfeln folgen die verschiedenen „echten“ Lebensräume aufeinander. Wie im Flachland gibt es Wiesen, Wälder und Gewässer, und wir begegnen zum Teil denselben Tier- und Pflanzenarten. Aber weitere, für das Gebirge typische Arten kommen hinzu, und dies gilt dann umso mehr für die alpine Stufe. Hier in der Krummholz-, Matten- und Felsregion finden wir Lebewesen, die nirgendwo sonst vorkommen. Wie kaum ein anderes Gebiet locken die Berge aber auch riesige Scharen von Wochenendausflüglern und Urlaubern an. So haben manche vermeintlich notwendigen »Erschließungsmaßnahmen« in wenigen Jahren vieles von dem zerstört, was in Jahrmillionen der Erdgeschichte entstanden ist. Geschäft ist eben Geschäft.

Bergkiefer, Latsche

Pinus mugo. **Merkmale:** Immergrün. Baum von bis 12 m Höhe und kegelförmiger Krone, aber meist strauchförmig mit ansteigenden Stämmchen, am Boden kriechend, »latschend« (Abb. o.). Junge Triebe erst lichtgrün, dann bis schwarzbraun. Nadeln dunkelgrün, zu 2, oft sichelförmig zum Trieb gekrümmt und auch leicht gedreht, 3–4 (–8) cm lang und 1 mm breit, zugespitzt, am Rand ganz fein gesägt, Nadelscheiden schwärzlich. Einhäusig, Blüte VI–VII; ♂ gelb (Abb. M. l.), ♀ purpurrot bis violett (Abb. M. r.). Zapfen glänzend, fast endständig, bis zu 4 beisammen, aufrecht bis leicht hängend, 2–6 cm lang, 1,5–4 cm breit, erst nach 2 Jahren die Samen ausstreuend. **Vorkommen:** Kalkliebend. In allen Gebirgen Europas bildet die Latsche stellenweise ausgedehnte Bestände. In den Kalkalpen stellt sie meist die Waldgrenze dar. Bergkiefern werden, auch in Zuchtformen, oft in Gärten, ja selbst als Dünenbefestigung gepflanzt.

Die Kiefer hat heilkräftige Bedeutung. So sind die Nadeln reich an Vitamin C, und besonders im Harz befinden sich ätherische Öle. Vor allem bei Erkältungskrankheiten und Entzündungen der Atemwege sowie bei Frühjahrsmüdigkeit werden gerne Aufgüsse aus frischen Kieferntrieben und Knospen verabreicht. Gelegentlich wird aus den Sprossen auch ein Sirup gekocht. Bei Gicht und Rheuma werden die Kiefernsprosse mit Milch überbrüht. Äußerlich verwendet man Latschenkiefernöl bei Flechten. Das Harz, in Äther aufgelöst, gilt als Mittel bei Gallensteinkoliken. Von der Bergkiefer sind zahlreiche Rassen und Varietäten bekannt. Wie auch bei der Waldkiefer oder Föhre erfolgt bei der Bergkiefer die Verbreitung der Pollenkörner durch den Wind. Dazu sind die Pollenkörner hervorragend ausgerüstet, denn sogenannte Luftsäcke erhöhen stark ihre Flugfähigkeit. Zwischen der erfolgten Bestäubung und dem Fruchtansatz kann allerdings 1 Jahr vergehen.

Felsenbirne

Amelanchier ovalis. **Merkmale:** Bis 3 m hoher Strauch, meist kleiner, ausläufertreibend. Triebe erst filzig, dann kahl, dunkelbraun. Blätter eiförmig bis rundlich-eiförmig, anfangs unterseits weißfilzig, der Blattrand gesägt bis gekerbt. Knospen weißfilzig, wenigstens die Endknospe ist spindelförmig, Schuppen fein gewimpert. Blüten IV–V, zu 3–10 in aufrechten Trauben (Abb. u. r.). Blütenblätter keilförmig-lanzettlich. Frucht (Abb. u. l.) dunkelblau bis schwarz, bläulich bereift, kugelig, 1 cm dick, mit abstehenden, schmalen Kelchblättern, wohl- bis fadschmeckend. **Vorkommen:** Kalkliebend, sonst anspruchslos und kommt sowohl auf Felsen wie auf Steilhängen und Schutthalden als auch auf Silikatböden vor, auch im lichten Gebüsch. Im Frühling schmückt die Felsenbirne Felshänge in den Alpen mit vielen weißen »Fähnchen«. Höhenvorkommen bis etwa 2000 m. Zur Begrünung von Steilhängen gut geeignet; nicht selten auch in Gärten angepflanzt.

Trollblume

Trollius europaeus. **Merkmale:** 10–60 cm hoch, mit handförmig geteilten, oberseits dunkelgrünen, unterseits lichter grünen Blättern – die grundständigen langgestielt, die oberen sitzend. Stengel aufrecht, meist unverzweigt, mit endständiger, zitronengelber bis gelbgrüner Blüte. Die 10 runden Blumenkronblätter schließen mit den 5–10 Nektarblättern fast kugelig zusammen und schützen die Staubblätter vor Regen. Die großen, schwach duftenden Blüten stellen einen wirksamen Schauapparat dar, der zahlreiche Insekten anlockt. Die besuchenden Bienen, Hummeln, Fliegen und kleinen Käfer gelangen durch die nach innen geneigten Blumenkronblätter in die Mitte der Blumen auf die Narben und bewirken regelmäßig Fremdbestäubung. Bei Schlechtwetter und ausbleibendem Insektenbesuch ist jedoch auch spontane Selbstbestäubung möglich, weil die äußeren Staubblätter die Narben überragen. Wie die meisten Hahnenfußgewächse ist auch die Trollblume giftig. Sie blüht V–VI, vereinzelt noch ein zweites Mal im Herbst. **Vorkommen:** Die auffallend hübsche Pflanze wächst ziemlich häufig und meist gesellig auf feuchten Fettwiesen, in Flachmooren und Hochstaudenfluren. Im Frühsommer leuchten ihre dicken, runden Vollmonde aus dem Gräsermeer, oft in Gesellschaft des rosafarbenen Schlangenknöterichs. Die Trollblume ist ein Stickstoffzeiger und liebt gedüngte Wiesen, geht auch in Läger. Sie steigt von der Ebene bis auf 3000 m. Mit zunehmender Höhenlage wird die stattliche, halbmeterhohe Pflanze immer niedriger und kleiner.

Schneerose, Christrose

Helleborus niger. **Merkmale:** Stark giftige, bis zu 30 cm hohe Pflanze mit ausdauerndem, schwarzem (bot. Name *niger*!) Wurzelstock und wintergrünen, ledrigen, gestielten Grundblättern, die sieben- bis neunfach geteilt sind. Die großen, wächsern weißen bis rosa überlaufenen Blüten stehen einzeln auf dickem, fleischigem Schaft, der mit wenigen, schuppenförmig verkümmerten Hochblättern besetzt ist. Nach dem Aufblühen verfärben sich die Blütenblätter purpurn oder grünlich und bleiben bis zur Fruchtreife erhalten. Die Schneerose blüht II–IV, an geschützten, sonnigen Stellen und in milden Wintern schon im XI–XII (»Christrose«!). Sie ist die erste Blume des Jahres. **Vorkommen:** Wir finden sie in lichten Bergwäldern bis hinauf in die Latschenregion, auf steinigen, locker bebuschten Abhängen, nährstoffreichen Weiden, in Fichten- und Buchenwäldern von der Ebene bis auf 1800 m. Sie ist ein typischer Kalkzeiger. Die hübsche Pflanze wird auch in Gärten und in Parkanlagen viel gepflanzt.
Die Wurzel der Schneerose, in Wein gekocht, wurde im Altertum als Mittel gegen Geisteskrankheit verwendet. Die Volksheilkunde verwendet sie auch heute noch als Brech- und Abführmittel; wegen ihres hohen Giftgehaltes ist von einer Selbstbehandlung jedoch dringend abzuraten.

Blauer Eisenhut

Aconitum napellus. **Merkmale:** Die stattliche, 50–150 cm hohe Pflanze ist an ihren helmförmigen, ungespornten Blüten und an ihren großen, handförmig geteilten Blättern als eine Eisenhut-Art zu erkennen. Der Blaue Eisenhut hat einen schwärzlichen, rübenförmigen Wurzelstock, der für die nächstjährige Pflanze eine Nebenknolle ausbildet. Sein Stengel ist aufrecht und kräftig, seine gestielten Blätter sind oberseits dunkelgrün, unterseits lichtgrün und glänzend, handförmig fünf- bis siebenteilig, mit schmalen, linearen Abschnitten. Der Blütenstand ist eine reichblütige, gedrungene Rispe. Das oberste der 5 Blütenblätter, der »Helm«, wird von 2 langgestielten Nektarblättern sturmhutartig umschlossen. Blütezeit VI–VIII. Giftig! **Vorkommen:** Der Blaue Eisenhut ist eine bezeichnende Art der Hochstaudenfluren, die wir in Karen und am Grund von Dolinen, aber auch auf gut gedüngten Almwiesen und in der Nähe von Viehtränken und Almhütten finden (Stickstoffzeiger). Er kommt auch in hochstaudenreichen Wäldern und am Rande von Bächen vor und steigt auf geeigneten, humosen und feuchten Standorten bis tief in die Täler hinab, wurde möglicherweise auch herabgeschwemmt und behauptet sich im Grauerlenwald der Donauauen. Von der Ebene bis auf 2000 m in der subalpinen und alpinen Stufe.

Neben dem Blauen Eisenhut, der inzwischen selten geworden ist, finden wir in den Alpen noch den Rispigen Eisenhut, *Aconitum paniculatum,* mit gleichfalls blauen bis rötlich-violetten Blüten und verzweigter Rispe und den gelben Wolfseisenhut, *Aconitum vulparia.* Seine Blüten besitzen im Gegensatz zum Blauen Eisenhut einen besonders hohen, schlanken Helm. Deshalb können sie auch nur von sehr langrüsseligen Hummeln bestäubt werden. Wegen ihres hohen Alkaloidgehaltes ist die Pflanze stark giftig. Dies wurde im Altertum zur Herstellung von Pfeilgift genutzt. Der Name des Wolfseisenhutes rührt von der Tatsache her, daß man früher Ködertiere mit seinem giftigen Extrakt tötete, um sie dann für Wölfe auszulegen.

Alpen-Kuhschelle

Pulsatilla alpina. **Merkmale:** 10–30 cm hoch; die grundständigen Blätter sind dreizählig, doppeltfiederschnittig und abstehend behaart; die Blüten auffallend groß (3,5–5,5 cm im Durchmesser), außen bläulich überhaucht und zottig behaart, innen rein weiß. Die Blüten anfangs glockig, voll aufgeblüht aber sternförmig. Blüht VI–VIII. **Vorkommen:** Ziemlich häufig auf steinigen Matten und Triften, an Felsbändern und unter Latschen, stets auf kalkreichem Boden; die gleichfalls weißblühende, kleinblütige Unterart *Pulsatilla alba* auf kalkarmem Gestein. In der Gesellschaft der Blaugrashalden, Horstseggenrasen und Hochstaudenfluren zwischen 1500 und 2800 m.

Der haarschopfartige Fruchtstand war Anlaß für viele drollige Volksnamen, z. B. Teufelsbart, Bocksbart oder gar Haar-im-Arsch.

Alpen-Hahnenfuß

Ranunculus alpestris. **Merkmale:** Kleine, gestielte, handförmig geteilte, drei- bis fünfspaltige Blätter, die eigenartig fettig glänzen. Der aufrechte, kahle, meist blattlose Stengel trägt eine einzelne, schneeweiße Blüte. Kelch grün, Blumenkronblätter ausgerandet. Nicht selten findet man auch gefüllte Blüten. Am Grunde jedes Blumenblattes (oder »Honigblattes«) wird Nektar abgesondert, der zahlreiche Fliegen anlockt. Auch Selbstbestäubung ist leicht möglich. Blüht V–IX. **Vorkommen:** Der Alpen-Hahnenfuß ist ausgesprochen feuchtigkeitsliebend und nahezu kalkstet. Wir finden ihn häufig auf überrieselten Felsen und feuchtem Grob- oder Feinschutt, auf lange schneebedeckten oder von Schmelzwasser durchfeuchteten Stellen in der Nähe von Schneewächten, auch auf frischen Weiden und Triften mit kalkreichem, humosem Boden. Der Alpen-Hahnenfuß paßt sich an die kurze Vegetationszeit seines Standortes dadurch an, daß er schon unter dem Schnee grüne Laubblätter entwickelt und die schon lang vorbereiteten Blüten gleich nach dem Aperwerden entfaltet. In der Gesellschaft der Blaukressen und Täschelkrautfluren, in offenen Pionierrasen und Zwergweidenspalieren; 1500–2760 m.
Der Alpen-Hahnenfuß ist giftig. Der ausgepreßte Saft reizt die Haut und wurde früher als Ableitungsmittel bei Hexenschuß und Rheumatismus verwendet. Die Homöopathie empfiehlt eine Essenz des Alpen-Hahnenfuß bei Neuralgien, Brustfellentzündung und Rheuma. Außer dem Alpen-Hahnenfuß finden wir in den Alpen aber noch eine Reihe anderer »Hahnenfüße«, weiß- und gelbblühende, darunter hochwüchsige Hochstauden ebenso wie Fels- und Zwergpflanzen der Schneeböden, die sich allesamt in dem unwirtlichen Klima behaupten.

Alpenmohn

Papaver rhaeticum. **Merkmale:** 5–15 cm hoch, mit stark fiederteiligen Blättern und einblütigem, steifhaarigem Stengel. Blüte in der Knospe nickend, später aufrecht, goldgelb, stark nach Moschus, Nelken und Mohn duftend. Der Alpenmohn kommt in weißen und gelben Kleinarten vor, blüht jedoch niemals rot wie der sprichwörtlich »Rote Mohn« der Ebene. Blütezeit VII–VIII. **Vorkommen:** Der Alpenmohn ist eine wahre Zierde der Kalkschutthalden. Seine leuchtend gelben Blüten finden wir locker verstreut auf kahlem Geröll, Schuttfeldern und Moränenschottern. Sämtliche Alpenmohne sind kalkstet. So zart die Pflanze mit ihren, von jedem Windhauch bewegten Blüten erscheint, so kraftvoll ist sie mit einer Pfahlwurzel im fließenden Schutt verankert, stemmt sich gegen das strömende Geröll und bringt es mitunter sogar zum Stillstand. Wie ein Bergsteiger mit seinem Seil sichert sie sich mit hangaufwärtsziehenden Wurzelfasern ab. Die eigentlichen, feinverzweigten Nährwurzeln entspringen diesem Wurzelseil und durchspinnen die stets feuchte Feinerde unter dem Schutt.

Berg-Hauswurz

Sempervivum montanum. **Merkmale**: Dickblattgewächs, das kugelige und sternförmige Rosetten von 2–5 cm Breite bildet. Die beiderseits drüsig behaarten, fleischigen Blätter enden in einer kurzen, oft roten oder bräunlichen Spitze. Der gleichfalls dicht drüsig behaarte Stengel trägt 3–10 sternförmige, rotviolette Blüten mit dunklerem Mittelnerv. Blütezeit VII–IX. **Vorkommen**: Ziemlich verbreitet in Fels- und Schuttfluren, auf steinigen Weiden und Triften, in Felsspalten und Zwergstrauchheiden, auf sauren, kalkarmen Böden. In fast allen alpinen Rasengesellschaften auf Silikat, zwischen 1700 und 3400 m. Wie alle Hauswurzarten kann auch die Berg-Hauswurz große Trockenheit ertragen, weil sie imstande ist, in ihren fleischigen Blättern Wasser zu speichern.

Moos-Steinbrech

Saxifraga bryoides. **Merkmale**: Niedriger, 3–6 cm hoher Steinbrech, der dichte, flache, moosartige Polster bildet. Die kurzen, schmal lanzettlichen Grundblätter sind starr, dornig bewimpert und schließen rosettig zusammen. Die Stengelblätter sind klein und unscheinbar. Die sternförmigen Blüten sind etwa 1 cm im Durchmesser, gelblichweiß, am Grunde gelb. Blütezeit VII–VIII. **Vorkommen**: Ziemlich häufig auf ruhendem Silikatschutt, auf Moränen am Rande von Gletschern, in Felsspalten und offenem Rasen; bevorzugt kalkarmes Gestein; 1800–4000 m. Der Moos-Steinbrech gehört mit zu den höchststeigenden Blütenpflanzen der Alpen und wagt sich auf dem Matterhorn bis auf 4200 m hinauf.

Gold-Fingerkraut

Potentilla aurea. **Merkmale**: Ausdauernde 4–35 cm hohe Pflanze, die an ihren gefingerten Blättern als Fingerkraut zu erkennen ist. Aus einem dicken, kräftigen Wurzelstock treiben zahlreiche, aufsteigende, wenig behaarte Stengel, die nur spärlich mit Blüten besetzt sind. Die grundständigen Blätter sind meist fünfzählig, die Teilblättchen länglich oval, unterseits und am Rande glänzend seidenhaarig. Die schüsselförmigen Blüten sind von einem satten Goldgelb, am Grunde der Kronblätter stehen leuchtend orangefarbene Saftmale. Sie werden von den verschiedensten Insekten besucht, aber auch Selbstbestäubung kommt vor. Blütezeit VI–IX. **Vorkommen**: Das Gold-Fingerkraut wächst häufig auf mageren Wiesen und steinigen Matten, zumeist auf kalkarmer Unterlage. Es bevorzugt kalkfreie, humose Lehmböden, ist aber auch auf anderen Böden anzutreffen. Wir können es ebenso im Alpenrosengestrüpp und sogar im Schatten der Grünerlenbestände finden. Von den Voralpen steigt es bis weit in die Nivalstufe hinauf und umspannt derart einen Höhenunterschied zwischen 1300 und 2700 m. Das Gold-Fingerkraut ist eine bewährte Heilpflanze.

Kriechende Nelkenwurz

Geum reptans. **Merkmale**: Pflanze mit beblätterten, erdbeerartigen Ausläufern, die bis zu 1 m lang werden können und an ihren Enden festwurzelnde Tochterpflanzen hervorbringen. Die Blätter liegen in Rosetten dem Boden auf; sie sind unterbrochen gefiedert und besonders unterseits (auch drüsig) behaart. Der verwandten Berg-Nelkenwurz, *Geum montanum,* fehlen Ausläufer, ihre Blätter sind leierförmig gefiedert, d. h. sie besitzen große Endblättchen und kleinere Seitenblättchen. Die Kriechende Nelkenwurz wird 3–15 cm hoch, an dem meist einblättrigen Stengel stehen die riesigen, leuchtend gelben Blüten. An den zahlreichen Früchten (Abb. M.) bilden die federhaarigen, bis zu 30 cm langen Griffel eine rötlich schimmernde, seidig behaarte Fruchtperükke. Die Pflanze wird deshalb auch »Gletscher-Petersbart« genannt. (Ähnliche Früchte mit verbleibendem, behaartem Griffel finden sich bei der Kuhschelle.) Blütezeit VII–VIII. **Vorkommen**: Ziemlich häufig auf steilen Geröllhalden, Grobschutthängen und Moränen, auch in schattigen Felsspalten, aber niemals in Rasen, bevorzugt auf kalkarmem Gestein. Die Kriechende Nelkenwurz verbindet die Eigenschaften der Schuttstrecker und Schuttüberkriecher: Von einem aufrechten Stamm, der als Schuttstrecker fungiert, entspringen in dessen Blattachseln die schuttüberkriechenden Ausläufer. Mit den stehenbleibenden Blattbasen umhüllt es die inneren, lebenden Teile und schützt sie vor Verletzungen. Höhenvorkommen zwischen 2100 und 3400 m.

Silberwurz

Dryas octopetala. **Merkmale**: Der niederliegende, rasenbildende Spalierstrauch breitet sein verzweigtes, horizontales Astwerk über den Boden, wobei sich Ästchen und Zweige wieder bewurzeln. Auf diese Art entsteht ein verholzter Rasen, der mit zahlreichen Pfahlwurzeln in der Tiefe verankert ist und dem nachrutschenden Geröll einen wirksamen Widerstand entgegensetzt. Die immergrünen, ledrigen Blätter sind stumpf gezähnt, am Rande umgerollt, oberseits dunkelgrün und glänzend, unterseits weißfilzig. Die relativ großen Blüten (2–4 cm im Durchmesser) sind milchig weiß und erinnern, ebenso wie die haarschopfartigen Fruchtstände, an Kuhschellen. Blütezeit V–VIII. **Vorkommen**: Die Silberwurz ist eine der wichtigsten Pionierpflanzen auf kalkreichen Rohböden. Sie festigt das lose Geröll der Schuttkare und Moränenhalden, besiedelt Schwemmböden und scheut auch winterlich schneefrei geblasene Grate nicht. Bezeichnend für Polsterseggenrasen und Blaugrashalden zwischen 1200 und 2500 m. Ihre charakteristischen, ledrigen Blätter finden sich bereits in eiszeitlichen Tonablagerungen, den »Dryas-Tonen«.

Aufgrund der Gerbstoffe und Mineralsalze, die in der Pflanze enthalten sind, gilt die Silberwurz auch als Heilpflanze. Als Tee zubereitet, wird sie gegen Magenbeschwerden angewandt.

Rostblättrige Alpenrose

Rhododendron ferrugineum. **Merkmale:** Bis 1 m hoher, verholzter Strauch mit ledrigen, immergrünen Blättern von schmal-ovaler Form, am Rande umgerollt, nicht gewimpert, oberseits dunkelgrün, unterseits mit rundlichen, rostbraunen Drüsenschuppen. Blütezeit je nach Höhenlage VI–VIII. **Vorkommen:** Häufig als Unterwuchs der Zirben- und Latschenwälder, aber auch über diese hinausgehend und zusammen mit Heidelbeere, Preiselbeere und Krähenbeere zu niedrigen Zwergstrauchheiden vereinigt. Beide Alpenrosen sind zähe Humuspioniere und bilden oft große, zusammenhängende Gestrüppe, von 1500 m bis auf 2400 m. Unabhängig von der Höhenlage benötigen sie jedoch immer eine schützende Schneedecke. Die Rostalpenrose finden wir auf sauren, kalkarmen und ausgelaugten Böden.

Die ähnliche **Bewimperte Alpenrose,** *Rhododendron hirsutum* (ohne Abb.), wächst hingegen stets auf Kalkgestein. Sie hat ebenfalls immergrüne Blätter, die beiderseits lebhaft grün gefärbt, am Rande etwas gekerbt und vor allem mit langen Härchen bestanden sind. Die Blüten ähneln denen der anderen Art und duften. Die Wimperalpenrose wird auch Almrausch genannt.

Alpen-Aurikel

Primula auricula. **Merkmale:** Die stattlichste und schönste der alpinen Primeln, die bis zu 25 cm hoch werden kann. Ihre fleischigen, graugrünen, knorpeligen Blätter sind mit einem feinen Mehlstaub bedeckt und schließen zu einer Rosette zusammen. Der Blütenschaft trägt 4–12 goldgelbe, duftende Blüten. Blütezeit IV–VI. **Vorkommen:** Mit Vorliebe in Kalkfelsspalten und Schrunden, auf Felsbändern und im Kalkschutt. Von 1600 m bis 2500 m, auf Reliktstandorten auch herab bis in 300 m Höhe.

Alpen-Mannsschild

Androsace alpina. **Merkmale:** Sehr kleine, 2–5 cm hohe Pflanze, deren zahlreiche, bodennah verzweigte Seitentriebe zu blütenübersäten Flachpolstern zusammenschließen, die, wenig gewölbt, dem Boden dicht aufliegen. Die verholzenden Ästchen tragen nur an den Triebenden schopfig gehäufte, kurzhaarige Blättchen, die grün überwintern und die stets fortwachsende Endknospe schützen. Die rosaroten oder auch weißen Blüten mit gelbem Schlund stehen einzeln und deutlich gestielt in den Achseln. Blüht VII–VIII. **Vorkommen:** Die Pflanze bewohnt kalkarmen Gesteinsschutt, sowohl rieselnde Schutthalden als auch ruhenden Felsschutt, Geröll am Rande von Gletschern und lange, mit Schnee bedeckte Moränenböden. So klein und zart wie sie ist, wagt sie sich doch bis auf 4200 m hinauf, ist also ein ausgesprochener Gipfelstürmer und typischer Bewohner der Nivalstufe, in der die Eiszeit heute noch andauert.

Echtes Alpenglöckchen

Soldanella alpina. **Merkmale:** Zierliches, 5–15 cm hohes Pflänzchen mit grundständigen, rundlich-nierenförmigen Blättern, deren ledrige Beschaffenheit gegen übergroße Verdunstung schützt. Auf blattlosem Stengel sitzen 1–3 veilchenblau-violette, trichterförmige Glöckchen, deren Saum bis zur Mitte gefranst ist. Im Inneren der Blüte, die vom Griffel überragt wird, befinden sich 5 Schlundschuppen. Blütezeit je nach Höhenlage IV–VI. **Vorkommen:** Feuchte Weiden und Schneetälchen auf kalkreichem Untergrund. Es wächst aber auch im Gletscherweidenspalier und selbst in lichten Bergwäldern zwischen 1200 m und 2800 m.
Oft beginnen Alpenglöckchen schon unter dem Schnee zu blühen und heben mit ihren zarten Blüten den letzten Rest des körnigen Schnees hoch.

Alpenveilchen

Cyclamen purpurascens. **Merkmale:** Mit kugelig abgeflachter Knolle (»Erdscheibe«, »Erdbrot«), die gerne von Schweinen (und zwar Haus- wie Wildschweinen) gefressen wird, und mit charakteristischen, grundständigen, immergrünen Blättern, die oberseits silbern gefleckt, unterseits weinrot gefärbt sind. Die langgestielten Blüten sind von einem warmen Karminrot (zyklamenfarbig!) mit zurückgeschlagenen Kronblättern und stark duftend. Blüht spät, VII–X. **Vorkommen:** Nicht häufig in lichten Bergwäldern auf Kalk, auf lockeren, humosen Böden und in geschützter Lage (wärmeliebend). Im Halbschatten lichter Eichen- und Buchenwälder, über Fichtenwälder bis in die Latschenregion aufsteigend; von der Ebene bis auf 2000 m.

Stengelloses Leimkraut

Silene acaulis. **Merkmale:** Pflanze, die wie geschoren erscheinende, niedrige Flachpolster bildet und mit einer starken Pfahlwurzel tief (70–130 cm) in das Gestein eindringt. Die lederartigen, kleinen, fast nadelförmigen Blättchen liegen mit ihren zurückgebogenen Teilen dicht dem Polster an. Das Innere des Polsters ist mit teilweise verrotteten Blättern erfüllt. Die Blüten stehen einzeln, ganz kurz gestielt und ragen nur wenig aus dem Polster heraus. Ihre Größe schwankt von 0,5–1 cm im Durchmesser, ihre Farbe von Rosa bis zu leuchtendem Karmesinrot, selten auch Weiß. Gelegentlich kommen auch gefüllte Blüten vor. Der Laie spricht dann gerne von »blühendem Moos«, wenn er die blütenübersäten Rosenkissen sieht. Blütezeit VI–VIII. **Vorkommen:** Gehört zu den verbreitetsten Alpenblumen. Ihre brennendroten, blütenbestickten Teppiche leuchten uns aus dem Rasen steiniger Weiden entgegen. Sie wölben sich aber auch über Felsbuckel, hängen an Felswänden und schmücken Grate und Felsbänder. Häufig im Polsterseggenrasen und in Blaugrashalden zwischen 1500 und 3600 m.

Gelber Enzian

Gentiana lutea. **Merkmale:** Ein hochwüchsiger Enzian mit 50–120 cm hohem Stengel. Blätter oval, bläulich-grün, kahl, deutlich gestielt; Blüten in üppigen Wirteln; Kelch blaßgelb, einseitig geschlitzt, Krone radförmig, goldgelb. Blütezeit VII–VIII. **Vorkommen:** Steinige Weiden und ungedüngte Mähwiesen auf tiefgründigem, kalkreichem Boden. In Hochstaudenfluren, Grünerlengebüschen, Borstgrasmatten; 1000–2500 m.

Der Wurzelstock enthält zahlreiche Inhaltsstoffe. Dieser Enzian wurde früher zu Heilzwecken und zur Erzeugung von Schnaps gegraben und ist dadurch eine eher seltene Pflanze geworden.

Stengelloser Enzian

Gentiana clusii. **Merkmale:** Niedriger, großblütiger Glockenenzian mit fast fehlendem Stengel. Die grundständigen Blätter sind oval-lanzettlich, die Stengelblätter klein und zugespitzt. Die weitglockige Blüte ist tief azurblau, später außen grünlich überlaufen, innen ohne grüne Flecken, 5–6 cm lang! Die Kelchzähne sind in den Buchten spitz, ohne weiße Verbindungshaut. Blütezeit V–VIII. Der Stengellose Enzian besteht fast nur aus der großen, leuchtend blauen Blütenglocke, die beinahe direkt am Boden aufsitzt. Er ist das klassische Beispiel der Alpenblume, bei der sich unter dem Einfluß des ultravioletten Lichtes Stengel und Blätter verkürzen, während die unverhältnismäßig große Blüte in leuchtender Farbe prangt. Eine nah verwandte und sehr ähnliche Art ist der Koch'sche Enzian, *Gentiana kochiana,* des Kristallingesteins, der sich durch breitere Blätter und weiße Verbindungshaut zwischen den stumpfen Kelchzipfeln unterscheidet. Beide Arten wurden früher als »Stengelloser Enzian« zusammengefaßt. **Vorkommen:** Ziemlich verbreitet auf humosen, kalkreichen Böden, im Polsterseggenrasen und in Blaugrashalden.

Frühlingsenzian

Gentiana verna. **Merkmale:** Ausdauernder, niedriger, 3–12 cm hoher, kleinblütiger Enzian mit beblätterten, sterilen Trieben und sehr kurzem Blütenstengel. Die unteren Blätter sind rosettig gehäuft, oval-lanzettlich, spitz, die Blüten tiefblau bis himmelblau, mit enger Röhre und radförmig ausgebreiteten Kronzipfeln, zwischen denen je ein zweizipfeliges, weißes Anhängsel eine Art Nebenkrone bildet. Der Kelch ist deutlich geflügelt. Der Enzian überwintert oft an Windecken mit grünen Blättern und Blütenknospen, die sich an sonnigen Föhntagen sogar öffnen können. Die Pflanze ist ein »Wintersteher«. Blüht gleich nach der ersten Schneeschmelze (III) bis zum VIII. **Vorkommen:** Der Frühlingsenzian ist eine weit verbreitete Rasenpflanze; wir finden ihn auf Magermatten, Weiden, Flachmooren und in Zwergstrauchheiden, seltener in Schutt und Fels. Er ist kalkliebend und reicht von den Tälern bis auf 3000 m.

Edelweiß

Leontopodium alpinum. **Merkmale:** Die bekannte Alpenpflanze wird je nach Standort 5–10 cm hoch. Blätter lanzettlich, die goldgelben Blütenköpfe zu einem doldigen Blütenstand vereint. Die einzelnen Blütenköpfe sind nur aus Röhrenblüten zusammengesetzt, den Schauapparat zur Anlockung der bestäubenden Insekten bilden die weißfilzigen Hochblätter. Blütezeit VII–IX. **Vorkommen:** Felsbänder, magere Wiesen und steinige, trockene Halden, in Felsspalten und Blaugrashalden zwischen 1700 und 3400 m. Das Edelweiß ist also keineswegs so exklusiv, daß es nur »auf steiler Felswand« wachsen würde, nur hat es an den unzugänglichen Stellen größere Chancen zu überleben. Daß es zum Symbol der Alpen schlechthin aufgewertet wurde, tut ihm gar nicht gut: Trotz strenger Schutzbestimmungen ist es an vielen Orten schon fast ausgerottet worden.

Arnika

Arnica montana. **Merkmale:** Korbblütler, etwa 20–50 cm hoch mit unverzweigtem, drüsenhaarigem Stengel und 2–3 gegenständigen Blattpaaren (eine Ausnahme unter den Korbblütlern). Blätter der Blattpaare ganzrandig, oval, sitzend, übrige Blätter grundständig, zungenförmig, kurzhaarig drüsig, mit 5 deutlichen Nerven. Die großen (5–8 cm breiten) Blütenköpfe sind von leuchtend orangegelber Farbe, die inneren Scheibenblüten röhrig, fünfzähnig, die äußeren Zungenblüten 2,5 cm lang, am oberen Ende dreizähnig. Die ganze Pflanze, besonders aber die Blüte, duftet aromatisch-würzig. Der Geschmack ist bitter, scharf. Obwohl die Arnika bei uns die einzige Art ihrer Gattung ist, wird sie oft mit ähnlichen Korbblütlern verwechselt. Blütezeit je nach Höhenlage VI–VIII. **Vorkommen:** Arnika ist eine charakteristische Pflanze des Bürstlingrasens, der saure, magere Weiden bedeckt. Sie wächst aber auch auf austrocknenden Mooren, ungedüngten Waldwiesen, nicht selten sogar auf sandigen, torfigen Wiesen der Niederung. Kalkmeidend. Steigt im Gebirge bis 2800 m hinauf.

Eine der meist gebrauchten Heilpflanzen im Gebirge, mit der der Älpler eine ganze Reihe von Krankheiten und Gebrechen kuriert. Als Tinktur wird sie gegen Verrenkungen und Verstauchungen, als Einreibung gegen Hexenschuß, als Desinfektionsmittel bei Wunden verwendet. Innerlich, als Tee oder verdünnte Tinktur (Vorsicht!), soll sie bei Magenbeschwerden und Frauenleiden helfen. Ihre vielen Verwendungsarten spiegeln sich in den zahlreichen Volksnamen wider: In Österreich und der Schweiz heißt sie auch Mutterwurz oder Mägdeblum nach ihrer Verwendung bei Frauenleiden; Bruchkraut oder Schadnblum als Heilkraut bei Verletzungen; Schreckblum als Belebungsmittel bei Schock; Blutblum, weil sie Blutergüsse zerteilt. Heilkräftige Pflanzenteile sind vor allem die Blüten, weniger die Wurzel. Arnika enthält den Bitterstoff Arnicin, ätherische Öle, Gerbsäure, Harze und ein flüchtiges Alkaloid.

Großköpfige Gemswurz

Doronicum grandiflorum. **Merkmale:** Einer der zahlreichen gelbblühenden Korbblütler. Die Großköpfige Gemswurz hat eine kriechende Grundachse, aus der ein 20–50 cm hoher Blütenstengel entspringt, an dem die wechselständigen Blätter sitzen. Diese sind buchtig gezähnt, oval mit herzförmigem Grund und drüsig-zottig behaart. Die endständigen Blütenköpfe, meist nur einer je Stengel, sind 4–6 cm groß und sattgelb. Blüht VII–VIII. **Vorkommen:** Ziemlich häufig im Felsschutt und Geröll, auch in Felsspalten und auf steinigen Hängen. Typischer Schuttstrecker und bezeichnender Bewohner der Täschelkraut-Schuttflur. Zwischen 1200 und 3100 m.

Die Blüten der Gemswurz werden von Unkundigen manchmal mit denen der Arnika verwechselt und wie diese verwendet, enthalten aber keine heilenden Wirkstoffe.

Silberdistel, Eberwurz

Carlina acaulis. **Merkmale:** Korbblütler, dessen großer, 6–12 cm breiter Blütenkorb beinahe stengellos dem Boden aufsitzt und von einer Rosette fiederteiliger, stachelig gezähnter Blätter umgeben ist, mitunter aber auch sich an gestreckten Stengeln vom Boden bis zu 30 cm abhebt. Die strahlenförmigen Hüllblätter sind an der Innenseite silberweiß, außen grün, die Röhrenblüten (Strahlenblüten fehlen) sind weißlich bis rötlich. Die Blütenköpfe sind hygroskopisch: Bei sonnigem Wetter sind die Silberdisteln weit geöffnet, bei feuchtem, regnerischem Wetter und in der Nacht schließen sie sich und schützen so die Blüten vor Nässe und Kälte. In den Gewebeschichten der trockenhäutigen Hüllblätter entstehen durch Luftfeuchtigkeit, Wärme und Licht Spannungsunterschiede, die das Öffnen und Schließen der Blütenköpfe bewirken. Die Pflanze ist daher geradezu ein Luftfeuchtigkeitsmesser. Eine tiefe Pfahlwurzel verankert sie im Boden. Blütezeit VII–X. **Vorkommen:** Steinige Hänge, magere Wiesen und Weiden auf kalkhaltiger Unterlage. Sie wächst zwischen 800 und 2600 m.

Im Mittelalter stand die Silberdistel als Heilpflanze in hohem Ansehen. Heute noch wird sie in der Volksheilkunde als harntreibendes Mittel (»Wasserwurz«), als Wundkraut und als Wurmmittel verwendet. Wirksame Inhaltsstoffe sind Inulin, Gerbstoffe, Harz und Lab-Enzym, sowie ein ätherisches Öl. Der fleischige Blütenboden schmeckt gekocht ähnlich wie Artischocken. Der Name Eberwurz geht auf ihre Verwendung bei Schweinekrankheiten zurück. Auch Zauberkräfte schrieb man ihr zu, und selbst Paracelsus berichtet davon, daß sie die Kraft von Mensch und Tier anziehe und auf den Besitzer der Wurzel übertrage. Im Salzburger Land wird sie auch heute noch zu einem etwas unheimlichen Orakel benützt: In der Sonnwendnacht gräbt man soviele Wetterdisteln aus, als Hausbewohner sind und setzt sie entlang der Hauswand ein. Das Verdorren der Pflanzen zeigt dann den baldigen Tod der Hausgenossen an.

Grüner Germer

Veratrum lobelianum. **Merkmale:** Ein Liliengewächs, dessen kräftige Stauden bis zu 1,5 m hoch werden können. Um den aufrechten Stengel sind die tief längsgefalteten, unterseits flaumigen Blätter dreizeilig angeordnet. Die sternförmigen Blüten stehen in einer endständigen, bis zu 50 cm langen Rispe und strömen besonders bei Sonnenschein einen betäubenden, aufdringlichen Duft aus. Der Germer kommt in zwei nahe verwandten Sippen vor: Der häufigere Typus des Weißen Germers mit rein weißen, die abgebildete Sippe mit grünlichen Blüten. Blüht VI–VIII. Ohne Blüten kann der Germer leicht mit dem Gelben Enzian verwechselt werden, unterscheidet sich von diesem aber durch die flaumige Behaarung der Blattunterseite. **Vorkommen:** Häufiges Weideunkraut auf feuchten, nährstoffreichen Wiesen, Hochstaudenfluren und im Grünerlengebüsch. Bezeichnend auch für die Lägerflur rund um Almhütten und Tränken. Zwischen 800 und 2000 m.
Erfahrene Tiere meiden die Giftpflanze; gelegentlich kommt es aber doch vor, daß ein Jungvieh daran nascht und elend zugrund geht, weshalb die Sennen versuchen, das gehaßte Unkraut loszuwerden. Das gelingt am ehesten durch Herausdrehen des Stengels. Dann dringt das Regenwasser in die verbliebene Öffnung und läßt den Wurzelstock faulen. Der Germer ist eine alte Heilpflanze. Offizinell wird die Germerwurzel als Abkochung oder Tinktur gegen Ausschläge, Krätzen und Flechten verwendet; man bereitet daraus auch eine Salbe, die auf Geschwüre und schlecht heilenden Wunden aufgelegt wird. Bei den Bergbauern ist der Germer ein beliebtes Hausmittel gegen alle Hautparasiten bei Mensch und Tier.

Krokus

Crocus albiflorus. **Merkmale:** 8–14 cm hoch. Die Pflanze bildet im Boden kugelige Knollen – jedes Jahr eine neue, welche der alten oben aufsitzt. Damit die Knollen nicht allmählich aus dem Erdreich herauswachsen, werden sie von »Kontraktionswurzeln« immer wieder in die Tiefe gezogen. Die Blätter sind grasartig schmal, am Rande umgerollt, mit weißem Mittelstreif. Die Blüten sind durchscheinend weiß, aber auch violett oder weißviolett und brechen direkt aus dem Boden. Ihre Blumenkronblätter sind zu einer Röhre verwachsen; die trichterförmige, dreilappige Narbe ist von intensiv gelbroter Farbe. Der unterständige Fruchtknoten sitzt tief in der Erde, unmittelbar über der Knolle. Er sondert den Nektar ab, der in der dünnen Blumenkronröhre oft so hoch ansteigt, daß selbst Hummeln daran nippen können. Der Frühlingskrokus gehört zu den allerersten Frühlingsboten; er erscheint gleich nach der Schneeschmelze. Hauptblütezeit III–V, an geschützten, sonnigen Stellen manchmal sogar schon Ende II. **Vorkommen:** Oft massenhaft, zumindest aber immer gesellig auf nährstoffreichen Weiden, auf den alpinen Fettwiesen und in Lägerfluren. Zwischen 800 und 2700 m.

Alpenschneehuhn

Lagopus mutus. **Merkmale:** Etwas größer als ein Rebhuhn. Über den Augen ein roter Hautstreifen (»Rosen«); Füße befiedert, wie für die Rauhfußhühner, zu deren Familie es zusammen mit Auer-, Birk- und Haselhuhn gehört, typisch. Fußbefiederung, Flügel und Bauch ganzjährig weiß, ansonsten charakteristische Gefiederumfärbung in Abhängigkeit von der Jahreszeit. Im Winter sind ♂ und ♀ rein weiß, bis auf die schwarzen Schwanzseiten, die das weiße Deckgefieder freiläßt; ♂ mit schwarzem Streif, der durch das Auge zum Schnabel läuft (Abb. M.). Im Sommer (Brutkleid) Oberseite marmoriert mit Querwellung, beim ♂ graubraun, beim ♀ (Abb. o.) mehr gelbbraun; Rosen beim ♂ dann deutlicher ausgeprägt. Das herbstliche Übergangskleid braun-grau-weiß gescheckt. Somit wird immer eine optimale Anpassung an die farbliche Beschaffenheit der Umgebung erreicht. **Vorkommen:** Steinige Berghänge oberhalb der Baumgrenze, auf kurzrasigen Matten, häufig in der Nähe von Schneeresten. Nach der Brutzeit in etwas höheren, im Herbst und Winter in tieferen Lagen, jedoch kaum unter 1400 m. **Nahrung:** Flechten, Moose, Knospen, Blätter, Beeren, Samen; im Winter auch Tannennadeln, im Sommer auch Insekten, vor allem zur Aufzucht der Jungen. **Fortpflanzung:** Balzflüge der ♂, die von durchdringenden, knarrenden Rufen begleitet werden. Das Nest ist recht dürftig und besteht nur aus wenigen Halmen, Würzelchen und Federn, mit denen die Henne die an einer geschützten Stelle gescharrte Bodenmulde auslegt. Gelege 6–12 Eier. Brutdauer 22–24 Tage. Nestflüchter, die mit 10 Tagen flugfähig sind.

Wasseramsel

Cinclus cinclus. **Merkmale:** Ein dicker Vogel mit der rundlichen Gestalt eines Zaunkönigs, jedoch größer. Der schneeweiße Latz ist scharf vom schwärzlichen Gefieder des übrigen Körpers getrennt, mitunter durch einen rostroten Streifen. Der Schwanz wird oft hochgestellt. Singt ganzjährig. **Vorkommen:** An klaren Bächen und Flüßchen mit steinigem Grund; daher ein Mittelgebirgs- und Gebirgsvogel. Vorsichtig und scheu. Auf etwa 1 km Bachlauf kommt ein Paar. Die Brutpaare leben ganzjährig in ihren Revieren zusammen und weichen nur bei Vereisung. **Nahrung:** Wasserinsekten bzw. im Wasser lebende Insektenlarven, Schnecken, Krebschen, Würmer, Kaulquappen. Fängt vom Ansitz durch Stoßtauchen, durch Laufen am Gewässergrund oder aus der Luft. Sammelt auch den Ufersaum ab. **Fortpflanzung:** Das große, warme Kugelnest mit kleinem Einschlupf steht zwischen Wurzeln, an Steilhängen, an Wehren, Mühlen, unter Brücken und Wasserfällen. Gelege 5–6 Eier. Brutdauer 14–18, Nestlingszeit 19–25 Tage. 2 Jahresbruten.

Wasseramseln sind die einzigen Singvögel, die tauchen, schwimmen und unter Wasser laufen können. Nur saubere Gewässer bieten ihnen eine Lebensmöglichkeit und ausreichende Nahrung.

Ringdrossel

Turdus torquatus. **Merkmale:** Größe wie eine Amsel, in der Gestalt dieser sehr ähnlich; wird deshalb auch Ringamsel genannt. Kennzeichnend sind das weiße, etwa halbmondförmige Brustschild und das durch die hellen Federsäume schuppenartig aussehende Gefieder. Das ♂ ist dunkel, schwärzlich gefärbt; das Brustschild setzt sich deutlich ab. Beim ♀ wirkt das Brustschild weniger kontrastreich, das übrige Gefieder ist eher bräunlich.
Vorkommen: Bevorzugt lockere Nadelwälder und die Knieholzregion nahe der Baumgrenze, bisweilen über dieser; kaum unter 1000 m Höhe. **Nahrung:** Würmer, Schnecken, Insekten, Beeren (Heidelbeeren). **Fortpflanzung:** Ein typisches Drosselnest, je nach Vegetation niedrig in Nadelbäumen, Latschen oder Büschen, auch in Felsnischen. Gelege 4–5 Eier. Brutdauer 13–14, Nestlingszeit ca. 14 Tage. Meist 2 Jahresbruten.

Schneefink

Montifringilla nivalis. **Merkmale:** Finkenähnlicher Sperlingsvogel (heißt auch Schneesperling); etwas größer als ein Buchfink (S. 56). Oberseite bräunlich, Unterseite weiß; Flügelflecken und Schwanzaußenseiten weiß. Grauer Kopf, schwarzer Kehlfleck; gelber Schnabel mit schwarzer Spitze, färbt sich zur Brutzeit beim ♂ ganz schwarz. **Vorkommen:** Oberhalb der Baumgrenze bis zur Schneegrenze, auf Geröllfeldern und in der Felsregion; gerne auch in der Nähe von Alm- und Schutzhütten. Bis in 3500 m Höhe anzutreffen; weicht nur in strengen Wintern bis in Tallagen aus. **Nahrung:** Im Sommer kleine Spinnen und Insekten, sonst Samen; in der Nähe von bewirtschafteten Hütten u. ä. werden auch Küchenabfälle genommen. **Fortpflanzung:** Nest in Felsspalten oder Hohlräumen zwischen Steinblöcken, auch in Mauerlöchern und im Dachgebälk von Hütten. Gelege 4–5 Eier. Brutdauer 13–14, Nestlingszeit ca. 21 Tage. 1–2 Jahresbruten.

Tannenhäher

Nucifraga caryocatactes. **Merkmale:** So groß wie ein Eichelhäher. Kaffeebraun mit großen weißen Tropfenflecken. Der schwarzbraune Schwanz mit weißer Endbinde und weiße Unterschwanzdekken. **Vorkommen:** Im dichten Fichten- und Lärchen-Arvenwald. In Mischwäldern mit reichlich Haselnußsträuchern. **Nahrung:** Arvennüsse, Haselnüsse; ferner Eicheln, Bucheckern, Kastanien, Früchte, Insekten, Schnecken, Kleingetier aller Art. Vorratssammler, kann im Kehlsack gut 70 Arvennüsse oder bis 20 Haselnüsse transportieren. Er versteckt sie in der Erde und gräbt im Winter tiefe Löcher in den Schnee (bis zu 1,30 m tief), um an seine Verstecke zu kommen. **Fortpflanzung:** Nest in Nadelbäumen in 4–8 m Höhe im Windschatten. Gelege 3–4 Eier. Brutdauer 17–21, Nestlingszeit 23–25 Tage.

Alpendohle

Pyrrhocorax graculus. **Merkmale:** Kleiner als eine Krähe. Beide Geschlechter haben rußschwarzes Gefieder mit schwachem Glanz. Auffallend und kennzeichnend sind der leuchtendgelbe, leicht gebogene Schnabel und die orangeroten Beine. Die Jungvögel ähneln den Alten, haben jedoch schwarze Beine. **Vorkommen:** Charaktervogel der hochalpinen Regionen; meist nur oberhalb der Baumgrenze anzutreffen. Gerne auf Geröllhalden und an Steilhängen, wo er unter Ausnutzung der wechselnden Luftströmungen seine Flugkünste zeigt. Höhenvorkommen bis in die Gletscherregion. Im Winter auch in den Tallagen zu beobachten. **Nahrung:** Allesfresser; Würmer, Schnekken, Insekten, kleine Wirbeltiere, auch Aas; Beeren und z. T. Sämereien. Abfälle, die sie bei Hütten und Berghotels findet, im Winter auch auf Müllplätzen in den Tälern. **Fortpflanzung:** Die geselligen Vögel legen ihre Nester meist kolonieweise in Löchern und Spalten steiler Felswände, manchmal auch in Gebäudehöhlungen an. Gelege 4–5 Eier. Brutdauer 18–20, Nestlingszeit ca. 30 Tage.

Die Alpenkrähe ist in West- und Südeuropa ebenfalls ein Gebirgsvogel und kommt im gleichen Lebensraum wie die Alpendohle vor. Sie ähnelt ihr in Größe und Gefiederfarbe; letzteres ist jedoch glänzender. Wichtigstes Unterscheidungsmerkmal ist der rote, deutlich längere und nach unten gebogene Schnabel.

Kolkrabe

Corvus corax. **Merkmale:** Unser größter Singvogel; bussardgroß und damit wesentlich größer und kräftiger als die Rabenkrähe, der er ähnelt. Tiefschwarze Gefiederfärbung. Mit hohem, klobigem Schnabel, ausgeprägtem Kehlsack mit zottigen Federn und im Flug mit keilförmigem, abgerundetem Schwanz. Tiefe Stimme. **Vorkommen:** In Mitteleuropa zwei getrennte Brutgebiete: im Süden in den Alpen und im Alpenvorland, in Oberschwaben, im südlichen Schwarzwald, im Jura und Schweizer Mittelland; im Norden in Schleswig-Holstein, Niedersachsen und im nördlichen Mitteldeutschland. Der Kolkrabe benötigt ausgedehnte, alte Waldbestände bzw. Felsgebiete. **Nahrung:** Allesverwerter; Aas, schlägt aber auch krankes Jungwild, jagt Kleinsäuger, Reptilien, Insekten, gräbt Engerlinge aus und frißt Früchte. **Fortpflanzung:** Wie alle Krähen in monogamer Dauerehe lebend. Im Süden steht der mächtige Horst in Felsen, im Norden fast immer auf über hundertjährigen Rotbuchen in 12–29 m Höhe. Gelege 3–6 Eier. Brutdauer 20–21, Nestlingszeit 43–46 Tage. Die Familie bleibt 2–6 Monate zusammen.

Der Kolkrabe war in vielen Gebieten Mitteleuropas ausgerottet worden und hatte sich zunächst nur in den Alpen und in Schleswig-Holstein halten können. Dank strengen Schutzes hat er jedoch überleben können und aus seinen Rückzugsgebieten wieder neue Regionen besiedelt.

Murmeltier

Marmota marmota. **Merkmale:** Kaninchengroß. Kopf rundlich und flach, Ohren klein und rund. Schwanz mäßig lang, etwas buschig, Endteil schwarz. Fell dicht, etwas rauh; oberseits dunkel graubraun mit helleren Haarspitzen, unterseits heller. **Vorkommen:** Offene, sonnige Hänge zwischen 800 und 2700 m. **Nahrung:** Gräser, Kräuter und Wurzeln. **Lebensweise:** Tagaktiv, liebt die Sonne. Ruht gern auf erhöhten Aussichtspunkten (Felsplatten u. ä.). Lebt gesellig in Kolonien in selbstgegrabenen Erdbauen mit heugepolstertem Kessel. Hält Winterschlaf. Winterbaue liegen und sind tiefer als Sommerbaue. Bei Erregung pfeifender Schrei mit Warnbedeutung für Artgenossen, aber auch für Gemsen. Paarungszeit IV–V, Wurfzeit VI–VII. Jährlich einmal 2–4 (8) blinde, nackte Junge; mit 2 Monaten selbständig.

Schneehase

Lepus timidus. **Merkmale:** Gestalt wie Feldhase, jedoch etwas kleiner und Kopf und Ohren etwas kürzer. Sommerfell graubraun, Flanken heller, Unterseite weißgrau; die schwarze Färbung an den Ohrenden bleibt auch im sonst gänzlich weißen Winterfell (Abb.) erhalten. **Vorkommen:** Im Sommer im Krummholzgürtel und aufwärts bis zur Schneegrenze, im Winter abwärts bis 800 m. **Nahrung:** Gräser, Kräuter, Knospen, Blätter, Rinde, Zweige, Beeren, Früchte, Pilze. **Lebensweise:** Einzelgänger; vorwiegend abends und morgens aktiv. Sasse zwischen Steinen, unter Wurzeln, Büschen, Legföhren oder Fichten; läßt sich bei starkem Schneefall tief einschneien. Fortpflanzungszeit IV–VIII; jährlich 2 (3) Würfe mit je 2–3 voll behaarten und sehenden Laufjungen, die bereits mit 2–3 Wochen selbständig sind.

Gemse

Rupicapra rupicapra. **Merkmale:** Gestalt und Größe ähnlich einer Ziege. ♂ und ♀ mit senkrecht stehenden Hörnern (Krucken, Krickel), die länger als die Ohren und am Ende hakig nach hinten gebogen sind (beim ♂ stärker). Schwanz kurz. Sommerfell rötlichbraun mit schwarzem Aalstrich auf dem Rücken; Schwanz, Unterseite und Beine dunkel. Winterfell (Abb.) schwarzbraun bis schwarz; Kopf, kleiner Spiegel und Bauch gelbweiß. Immer mit schwärzlichem Gesichtsstreifen. Rückenhaare des ♂ besonders lang (werden zum sog. Gamsbart gebunden). **Vorkommen:** Mittlere Gebirgslagen im Waldgürtelbereich; im Sommer zu den Matten der alpinen Region aufsteigend. **Nahrung:** Gräser, Kräuter, Knospen, Laub und Nadeln, Flechten und Moose. **Lebensweise:** Gesellig in Rudeln; vorwiegend tagaktiv, Äsungszeiten morgens und nachmittags. Läuft und springt gut, klettert geschickt im Fels. Brunftzeit XI–XII, Setzzeit V; je Geburt 1 (2) sehendes, lauffähiges, voll behaartes Junges, das mit 6 Monaten selbständig wird.

Register

Wissenschaftliche Namen

Deutsche Namen

Bildnachweis

Altmann: 14 M, 30 ol, 32 ur; Aichhorn: 185 M; Angermayer: 44 M, 59 o, 61 o, 62 M, 62 u, 63 o, 97 ul, 117 u; Arndt: 169 u; Bayerische Landesanstalt für Fischerei: 138 o, 139 o, 139 u, 140 u; Bellmann: 41 ol, 43 Ml, 102 M, 103 o, 104 u, 105 o, 105 M, 135 u; Collux: 21 M, 22 u, 72 o; Ctverak: 63 u; Czimmeck: 108 u; Danegger: 47 u, 109 u, 146 o, 152 M, 186 o, 187 u; Daudt: 10 ul, 12 ol, 27 o, 40 or, 44 o, 45 o, 45 u, 68 ul, 99 M; Diedrich: 51 M, 53 o, 55 o, 57 o, 144 o, 148 u; Dürr: 17 u, 19 M, 20 o; Egner: 18 o, 18 u, 19 o, 72 u; Eigstler: 174 o, 175 o, 176 o, 177, 178 o, 178 M, 179 u, 180 M, 180 u, 181, 182; Eisenbeiss: 88 Ml, 97 o, 99 u, 102 o, 104 o, 134 M, 174 u, 175 u, 176 u, 183 o; Eisenreich: 2/3, 6/7, 8/9, 64/65, 118/119, 154/155, 170/171; 11 u, 25 o, 26 o, 27 u, 28 o, 29, 30 Mr, 31, 33 u, 34, 35 M, 35 u, 36 ur, 37, 38 ur, 39 u, 43 Mr, 67 o, 74, 75 o, 75 u, 76 M, 76 u, 77, 78, 79, 80, 81, 82, 83 o, 83 u, 84, 85, 86, 87 M, 87 u, 88 o, 88 Mr, 88 u, 89, 90, 91, 92 o, 93, 94, 95 u, 97 M, 98 o, 102 u, 122 o, 124 M, 126 o, 128, 129, 130, 131 u, 133 u, 134 ol, 134 u; Franz: 66 M; Garnweidner: 22 u; Grünwald: 48 or, 111 M; Haarhaus: 50 o, 57 u, 112 o, 113 o, 113 M, 145 o, 146 u, 167 o, 167 u; Handel: 100 o; Harz: 11 Mr, 12 or, 12 Mr, 13 ol, 13 ur, 14 u, 15 o, 15 ur, 16 u, 26 M, 30 or, 30 u, 41 M, 41 ur, 70, 120 u, 120 or, 121 u, 122 M, 122 u, 172 Mr; Heppner: 101 u; Irsch: 110 o; Jahns: 23 Mr; Kahl: 142 M; Kerber: 38 ul; Kinzer: 163 o; Koch: 111 u; König: 59 M, 87 o, 136 o, 142 u, 144 M, 144 u, 160 o, 162 o, 164 M, 172 Ml; Koller: 187 M; Kretschmer: 100 M, 106 ol, 107 o; Laßwitz: 43 ur; Laub: 166 o; Limbrunner: 46 o, 47 o, 48 ol, 58 o, 145 M, 150 u, 152 o, 184 o, 184 M; Löhr: 40 u, 41 ul, 43 o, 45 M, 100 u, 101 M, 106 u, 115, 117 o; Moosrainer: 51 o, 150 M, 152 u, 153 u; Partsch: 103 M; Paysan: 140 M, 163 M, 163 u, 164 u, 165 M, 165 u; Pforr: 38 o, 42 o, 51 u, 75 M, 111 o, 184 u; Plucinski: 110 u, 150 u, 185 o; Poluzzi: 96 u; Pott: 10 o, 10 M, 10 ur, 11 Ml, 11 o, 12 Ml, 12 u, 13 or, 13 M, 13 ul, 15 M, 16 ol, 16 M, 23 o, 23 Ml, 24 M, 25 M, 25 u, 28 ul, 30 Ml, 32o, 32 M, 32 ul, 33 o, 35 o, 36 o, 36 ul, 38 M, 43 ul, 58 M, 67 M, 68 o, 68 M, 69 o, 120 ol, 121 or, 121 M, 123, 124 o, 124 u, 125 o, 125 M, 125 ur, 126 u, 127, 132, 135 M, 136 u, 137, 141 u, 143, 147 o, 149 o, 149 u, 159 M, 160 u, 168 o, 172 ul, 179 o; Quedens: 49 M, 50 u, 52 o, 53 M, 53 u, 55 u, 56, 108 u, 112 u, 113 u, 131 o, 147 M, 156 u, 157, 159 u, 160 M, 161 u, 162 M, 166 M, 167 M, 169 o, 185 u; Reinhard: 15 ul, 24 o, 26 u, 46 u, 47 M, 58 u, 60, 61 M, 61 u, 62 o, 63 M, 68 ur, 69 M, 96 o, 96 M, 106 M, 107 u, 114 o, 114 u, 116, 117 M, 121 ol, 134 or, 138 M, 138 u, 139 M, 140 o, 141 M, 153 M, 164 o, 187 o; Reisigl: 176 M, 183 u; Rinnhofer: 168 ur; Rohdich: 44 u, 106 or, 141 o, 142 o, 153 o; Sauer: 14 o, 73 u, 125 ul, 133 o, 133 M, 136 Ml, 148 M, 156 o, 156 M, 158 or, 158, 159 o, 161 o, 161 M, 162 o, 165 o, 172 ur; Schacht: 178 u; Schack-Nielsen: 169 M; Schrempp: 28 ur, 83 M, 173 o; Seidl: 16 or, 23 u, 27 M, 66 o, 67 u, 69 u, 95 o, 173 u, 179 M, 180 o; Siebler: 17 o, 17 M, 19 u, 20 M, 21 o, 21 u, 22 o, 71, 73 o; Siebrasse: 59 u; Siedel: 148 o; Siegel: 46 M, 54; Stichel: 66 u; Tilgner: 48 u; Trötschel: 49 o, 49 u, 52 M, 52 u, 145 u, 149 M; Trummer: 50 M; Weber: 109 o, 147 u, 151 o, 168 u, 186 u; Wolfstetter: 24 u, 76 o, 92 u, 172 o; Zeininger: 103 u, 135 o, 166 u, 168 ul; Zepf: 39 o, 39 M, 40 M, 41 o, 42 M, 42 u, 97 ur, 98 M, 98 u, 99 o, 101 o, 105 o; Ziesler: 104 u, 108 u, 110 M, 112 M, 136 Mr, 151 u.

BLV Naturführer

Mit dieser preiswerten Taschenbuchreihe lernen Sie die Natur besser kennen. Leicht verständliche Texte und naturgetreue Farbfotos bieten Ihnen vollständige Information. Handliches Format, übersichtliche Einteilung und klare Gliederung garantieren beste Benutzbarkeit unterwegs und zu Hause.

102 Nachtfalter
103 Pilze
104 Vögel
105 Alpenblumen
106 Heimische Pflanzen 1
107 Strand + Küste
108 Aquarienfische
109 Mineralien + Gesteine
110 Heimische Pflanzen 2
111 Insekten
112 Säugetiere
113 Fische
114 Giftpflanzen – Gifttiere
115 Wasservögel – Strandvögel
116 Bäume und Sträucher
117 Bach – Fluß – See
118 Heilpflanzen
119 Wolkenbilder – Wettervorhersage
120 Schmetterlinge
121 Wald und Forst
122/123 Mein Hobby: Vögel beobachten
124/125 Mein Hobby: Steine sammeln
126 Sterne + Sternbilder
127 Versteinerungen

BLV Bestimmungsbücher

Mit den Büchern dieser Reihe gelingt es Ihnen, sich in der großen Artenfülle der Tiere, Pflanzen, Mineralien und Gesteine zurechtzufinden. Für die richtige Bestimmung sorgen fundierte Texte kompetenter Fachleute und eine große Anzahl qualitativ einwandfreier Abbildungen.

1 Pilze
2 Pflanzenführer
3 Meeresfische
4 Süßwasserfische
5 Aquarienfische
6 Heilpflanzen
7 Steine + Mineralien
8 Sterne + Planeten
9 Tierspuren
10 Pflanzen- und Tierwelt der Alpen
11 Bäume + Sträucher
12 Blumen am Mittelmeer
13 Pflanzen Europas
14 Hunderassen der Welt
15 Insekten + Weichtiere
16 Muscheln + Schnecken
17 Edel- und Schmucksteine
18 Katzenrassen der Welt
19 Säugetiere Afrikas
20 Wetterkunde für alle
21 Die Höhlen Europas
22 Bäume + Sträucher Europas
23 Vögel
24 Pferderassen der Welt
25 Orchideen Europas
26 Tierische Schädlinge
27 Aquarienpflanzen
28 Farne – Moose – Flechten
29 Gräser
30 Pflanzen der Tropen
31 Pilzführer

BLV Verlagsgesellschaft München

Aufbau einer Blütenpflanze

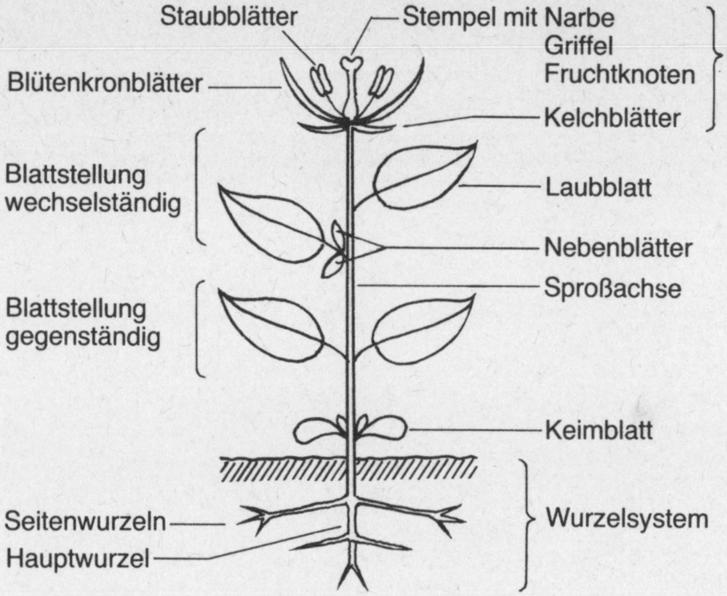

Blütenstände

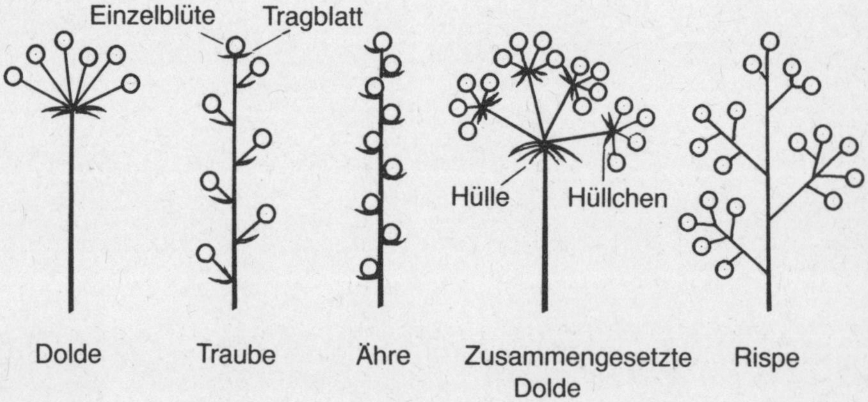

Blattformen und Blattränder

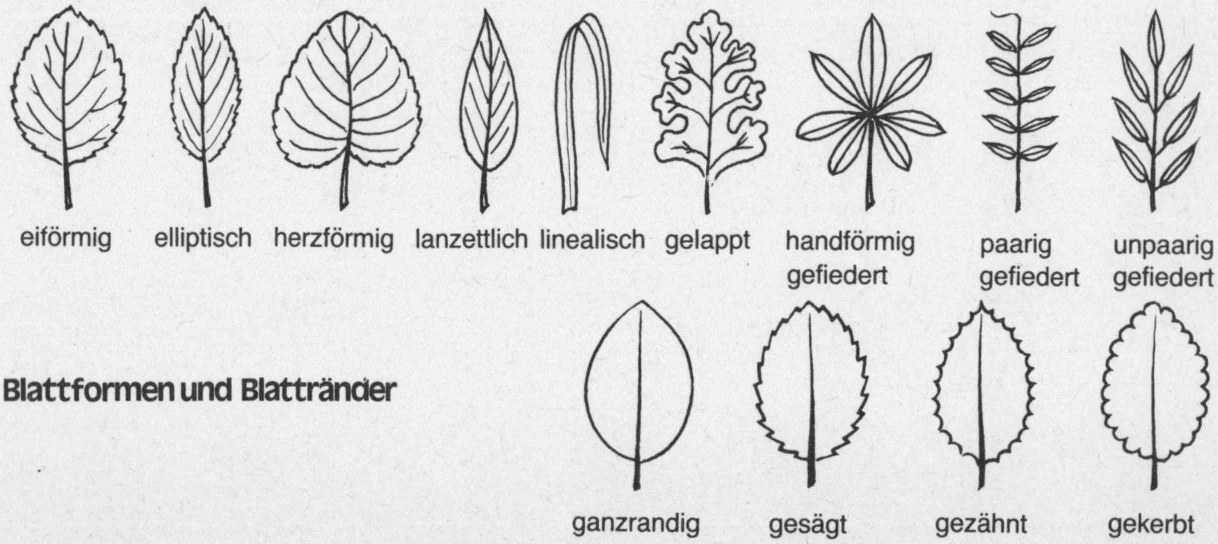